国家出版基金项目
NATIONAL PUBLICATION FOUNDATION

★ ★ ★
"十三五"
国家重点出版物出版规划项目

U0268076

空间科学与技术研究丛书

空间电推进
测试与评价技术

Testing and Evaluation Technologies for Space Electric Propulsion

李得天 张天平 张伟文 郭宁 杨生胜 编著

北京理工大学出版社
BEIJING INSTITUTE OF TECHNOLOGY PRESS

序

　　随着我国载人航天工程、探月工程的顺利实施，期间取得一系列举世瞩目的科技成就，这些成就标志着我国航天技术已经迈上新的台阶，与此同时，中国航天也将面临一个新的起点。推动我国航天技术发展，建设航天强国成为航天人新的历史责任。空间推进技术是决定航天器技术水平的关键技术，电推进是先进的空间推进技术，发展电推进是航天器技术水平提升的最重要途径之一，也是推动我国从航天大国向航天强国迈进必不可少的基础。

　　近年来，我国空间电推进技术发展取得了一系列喜人的成绩，特别是LIPS-200离子电推进系统完成地面寿命考核，表明该系统具备了确保卫星在轨可靠运行15年以上的能力；SJ-13卫星已经应用LIPS-200离子电推进系统执行南北位置保持任务，标志着我国航天器已经进入电推进时代。这些事件都是中国航天发展中具有重要影响的事件。

　　电推进技术涉及的学科专业、技术领域较为广泛，技术复杂，产品研制难度大。发展电推进需要全国相关的大学、研究所、企业共同合作，相互之间进行广泛的学术技术交流。测试与评价技术是电推进技术研究、产品研制过程中的重要工作内容，只有经过充分的测试与评价，才能保证电推进稳定可靠地应用于航天器。在我国空间电推进已经取得重要成绩，且迫切需要大力发展，更上一层楼的发展关头，总结电推进测试与评价技术的成果并编著专业书籍，毫无疑问对推动电推进领域内专家学者相互交流是大有裨益的，对推动电推进在中国航天器上尽早广泛应用大有好处。

　　兰州空间技术物理研究所是我国最早从事电推进技术研究的单位，其技术积淀有四十余年的历史，已经圆满完成LIPS-200离子电推进系统、LHT-100

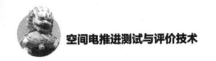

霍尔电推进系统空间飞行验证，并在国内率先完成电推进系统地面长寿命考核以及空间工程应用，还完成了多个种类、多个规格的电推进样机研制，是国内电推进技术发展的领军单位。

《空间电推进测试与评价技术》是兰州空间技术物理研究所的专家在总结国外电推进测试与评价技术的基础上，根据自身实践编著而成。该书涵盖电推力器及其关键部组件的性能、寿命测试与评价技术，电推力器力、热特性评价技术，电推进系统兼容性试验技术等方面的内容，不仅反映了作者多年来在电推进领域内的研究成果，同时引入国内外同行在该领域所取得的成就，内容丰富，知识性强。该书将不仅对中国空间电推进技术发展产生重要、积极的影响，也是对中国航天的一份重要贡献。

应作者邀请为《空间电推进测试与评价技术》撰写序言，为之高兴。兰州空间技术物理研究所对空间电推进技术的研究工作，从理论到实践，做得很深入，为国内领先，这部书的出版相信会对促进我国空间事业的发展，建设航天强国，起到积极推动作用。

中国工程院院士：张履谦

2017 年 10 月

前　言

　　空间电推进是利用电能加热、离解和加速工质形成高速射流而产生推力的技术，相对传统化学推进具有比冲高的显著特点。空间电推进可以应用于航天器的姿态和轨道控制、轨道转移、深空探测主推进、无拖曳控制等任务。航天器应用电推进，可以大幅减少推进剂携带量。以美国 BSS-702SP 通信卫星平台为例，采用电推进进行轨道转移和位置保持，该平台发射质量约为 2 t，而如果采用化学推进方案，该平台的质量将高达 4 t 以上。另外，针对部分速度增量较大的深空探测任务，如果不采用电推进，则需要携带的推进剂质量远远超过运载的发射能力，任务根本无法实现。由此可见，应用电推进可以产生巨大的技术经济效益。

　　半个世纪以来，美国、俄罗斯、欧空局和日本都在电推进技术领域持续地大力投入，目前，不同类型和不同特点的电推进在空间航天器上得到了广泛应用。近二十年来，我国空间电推进技术在需求牵引和其他技术发展的支持下，也取得了丰硕的成果。2012 年，我国首次实现了离子、霍尔两个类型的电推进空间飞行验证；2016 年，我国 LIPS-200 离子电推进系统首次完成地面长寿命考核试验，表明该系统具备了确保卫星在轨可靠运行 15 年以上的能力；2017 年，我国首颗高通量通信卫星实践十三号成功发射，LIPS-200 离子电推进系统首次实现空间正式应用。可以预见，在今后的十年内，随着我国通信卫星技术升级换代，深空探测国家重大专项以及其他空间科学探测项目的实施，我国空间电推进技术将迎来前所未有的蓬勃发展机遇期。

　　实现电推进在轨应用，必须经过充分的地面测试与评价，确认电推进产品的性能、寿命、可靠性以及与航天器的兼容性等特性能满足航天器的应用要求。

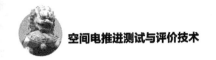

为了促进我国空间电推进技术的发展，支持我国航天技术快速发展，支撑国家重大专项顺利实施，笔者和国内同行都热切希望有一本系统介绍空间电推进测试与评价技术的专著。从 2015 年，笔者在许多专家和同事的支持下开始编著本书，经过两年的努力，本书终于同读者见面了，但愿本书能对读者有所帮助，能对我国空间电推进技术的发展略尽绵薄之力。

本书系统介绍了国内外空间电推进测试与评价技术方面的最新进展，内容涵盖电推力器及其关键部组件的性能、寿命测试与评价技术，电推力器力、热特性分析与评价技术，电推进系统与航天器兼容性试验与评价技术，书中还介绍了电推进推进剂流量控制与测量技术、电推进试验设备。在电推力器性能测试与评价中重点介绍了推力、比冲、效率、发散角、推力偏心角等指标的测试与评价方法。在电推力器寿命验证试验与评价技术中，重点介绍了电推力器寿命试验方案与分析评价方法。在电推力器关键部组件测试与评价技术中，重点介绍了空心阴极与栅极的测试与评价技术。在电推力器力、热特性分析与评价技术中，着重介绍了力、热特性建模分析试验验证方法。在电推进系统与航天器兼容性试验与评价技术中，着重介绍了电推进羽流特性诊断及其影响评估方法，以及电推进系统电磁兼容性试验技术。以上内容大多是本书的各位编著者在电推进技术研究、产品开发、飞行产品研制中多次实践应用的技术成果，很多成果已经服务于我国航天器电推进系统研制，多次保证了空间电推进飞行成功。特别是基于特征频率和位移复合特性的微小推力激光测量方法、基于透波副舱的真空环境下电推力器电磁辐射发射测量方法、基于热节流器的微小流量控制方法和定容差压校准方法、基于法拉第平面阵列的推力矢量偏心角和束发散角测量方法、空心球形朗缪尔探针与阻滞势分析仪相互配合的电推进羽流等离子体参数诊断方法，系统解决了电推进测试与评价技术中面临的一系列难题，形成了多项自主知识产权，受到同行的广泛关注与高度评价。

在本书的撰写过程中，兰州空间技术物理研究所真空技术与物理重点实验室的龙建飞、贾艳辉、唐福俊、杨俊泰、陈娟娟、孟伟、孙明明、王蒙、谷增杰、李娟、颜则东、陈益峰、田恺、杨浩、杨福全、成永军、赵澜、徐金灵等同事提供了大量资料并参与了撰稿工作，在此表示衷心的感谢！

由于编著者水平有限，书中不足之处在所难免，敬请广大读者批评指正。

李得天

2017 年 10 月

目　录

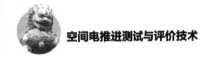

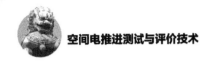

第 1 章

空间电推进基础知识

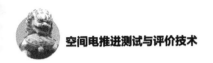

|1.1 电推进简介|

1.1.1 电推进的基本概念与分类

1. 电推进的基本概念

电推进是利用电能加热、离解和加速推进剂形成高速射流而产生推力的技术。在空间环境下，电能主要来自太阳能或核能，相应的推进系统称为太阳电推进或核电推进。一般来说，带电离子的喷射速度远高于化学推进方式，因此电推进可以实现更高的比冲。图 1-1 所示为化学推进和电推进的工作原理。按照电推进技术的发展现状，电推进比化学推进的排气速度可以高出一

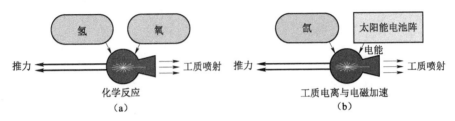

图 1-1 两种推进方式的工作原理

（a）化学推进；（b）电推进

个量级或者更高。电推进发动机又称为电推力器，目前实际应用的电推力器产生的推力较小，一般在几十到几百毫牛顿量级。随着高效太阳能技术和空间核电技术的不断发展，以及气体放电及加速理论研究的不断深化，电推进的推力和比冲将不断提高，推力有望达到牛顿量级甚至更高，比冲可以达到上万秒。

2. 电推进的分类

按照电推进的工作原理，传统上把电推进分为电热式、静电式和电磁式三大类，每一类又包含数种不同的类别，如图 1-2 所示。其中，电热式推进是利用电热方式提高推进剂能量并通过喷嘴加速产生推力；静电式推进是利用静电场加速推进剂的方式产生推力；电磁式推进是利用电磁场加速推进剂的方式产生推力。

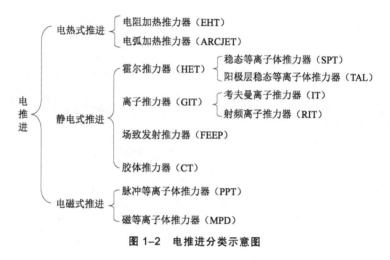

图 1-2　电推进分类示意图

3. 电推进的特点

目前，电推进系统几乎可以完成除航天器发射以外的所有空间推进任务。相比传统的空间化学推进，电推进具有诸多显著优势，主要包括：

① 比冲高、相同任务消耗推进剂少，可以有效提高航天器载荷比。

② 单机提供总冲高、寿命长，可以有效提高航天器在轨工作寿命。

③ 可长时间连续工作，提供连续变化推力，控制精度高，完成化学推进无法完成的科学探测任务。

④ 体积小，采用多台推力器组合，方便实现推力矢量调节。

⑤ 推力精确可控，有利于实现高精度的姿态和轨道控制。

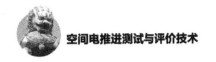
⑥ 推力器启动过程对航天器产生更小的振动，是超静卫星平台的首要选择。

1.1.2 典型电推进简介

1. 电阻加热推力器

电阻加热推力器的工作原理与实物如图 1-3 所示。推进剂气体流过电阻加热器，温度升高后经喷嘴喷出，产生推力。它具有结构简单、造价低廉、可靠性高的特点，适用于小型、低成本航天器的轨道调整、高度控制和位置保持。只要不与电阻加热器材料发生化学反应，几乎所有气体都可用作推进剂；在空间站也可用各种生物废气、废料作推进剂，实现资源重复利用。

目前，典型的电阻加热推力器推进剂为肼，一般功率为 300～500 W，比冲可达 300 s，推力可达 500 mN。

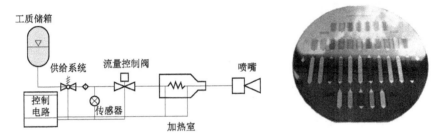

图 1-3　电阻加热推力器的工作原理与实物

2. 电弧加热推力器

电弧加热推力器的工作原理与实物如图 1-4 所示。兼作喷嘴的阳极与上游中心的阴极之间加直流电压，在喷嘴喉部附近产生的高温电弧对推进剂进行加热，加热后的高温气体（包含少量的等离子体）从喷嘴喷出，产生推力。电弧

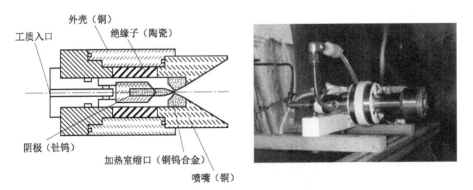

图 1-4　电弧加热推力器的工作原理与实物

中心的温度可达 20 000 K，而喷嘴壁面的温度一般不超过 2 000 K。肼电弧加热推力器的比冲可达 500～600 s，几乎是肼电阻加热推力器的 2 倍；羽流比较柔和，只有少量的离子流。其缺点是效率低，电极易被烧蚀。

3. 霍尔推力器

稳态等离子体推力器（Stationary Plasma Thruster，SPT）是典型的霍尔推力器种类之一，也是目前应用最为广泛的霍尔推力器。霍尔推力器的工作原理与实物如图 1-5 所示。推进剂气体一路通过阳极进入环形放电室，另一路进入空心阴极。空心阴极作为启动和维持稳定放电的电子源，产生的电子在径向磁场和轴向电场的相互作用下，与放电室中的推进剂分子发生碰撞电离，形成等离子体。放电室通道内的电场和磁场相互作用，对通道内的等离子体沿轴向产生加速力，使离子高速喷出。与稳态等离子体推力器相近的另一类霍尔推力器是阳极层稳态等离子体推力器（Thruster with Anode Layer，TAL）。

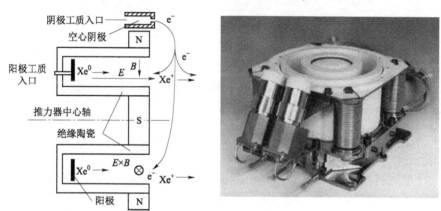

图 1-5　霍尔推力器的工作原理与实物

4. 离子推力器

电子轰击式离子推力器是应用历史最久、范围最广的电推进类型之一，已经广泛应用在地球静止轨道通信卫星中，基于离子电推进系统成功实现了全球首颗全电推进卫星平台的商业化应用，同时，在深空探测和科学卫星领域的应用也非常成功。离子推力器的工作原理与实物如图 1-6 所示。放电室内的空心阴极放电产生的原初电子在电磁场的作用下，不断与推进剂气体分子发生碰撞，推进剂气体被电离，在放电室内形成等离子体。放电室内的等离子体在阳极正电势作用下，最终到达阳极表面，被阳极吸收，离子在栅极组件静电场作用下，聚焦加速喷出，产生推力。高速喷出的离子流再与推力器外中和器空心阴极产

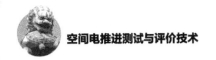

生的电子流中和，以保持航天器的电中性。

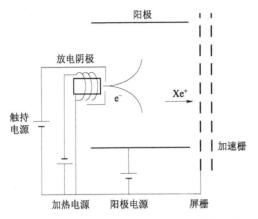

图 1-6　离子推力器的工作原理与实物

　　离子推力器电离和加速过程分开，效率更高，通常达 60%~80%；离子喷出速度是由栅极静电压控制的，更易实现高比冲和功率宽范围调节，比冲通常在 3 000~6 500 s，最新的超高比冲离子推力器在氙气推进剂下实现了 10 000 s 的比冲。

　　除静电轰击式离子推力器外，常见的还有射频离子推力器和微波电子回旋共振离子推力器。

5. 场致发射推力器

　　场致发射推力器（Field Emission Electric Propulsion，FEEP）的工作原理与实物如图 1-7 所示。推力器主要包括发射极、抽取极及其他附属装置。FEEP 工作时，首先利用加热装置将推进剂（铟）加热至熔点之上，持续若干时间，以使发射极及推进剂存储室内的推进剂充分熔化，发射极穿过含有液态推进剂

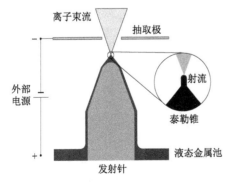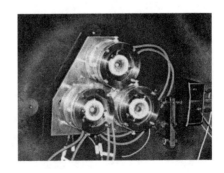

图 1-7　场致发射推力器的工作原理与实物

两极之间的电场强度达到 10^{10} V/m 量级。处于尖端的液体在静电力与表面张力的共同作用下形成泰勒锥（锥顶角为 98.6°）。在电场和电动流体作用下，液态金属在泰勒锥顶点处形成凸起，并在场发射作用下，使液态金属原子场蒸发、离子化，并通过同一电场加速，将金属离子从抽取极中间孔处喷射出去，从而产生推力。

场致发射推力器在 10 kV 的电压下，比冲可达 10 000 s。推力器的效率可以达到很高的水平，但单位能量的推力很小（16 μN/W）。该类型推力器通常面向微小卫星研制，但由于采用金属作为推进剂，推进剂对航天器污染风险较大，目前还没有用于太空飞行试验。

6. 胶体推力器

胶体推力器的工作原理与实物如图 1-8 所示。胶体推力器工作时选取强极性的液体推进剂，推进剂通过供液供给系统供到发射极的微管道中。抽取极和发射极之间加高电压，高电压在发射极顶端形成的高场强诱导强极性的液体推进剂荷电。荷电后的液体在电场的作用下，在发射极的顶端首先形成一个棱台（Cone，又称为泰勒锥），进而形成射流丝（Jet）。Cone-Jet 在强电场中发展的结果是液体荷电量进一步增加，并最终导致电应力超过表面张力，从而使射流丝失稳、破裂，形成带电的液滴。带电的液滴在电场中运动并可能再次荷电、失稳、破裂，并被加速。最后，加速的带电液滴从抽取极中间的空隙中喷出，形成推力。

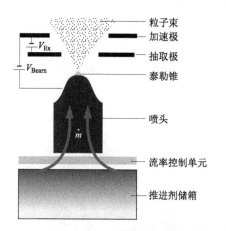

图 1-8　胶体推力器的工作原理与实物

胶体推力器和场致发射推力器是电推进技术中少数不依靠气相电离过程的推力器。

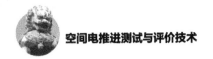

7. 脉冲等离子体推力器

脉冲等离子体推力器的工作原理与实物如图 1-9 所示。工作过程是，高压直流电源（500～3 000 V）将启动电容器和主放电电容器充电，然后启动电路按照指令及控制逻辑使火花塞启动。启动产生的微量放电导致主放电储能电容器在两极间沿推进剂表面放电，放电形成的高温电弧烧蚀掉推进剂表面很薄的一层并把它分解、离化成等离子体。该等离子体在热力和自感磁场产生的电磁力作用下沿电极加速喷出，从而产生脉冲推力。电容器放电后，工作结束或者重复以上过程。

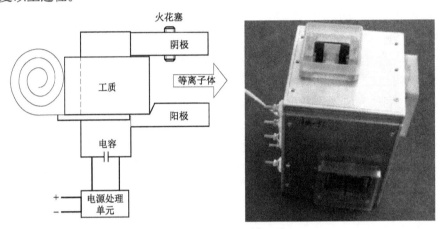

图 1-9　脉冲等离子体推力器的工作原理与实物

8. 磁等离子体推力器

磁等离子体推力器有自感磁场和外加磁场加速两种形式。图 1-10 所示为自感磁等离子体推力器的工作原理与实物。当电源分系统给电容器充电，推进

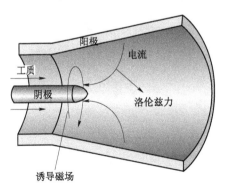

图 1-10　自感磁等离子体推力器的工作原理与实物

剂气体进入推力器后，触发电极启动，引发储能电容器放电。该放电室气体分解离化成等离子体，放电电流与自感磁场相互作用产生的电磁力，加速等离子体喷出，从而产生反作用推力。除轴向推力外，径向的压缩力在阴极端部形成一个高密度等离子体，产生类似喷嘴膨胀作用的气动加速推力。

　　另外，还有很多其他类型的电推力器在开发或构思中，这里不一一介绍。典型的电推力器工作参数如表 1-1 所示。

表 1-1　典型的电推力器工作参数

电推力器种类			功率范围/W	比冲范围/s
电热式	电阻加热推力器	肼	10^3	500～600
	电弧加热推力器	氢	10^4	900～1 200
		氨	10^6～10^7	600～800
静电式	霍尔推力器	稳态等离子体推力器	10^2～10^7	1 000～2 500
		阳极层稳态等离子体推力器	10^2～10^7	1 000～4 000
	离子推力器		1～10^8	2 000～10 000
	场致发射推力器		10^3	6 000
	胶体推力器		10^3	1 000～1 500
电磁式	磁等离子体推力器	稳态	10^3	1 000～4 000
		脉冲	10^8～10^9	3 000～7 000
	脉冲等离子体推力器		10～10^2	1 000～1 500
	脉冲感应推力器		10	3 000～5 000
	电子回旋加速推力器		10^3～10^7	2 000～4 000

1.1.3　电推力器主要性能参数

1. 推力

　　推力是推力器在工作中供给航天器的作用力。通过推力器与粒子的相互作用，粒子最终具有向后的速度，而推力器获得向前的作用力，这一作用力就是推力器的推力。推进剂的消耗引起航天器质量的改变，推力还被定义为航天器动量随时间的变化率，表示为

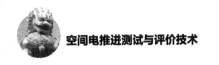

$$T = \frac{\mathrm{d}}{\mathrm{d}t}(m_\mathrm{p} v_\mathrm{ex}) = \frac{\mathrm{d}m_\mathrm{p}}{\mathrm{d}t} v_\mathrm{ex} = \dot{m}_\mathrm{p} v_\mathrm{ex} \quad\quad (1\text{--}1)$$

式中　T——推力，单位为 N；

　　　$\dot{m}_\mathrm{p}$——推进剂质量流率，单位为 kg/s；

　　　v_ex——离子喷出速度，单位为 m/s。

推进剂质量流率表示为

$$\dot{m}_\mathrm{p} = QM \quad\quad (1\text{--}2)$$

式中　Q——推进剂粒子流率，单位为 个/s；

　　　M——推进剂原子质量，单位为 kg。

束流的运动学推力功率，称为喷射功率（P_jet），定义为

$$P_\mathrm{jet} = \frac{1}{2} \dot{m}_\mathrm{p} v_\mathrm{ex}^2 \quad\quad (1\text{--}3)$$

利用方程（1–1），喷射功率可以表示为

$$P_\mathrm{jet} = \frac{T^2}{2\dot{m}_\mathrm{p}} \quad\quad (1\text{--}4)$$

对于典型的离子和霍尔推力器，束流离子通过电场加速获得较高的喷出速度。离子速度大大超过任何未电离的推进剂的速度。根据能量守恒，离子的喷出速度由下式给出：

$$v_\mathrm{i} = \sqrt{\frac{2qV_\mathrm{b}}{M}} \quad\quad (1\text{--}5)$$

式中　V_b——加速电压，单位为 V；

　　　q——带电粒子电荷，单位为 C；

　　　M——离子质量，单位为 kg。

离子的质量流率与离子束流（I_b）相关，即有下式：

$$\dot{m}_\mathrm{i} = \frac{I_\mathrm{b} M}{q} \quad\quad (1\text{--}6)$$

当束流均为单荷离子时（$q=e$），则推力为

$$T = \sqrt{\frac{2M}{e}} I_\mathrm{b} \sqrt{V_\mathrm{b}} \quad\quad (1\text{--}7)$$

推力正比于束流乘以加速电压的平方根。如果推进剂是氙气，则推力进一步可以表示为

$$T = 1.65 \times 10^{-3} I_\mathrm{b} \sqrt{V_\mathrm{b}} \quad\quad (1\text{--}8)$$

由于束流存在一定的发散角，会造成推力损失，因此，需要对以上方程进行修正。推力的修正必须结合束流离子空间分布进行，对于圆柱形的推力器，发散角修正因子 F_t 表达式如下：

$$F_t = \frac{\int_0^r 2\pi r J(r) \cos\theta(r) \mathrm{d}r}{I_b} \tag{1-9}$$

式中　$J(r)$——离子流密度，单位为 $\mathrm{A/m^2}$；

　　　r——束流半径，单位为 m；

　　　θ——半径为 r 处离子速度与推力器轴线夹角。

离子流密度通常采用等离子体探针直接测量确定。

如果束流仅包括单荷离子和双荷离子，这样总的束流为

$$I_b = I^+ + I^{++} \tag{1-10}$$

式中　I^+——单荷离子流，单位为 A；

　　　I^{++}——双荷离子流，单位为 A。

此时总推力 T_m 表达式如下：

$$T_m = I^+ \sqrt{\frac{2MV_b}{e}} + I^{++} \sqrt{\frac{MV_b}{e}} = I^+ \sqrt{\frac{2MV_b}{e}} \left(1 + \frac{1}{\sqrt{2}} \frac{I^{++}}{I^+} \right) \tag{1-11}$$

当束流中出现双荷离子时，双荷离子修正因子 α 由以下方程给出：

$$\alpha = \frac{I^+ + \dfrac{1}{\sqrt{2}} I^{++}}{I^+ + I^{++}} = \frac{1 + 0.707 \dfrac{I^{++}}{I^+}}{1 + \dfrac{I^{++}}{I^+}} \tag{1-12}$$

由于更高价的离子在离子和霍尔两类推力器中极少出现，因此不再考虑三价以上离子。

综上所述，推力修正因子 γ 是发散角修正因子与双荷离子修正因子的乘积：

$$\gamma = \alpha F_t \tag{1-13}$$

修正后的推力由下式给出：

$$T = \gamma \dot{m}_i v_i = \gamma \sqrt{\frac{2M}{e}} I_b \sqrt{V_b} \tag{1-14}$$

一般推进剂为氙气（Xe）时，对应总推力可以简单地写成

$$T = 1.65 \times 10^{-3} \gamma I_b \sqrt{V_b} \tag{1-15}$$

举例来说，假定推力器以氙气为推进剂，束发散角为 20°，双荷离子与单荷离子比例约为 1:10，则计算出推力修正因子 $\gamma = 0.958$。对于一台加速电压为

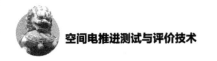

1 000 V，束流为 1 A 的推力器，产生的推力为 50 mN。

2. 比冲

比冲用 I_{sp} 表示，定义为推力与推进剂量消耗速率的比值。对于恒定的推力和推进剂流率，比冲表示为

$$I_{sp} = \frac{T}{\dot{m}_p g} \qquad （1-16）$$

式中　g——重力加速度，单位为 m/s²。

对于氙气推进剂，比冲可以表示为

$$I_{sp} = 1.02 \times 10^5 \frac{T}{Q} \qquad （1-17）$$

任何推力器的比冲可以表示为

$$I_{sp} = \frac{v_{ex}}{g} \qquad （1-18）$$

式中　v_{ex}——推进剂喷出速度，单位为 m/s。

用喷出速度与重力加速度的比值定义比冲，使比冲有着不一样的单位 s。在推力器中，推力主要是由离子产生的，比冲可进一步表示为

$$I_{sp} = \frac{v_i}{g} \frac{m_i}{m_p} \qquad （1-19）$$

式中　v_i——束流离子喷出速度，单位为 m/s。

推力器的推进剂利用率 η_m，用于表示推进剂的有效利用率。只考虑单荷离子时，定义为

$$\eta_m = \frac{\dot{m}_i}{\dot{m}_p} = \frac{I_b}{e} \frac{M}{\dot{m}_p} \qquad （1-20）$$

当推力器束流中存在多价离子时，推进剂利用率的表达式必须重新进行定义。对于同时产生单荷和双荷离子的推力器，质量利用率经过修正后变为

$$\eta_{m^*} = \alpha_m \frac{I_b}{e} \frac{M}{\dot{m}_p} \qquad （1-21）$$

式中　α_m——质量利用率中双荷离子修正因子。

α_m 由下式给出：

$$\alpha_m = \frac{1 + \frac{1}{2} \frac{I^{++}}{I^+}}{1 + \frac{I^{++}}{I^+}} \qquad （1-22）$$

当束流中双荷离子所占比例很小时，α_m 约等于 1。

将推力方程（1-14）和推进剂利用率方程（1-20）代入方程（1-19）得到比冲的表达式：

$$I_{sp} = \frac{\gamma m_m}{g} \sqrt{\frac{2eV_b}{M}} \qquad (1-23)$$

代入重力加速度 g 和单位电荷 e 的值，对于任意的推进剂比冲为

$$I_{sp} = 1.417 \times 10^3 \gamma m_m \frac{\sqrt{V_b}}{\sqrt{M_a}} \qquad (1-24)$$

式中 V_b——加速电压，单位为 V；

M_a——任意推进剂原子相对质量，量纲为 1。

结合上面的例子，推力器束发散角为 20°，双荷离子与单荷离子比例为 1:10，推进剂利用率为 90%，在加速电压为 1 000 V 的条件下，该推力器的比冲为 3 372 s。

3. 效率

推力器的电效率定义为束流功率除以总的输入功率，其表达式如下：

$$\eta_e = \frac{P_b}{P_T} = \frac{I_b V_b}{I_b V_b + P_0} \qquad (1-25)$$

式中 P_b——束流功率，单位为 W；

P_T——总功率，单位为 W；

η_e——电效率，量纲为 1；

P_0——输入推力器用以产生束流的其他功率，单位为 W。

束流功率代表产生推力束流所需要输入的功率，其他功率包括产生推进剂气体电离消耗的功率、阴极和中和器触持功率等。

离子产生成本可表示为

$$\eta_d = \frac{P_d}{I_b} \qquad (1.26)$$

式中 η_d——离子产生成本，单位为 W/A；

P_d——产生离子消耗的功率，单位为 W。

离子产生成本代表了推进剂气体电离过程的功率损耗，推力器设计中希望离子产生成本尽可能低。

电推力器的总效率定义为离子或等离子体喷射功率除以推力器输入的总

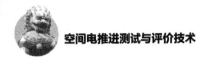

功率：

$$\eta_T = \frac{P_{jet}}{P_{in}} \tag{1-27}$$

结合喷射功率式（1-4），则电推力器的总效率可以表示为

$$\eta_T = \frac{T^2}{2\dot{m}_p P_{in}} \tag{1-28}$$

根据式（1-4）和式（1-14），推力器总效率可以写为

$$\eta_T = \frac{\eta \eta_m T v_i}{2\dot{m}_i P_{in}} = \gamma^2 \eta_m \frac{I_b V_b}{P_{in}} \tag{1-29}$$

推力器的输入功率可以表示为

$$P_{in} = \frac{P_b}{\eta_e} = \frac{I_b V_b}{\eta_e} \tag{1-30}$$

进一步得到

$$\eta_T = \gamma^2 \eta_e \eta_m \tag{1-31}$$

利用前文推力器的例子，束发散角为 20°，双荷离子与单荷离子比例为 1:10，推进剂利用率为 90%，束流为 1 A，在加速电压为 1 000 V 的条件下，电效率为 0.833，则总效率为

$$\eta_T = 0.958^2 \times 0.833 \times 0.9 = 0.688 \tag{1-32}$$

这表示推力器可以把输入能量的 68.8% 转变为动能并传递给航天器。

推力器的推力功率比定义为推力除以总功率：

$$\frac{T}{P_T} = \frac{T\eta_e}{P_b} \tag{1-33}$$

根据与推力器喷射功率、推力、推进剂利用率相关的式（1-14）、式（1-23）、式（1-20），将式（1-33）转换成与比冲相关的表达式：

$$\frac{T}{P_T} = \frac{2\gamma^2 \eta_m \eta_e}{g I_{sp}} = \frac{2\eta_T}{g I_{sp}} \tag{1-34}$$

式（1-34）给出了推力器的总功率、推力、比冲以及效率之间的数学表达。从式中可见，在其他参数不变的情况下，提高比冲，将引起推力下降。如果在功率一定的情况下，希望同时提高推力、比冲，则必须提高推力器的效率。

|1.2 电推进发展概述及典型应用|

1.2.1 电推进技术发展

电推进的概念始于 20 世纪初期。1906 年，美国科学家戈达德提出用电能加速带电粒子产生推力的思想，并和他的学生在 1911 年进行了初步试验。1911 年，俄国科学家齐奥尔科夫斯基也设想利用带电粒子做空间喷气推进。1929 年，德国科学家奥伯特出版了研究利用电推进的著作。1929—1931 年，苏联在列宁格勒①建立了专门研究电推进的机构，气体动力学实验室演示了世界上第一台电推力器，采用大电流放电使液体推进剂汽化、膨胀，再从喷嘴喷出。1946—1957 年，美国和苏联科学家提出了多种类型电推力器的理论和方案。

电推进的工程研究从 20 世纪 50 年代末开始。1955—1957 年，苏联就已经开始试验平板型和同轴型脉冲等离子体推力器。1958 年 8 月，美国的福雷斯特在火箭达因公司运行了第一台铯接触式离子推力器。同年，苏联对此类型的推力器也开展了验证试验。1960 年，美国航空航天局（National Aeronautics and Space Administration，NASA）的考夫曼演示了第一台电子轰击式离子推力器。同年，德国吉森大学的勒布演示了第一台射频离子推力器。1966 年，苏联库哈托夫原子能研究所的莫罗佐夫演示了第一台霍尔推力器。此后，各类电推力器的研究和应用得到迅速发展。

电推进技术的发展方兴未艾。随着科学技术的进步和航天技术的迅速发展，人类在空间领域的活动越来越频繁。地球同步轨道（Geostationary Earth Orbit，GEO）卫星的迅猛发展、空间探测任务的急剧增加和微小型航天器的日益兴盛，使得电推进在航天器上的应用更加广泛。同时，满足未来航天任务要求的新型高性能、长寿命电推进技术的研究也日益受到各国的重视，中国、美国、俄罗斯、欧空局和日本等都在加强电推进技术的研究，电推进被列为 21 世纪航天关键技术之一。

1.2.2 电推进应用进展

从 20 世纪 60 年代开始兴起离子电推进技术，到 90 年代实现航天器型号

---

① 列宁格勒：今为圣彼得堡。

应用，在这期间，美国、德国和日本都进行了离子电推进的空间飞行试验。这些飞行试验不仅极大地促进了离子电推进的技术发展，而且为最终实现离子电推进的航天器飞行应用奠定了重要的技术基础。以 1990 年为界，离子电推进的空间飞行试验历史分为两个阶段，第一阶段以纯粹的空间飞行试验为特征，包括美国 NASA 的空间电推进试验系列、美国空军的 661A 计划、美国航空航天局和空军联合应用试验卫星（AST）系列、日本工程试验卫星三号（ETS-3）、欧洲优里卡（EURECA）试验等；第二阶段以工程验证和应用为主要特征，包括美国波音（休斯）公司的 601HP 和 702 平台卫星、美国 NASA 的深空一号（Deep Space-1，DS-1）、欧洲的 Artemis 卫星、日本隼鸟号（Hayabusa）航天器等。

霍尔推力器的研究始于 20 世纪 60 年代，美国的第一个试验装置出现于 1962 年，但成功应用却在苏联。1971 年 12 月，苏联发射的气象（流星）卫星首次采用火炬设计局的两台 SPT-60 稳态等离子体推力器。俄罗斯的 SPT 类型霍尔电推进已经经历三代试验和应用，第一代基于 SPT-50 和 SPT-60 电推力器，主要用于低轨道流星系列（Metero 和 Meteor-Pririda）卫星进行试验性轨道维持；第二代基于 SPT-70 电推力器，从 1982 年开始先后应用于 Kosmos、Luch 等卫星进行东西位保；第三代基于 SPT-100 电推力器，从 1994 年开始应用于 Gals、Express 等同步轨道卫星进行南北位保和东西位保。基于 SPT-140 的第四代电推进也将实现应用。20 世纪 90 年代冷战结束后，俄罗斯的霍尔推力器技术开始进入西方国家，1997 年 SPT-100 完成西方飞行标准鉴定，被西方电推进委员会接受。1998 年 10 月俄罗斯 TsNIMASH 的 D-55 阳极层霍尔推力器在西方 STEX 航天器首次应用。2003 年 9 月 28 日，应用霍尔推力器 PPS-1350 作主推进的 SMART-1 开始月球之旅，美国和欧洲装配了 SPT-100 霍尔推力器的通信卫星 Inmarsat 4F1、Intelsat 10-02、MBsat、Thaicom 4、Intelsat Americas 8 等已经相继成功发射，在轨运行正常。霍尔电推进已经成为继离子电推进之后，正在西方航天器上迅速扩展其应用的高性能空间推进技术。

我国电推进研制始于 1974 年兰州物理研究所，1986 年完成 LIPS-80 汞推进剂离子推力器样机研制与验收，之后进入技术沉淀期。1999 年重新开始，启动了 LIPS-200 氙离子推力器研制，2012 年 11 月，LIPS-200 离子电推进和 660 W 霍尔电推进搭载 SJ-9A 卫星完成了首次在轨飞行验证。2016 年 11 月，LHT-100 霍尔电推进和磁聚焦霍尔电推进搭载 SJ-17 卫星完成在轨飞行验证。2017 年 4 月，LIPS-200 离子推力器作为 DFH-3B 卫星平台的标准配置，在 SJ-13 卫星上开展了在轨预处理及参数标定。2016 年，面向我国大型通信卫星平台 DFH-5，研制了 LIPS-300 多模式离子推力器，已完成飞行产品交付。

1.2.3　深空探测领域典型应用

1. 美国深空一号（DS-1）探测器

DS-1 探测器 30 cm 离子电推进飞行试验，列为 NASA 太阳能电推进技术应用（NASA Solar Electric Propulsion Technology Applications Readiness，NSTAR）计划。1995 年确定 30 cm 离子推力器作为 DS-1 的试验项目之一，试验目的包括：离子电推进在未来类似环境中的性能和功能验证，离子电推进与航天器及科学仪器之间的相容性验证，最小地面支撑下电推进自主导航和控制的验证。离子电推进系统包括推力器、电源处理单元（Power Processing Unit，PPU）、推进剂储供系统（Xenon Feed System，XFS）、数字与控制单元（Digital Control and Interface Unit，DCIU）、离子诊断系统（Ion Diagnostic System，IDS）。推力器设计功率范围为 0.5～2.3 kW，推力为 20～92 mN，比冲为 1 950～3 100 s，寿命初期效率为 42%～62%，设计寿命为 8 000 h，推进剂消耗量为 83 kg，提供总冲量为 $2.65×10^6$ N·s。XFS 设计为以超临界状态储存 83 kg 氙气推进剂，以 3% 流率控制精度供应推进剂。PPU 设计输入电压为 80～160 V 直流电，并转化为推力器工作所需的电流和电压。DCIU 用于数据获取、控制和通信。

DS-1 航天器于 1998 年 10 月 24 日发射，在 1 个月内消除了首次点火中出现的连续打火故障，在 3 个月内完成了 200 h 的工作试验数据获取。到 1999 年 4 月 27 日完成了 Braille 小行星交会的主推进任务，离子电推进系统工作时间达到 1 764 h。1999 年 7 月 29 日实现了 Braille 小卫星的 287 km 掠飞，离子电推进系统累计工作 1 800 h。2001 年 5 月完成了 Borrelly 彗星交会，离子电推进系统累计工作达到 14 000 h。2001 年 12 月 DS-1 任务结束，电推进累计工作达到 16 265 h，NSTAR 成为当时空间工作时间最长的离子推力器。

DS-1 对离子电推进与星际航天器之间的相互作用进行了深入的试验研究，获得了表征局部环境及其诱导效应的数据。飞行中，用阻滞势分析仪（Retarding Potential Analyzer，RPA）测量离子电流，确定交换电荷离子密度；用朗缪尔探针测量束流等离子体中的电子温度和密度，交换电荷等离子导致航天器相对空间的电势漂移在 6～10 V 之间，没有观测到寄生电流收集导致的太阳阵电池性能衰减；用等离子体波谱仪测量电推进的静电波和磁噪声，电场连续噪声频率小于 15 MHz、幅值小于 1 V/m，磁场连续噪声频率小于 10 MHz、幅值小于 10 mT，电磁噪声对通信和其他子系统没有产生干扰。DS-1 航天器及其试验离子推力器如图 1-11 所示。

图 1-11　DS-1 航天器及其试验离子推力器

2. 日本隼鸟号（Hayabusa）深空探测器

2003 年 5 月，日本发射了小行星采样返回航天器 MUSES-C，航天器用三台（第四台备份）10 cm 微波放电离子推力器作为主推进，如图 1-12 所示，单台推力器功率 400 W、推力 8 mN、比冲 3 000 s。

2003 年 5 月 27 日—6 月中旬，离子电推进成功点火，由于太阳爆发引起电池阵损伤，原定于 2005 年夏天的交会被推迟，2005 年 9 月达到 Itokawa 小行星环绕轨道，消耗氙推进剂 22 kg（携带 65 kg），电推进系统累计工作时间达到 25 600 h。同年 11 月成功降落星体并完成了采样，12 月 1 日采样返回器离开。由于化学推力器失效，只能依靠电推力器返回地球，返回时间由 2007 年推迟到 2010 年。日本 Hayabusa 及其微波放电离子电推进如图 1-12 所示。

图 1-12　日本 Hayabusa 及其微波放电离子电推进

3. 欧洲智能一号（SMART-1）月球探测器

SMART-1 是欧洲航天局（European Space Agency，ESA）的地平线 2000 科学计划项目之一，主要是为了验证电推进完成新的使命的能力，同时验证相关的深空使命航天器技术。探测器主推进用 SNECMA 公司研制的 PPS-1350-G 霍尔电推进系统，其组成如图 1-13 所示，包括复合材料缠绕氙气瓶、bang-bang 压力调节单元、电源处理单元、电源滤波单元（FU）、PRE 卡等。SNECMA 公司提供的 PPS-1350-G 属于霍尔电推进的 SPT 类型，在 1 350 W 输入功率下推力 70 mN、比冲 1 640 s，82.5 kg 氙推进剂在 15 MPa 压力下超临界储存于 49 L 气瓶内，电推力器启动和工作模式执行为自动控制。在轨用电子和尘埃试验设备、电推进诊断系统进行等离子体和电推进系统诊断。航天器由 Ariane-5 发射进入同步转移轨道，用 40～70 mN 低推力弧进行周期为 15～18 个月的轨道转移，包括连续切线推力抬高近地点到 20 000 km，轨道平面内外推力及惯性飞行弧组合，利用月球谐振和摆动力，实现月球的弱捕获进入 300 km×6 000 km 的月球南极螺旋目标轨道。PPS-1350-G 推力器和 SMART-1 航天器如图 1-14 所示。

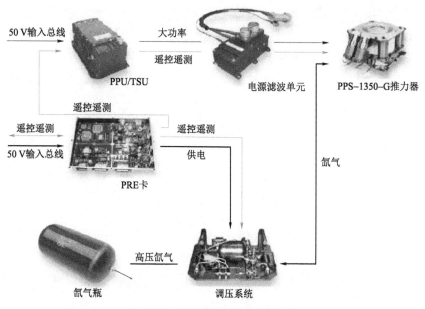

图 1-13　SMART-1 的电推进组成

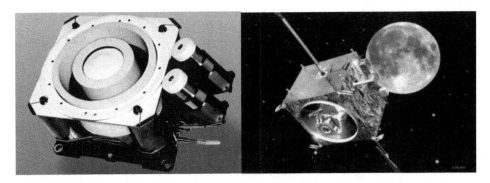

图 1-14 PPS-1350-G 推力器和 SMART-1 航天器

电推进系统在轨第一次试验为 BPRU 和氙流量控制（Xenon Flow Control，XFC）的排空以清除管路中的氧等污染性气体，之后进行不同功率的两次点火试验，首次很成功，第二次点火成功后提前关闭，原因是太阳耀斑引起 PPU 驱动电路异常。在轨电位测量表明航天器地为负电位，在−30～−15 V 之间。放电电流振荡在首月内约 0.1 A，只有地面试验测量值的 1/10。前三个月电推进系统采用连续推力以尽快脱离辐射区，尽管经历了 40 年来最强的太阳耀斑爆发，电推进系统却并未受到影响，2003 年年底顺利走出辐射带。第一次转移完成后，电推进系统出现了辐射环境造成的软件故障，由于无法修复，最终通过时序改变克服，在电推进系统第一次工作中还出现了光耦合单粒子效应问题，造成推力器的非预期熄火，通过软件判断后重新点火。另外出现了推力器控制回路在两个稳定工作点之间的振荡问题，通过调节工作参数（阳极电流）得到解决。2004 年 9 月，氙流率控制器 A 出现行为异常，切换到 B 后重新切回 A 得到解决。

2004 年 11 月，探测器被月球轨道捕获，开启电推进系统以降低绕月球轨道高度。截至 2005 年 4 月，电推进系统开关次数达到 526 次，两个阴极点火时间分别达到 3 511 h 和 1 115 h，电推进系统工作累计 4 627 h，bang-bang 阀开关 361 238 次，PVT 测量显示推进剂剩余约 6 kg。采用电推进系统，使得探测器月球捕获转移周期从 18 个月缩短至 13 个月。

2005 年 SMART-1 完成月球探测任务（坠入月球表面），电推进系统累计工作近 5 000 h，其中脱离辐射带后单次最长持续工作 240 h，在轨推力与预期一致，由于电推进系统的良好性能及推进剂富裕，航天器绕月球探测从原计划的 6 个月延长到 18 个月，验证了霍尔推力器作为深空探测器主推进的服役能力。

1.2.4 地球轨道卫星领域典型应用

1. BSS-702/702SP 通信卫星平台

BSS-702 是波音公司研发的基于 XIPS-25 离子电推进系统的通信卫星平台。截至 2017 年，该平台卫星共签约 60 颗，已发射入轨 47 颗。2015 年，波音公司发射了该平台的升级版，即 BSS-702SP 全电推进卫星平台，平台本体尺寸 1.8 m×1.9 m×3.5 m；发射质量不超过 2 000 kg，氙气推进剂 400 kg；可承载 500 kg 有效载荷（51 路转发器），3～8 kW 有效载荷功率；卫星寿命 15 年。BSS-702SP 平台采用 4 台 XIPS-25 离子推力器，单台推力最大达到 165 mN，

比冲 3 500 s，功率 4.5 kW，变轨时需要 2 台离子推力器同时工作。BSS-702SP 平台通过采用电推进系统，减小了卫星的发射质量，采用一箭双星发射，从而大幅降低了发射成本，该平台在不影响卫星通信能力和性能的前提下，发射费用减少 5 000 万～6 000 万美元。该卫星平台已订购 7 颗卫星，在亚洲广播卫星公司和墨西哥卫星公司上已经实现应用。BSS-702SP 平台如图 1-15 所示。

图 1-15 BSS-702SP 平台

2. 美国 LS-1300 通信卫星平台

1992 年，空间系统劳拉公司和俄罗斯火炬局联合成立国际空间技术公司，并于 1996 年完成 SPT-100 霍尔电推进系统（图 1-16）鉴定试验，其中最长的寿命试验在 81.7 mN 推力和 1 537 s 比冲下达到 6 141 h，开关 6 944 次。1997 年开始进行电推进系统飞行产品生产。4 台推力器用 2 套电源处理单元（PPU）切换供电，推进剂管理模块（Propellant management，PMA）共用，通过带备份的氙流量控制（XFC）供应推力器。

2001 年开始装配于卫星型号，2004 年 3 月成功发射了 LS-1300 平台首颗卫星 MBSat-1。2004 年 4 月，该卫星首次进行了霍尔推力器点火，2004 年 5 月

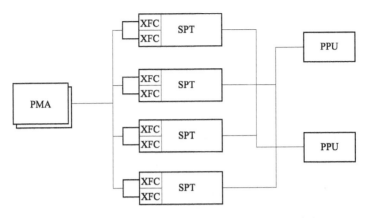

图 1-16　SPT-100 霍尔电推进系统组成

开始电推进系统执行每天的卫星位置保持工作。之后，又相继成功发射了数颗卫星，采用 4 台 SPT-100 霍尔电推进完成卫星 10～15 年寿命期间的南北位保，分别包括 2005 年 6 月 23 日发射的基于 LS-1300 扩展平台 Intelsat Americas 8、2005 年 8 月 11 日发射的基于 LS-1300S 平台的同步轨道卫星 Thaicom 4（IpStar）等。

3. 欧洲 EUROSTAR-3000 通信卫星平台

2004 年和 2005 年，欧洲先后发射了基于 EUROSTAR-3000 通信卫星平台的 Intelsat 10-02 和 Inmarsat 4F1 卫星。这些卫星都采用 4 台 SPT-100 霍尔电推进系统完成 10～15 年寿命期间的南北位保。该卫星平台的电推进系统组成如图 1-17 所示，包括一个氙气瓶（Xenon Tank, XST）、氙气调压和供应系统（Xenon Pressure Regulator and Feed System，XRFS）、2 个推力器模块组件（Thruster Module Assemblies，TMA）、2 个推力器定向机构（Thruster Orientation Mechanisms，TOM）、2 套电源处理器（Power Processing Unit，PPU）及对应的 SPT-100 推力器等。

Inmarsat 4F1 上霍尔电推进系统工作过程如下：首先对两个 TOM 解锁，通过旋转确认自由；然后进行 XRFS 的初始检查、额定的温度和压力读数检查，确认发射中没有发生推进剂泄漏；之后进行推进剂管路排气和通氙气，按照 4 级方案分别对 4 个推力器排气和通气；最后进行霍尔推力器启动点火试验，按照推力器、电源、阴极、调压支路的 8 种组合进行周期为 30～120 min 的点火。点火过程和正常位保工作点火相同，虽然推力器出气不完全，但在点火成功数分钟后可达到稳定工作,过程中监测和记录每次点火时电推进系统的主要工作参数。

XST　　　　　　　XRFS　　　　　　　TMA

TOM　　　　　　　PPU　　　　　　　SPT-100

图 1-17　EUROSTAR-3000 通信卫星平台的电推进系统

Intelsat 10-02 和 Inmarsat 4F1 卫星的飞行情况显示,电推进系统推力器性能(PPU 遥测)重复性很好,与地面试验一致;轨道机动和位置保持表明霍尔电推进系统的工作性能正常,与俄罗斯相同推力器的卫星和 SMART-1 飞行经验吻合。

4. DFH-3B 通信卫星平台

DFH-3B 通信卫星平台是我国基于 LIPS-200 离子电推进系统的首个电推进卫星平台。2017 年 4 月,该平台配置电推进系统首发星 SJ-13 卫星成功入轨,7 月完成电推进系统在轨标定,将正式执行卫星南北位置保持工作。LIPS-200 离子电推进系统包括 4 台 LIPS-200 离子推力器,2 台推力矢量调节机构,1 套储供子系统(2 个氙气瓶、1 个压力调节模块、4 个流量控制模块),2 台电源处理单元,1 台推力器切换单元及配套电缆、管路等。DFH-3B 平台电推进系统配置如图 1-18 所示。

LIPS-200 离子推力器技术指标:推力:40 mN±2 mN;比冲:3 000 s±150 s;功率:1 300 W;开关次数:≥6 000 次;累计工作时间:≥12 000 h。

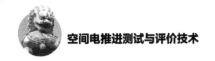

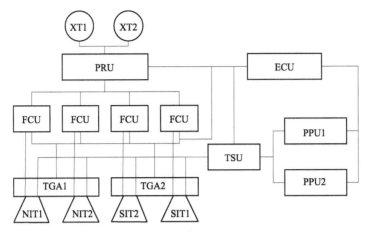

图 1-18 DFH-3B 平台电推进系统配置

XT1，XT2—氙气瓶（Xenon Tank）；PRU—压力调节单元（Pressure Regulator Unit）；

FCU—流量控制单元（Flow Control Unit）；TGA1，TGA2—推力矢量调节机构；

NIT1，NIT2—北星板离子推力器（North Ion Thruster）；SIT1，SIT2—南星板离子推力器

（South Ion Thruster）；TSU—推力器切换单元（Thruster Switchover Unit）；

PPU1，PPU2—电源处理单元（Power Process Unit）；

ECU—电控单元（Electric Control Unit）

|1.3 电推进测试技术概要|

1.3.1 电推进测试工作的必要性

电推进产品属于空间推进领域，由于空间环境的特殊性和航天器在轨维修性差，电推进产品有必要在地面开展一系列性能、寿命、环境及与航天器相互作用等多方面的验证试验。为了确保产品在轨工作的可靠度和安全性，电推进产品必须达到一定的技术和产品成熟度才能具备在轨飞行和应用条件。目前，电推进通常装备在一些高价值航天器上，实际应用前的一系列地面测试与评价工作也必不可少。综上，结合空间产品在轨应用要求和电推进产品的特殊性，有必要开展电推进产品测试及评价研究。

1.3.2 电推进测试的内容及范畴

本书系统介绍了国内外空间电推进测试与评价技术方面的最新进展，内容

涵盖电推力器及其关键部组件的性能、寿命测试与评价技术，电推力器力、热特性分析与评价技术，电推进系统与航天器兼容性试验与评价技术。作为背景知识，本书还介绍了电推进推进剂流量控制与测量技术、电推进试验设备。

　　本书第 1 章为空间电推进基础知识，主要对电推进概念、分类和应用进展进行了介绍。第 2 章为电推力器性能测试和评价技术，重点介绍了推力、比冲、效率、发散角、推力偏心角等指标的测试与评价方法。第 3 章为电推力器寿命验证试验与评估技术，重点介绍了电推力器寿命试验方案与分析评价方法。第 4 章为电推力器力、热特性分析与测试评价技术，以离子推力器为例重点介绍了电推力器力、热特性建模分析试验验证方法。第 5 章为电推力器关键部组件测试与评价技术，介绍了离子推力器关键组件空心阴极和栅极测试与评价试验方法。第 6 章为电推进羽流效应测试与评价技术，针对电推进与化学推进羽流特点不同导致的新问题，着重介绍了电推进等离子体羽流特性诊断方法和对航天器影响评估方法。第 7 章为电推进电磁兼容性试验技术，重点介绍了电磁兼容性试验的意义、试验装置、试验方法与典型案例。第 8 章和第 9 章分别介绍了推进剂流量控制与校准技术和电推进试验设备系统。

1.3.3　电推进测试的作用及意义

　　本书主要内容均为作者在电推进技术研究、产品开发、飞行产品研制中多次实践应用的技术成果，很多成果已经服务于我国航天器电推进系统研制，多次保证了空间电推进飞行成功。特别是基于特征频率和位移复合特性的激光测量方法，基于透波副舱的真空环境下电推力器电磁辐射发射测量方法，基于热节流器的微小流量控制方法和定容差压校准方法，基于法拉第平面阵列的推力矢量偏心角、束发散角测量方法，空心球形朗缪尔探针与阻滞势分析仪相互配合的电推进羽流等离子体参数诊断方法，系统解决了电推进测试评价技术中面临的一系列难题，受到同行的广泛关注与高度评价。

　　本书既是对空间电推进测试与评价前期工作的总结，也可作为今后相关工作的参考。本书偏重于工程技术内容介绍，实用性强，适合从事与电推进技术工作相关的工程技术、科研人员使用，亦可供大专院校相关专业的师生阅读。

<h2 style="text-align:center">参 考 文 献</h2>

[1] Radio Corporation of America Astro-electronics Division. Summary Report on the Development of the SERT I Spacecraft[R]. NASA CR−54243, 1966.

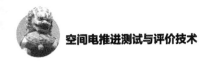

[2] R J Cybulski, D M Shellhammer, R R LoveII, et al. Results from SERT–I Ion Rochet Flight Test[R]. NASA TN D–2718, 1965.

[3] W C Nieberding, R R Love11.Thrust Measurement of SERT–I Ion Thrusters[R]. NASA TN D–3407, 1966.

[4] W R Kerslake, L R Ignaczak. Development, Flight History of SERT– II Spacecraft[R]. AIAA 92–3516, 1992.

[5] W C Nieberding, D J Lesic, F D Berkopec.Comparative in Flight Thrust Measurements of the SERT– II Ion Thruster[R]. NASA TN D–6008, 1970.

[6] J S Sovey, V K Rawlin, M J Patterson. A Synopsis of Ion Propulsion Development Projects in the United States: SERT– I to Deep Space–1[R]. NASA/TM—1999–209439.

[7] R M Worlock.Spacecraft Interaction of an Ion Propulsion System[R]. AIAA 1973–1255.

[8] J S Sovey, L M Zana, S C Knowles. Electromagnetic Emission Experiences Using Electric Propulsion Sysytems – a Survey[R]. AIAA–1987–2028.

[9] H C Koons, J F Fennell, D F Hall. A summary of the Engineering Results from Aerospace Cooperation Experiments on the SCATHA Spacecraft[R]. AFRL–VS–TR–20001578, 2000.

[10] T Fröhlich. RITA: High–efficiency, Long–life Radio–frequency Ion Thrusters [R]. EADS International Technology Days Paris, 2003.

[11] S Kitamura, H Naganot, Y Nakamura, et al. ETS–3 Ion Engine Flight Operations in the Extended Mission Period[J]. J. Propulsion, 1986, 2(6): 513–520.

[12] R Killinger, H Basssner, G Kienlein, et al. Electric Propulsion System RITA for ARTEMIS[R]. AIAA99–2271, 1999.

[13] H Gray, P Smith, D G Fearn. Design and Dvelopment of UK–10 Ion Propulsion System[R]. AIAA96–3084, 1996.

[14] B Battrick. Artemis Paving the Way for Europe's Future Data–relay, Land–mobile and Navigation Services[R]. ESA BR–220, 2004.

[15] J A Christensen, K J Freick, D J Hamel, et al. Design and Fabrication of a Flight Model 2.3 kW Ion Thruster for the Deep Space 1 Mission[R]. AIAA 1998–3327.

[16] J E Polk, R Y Kakuda, J R Anderson, et al.Validation of the NSTAR Ion Propulsion System on the Deep Space One Mission: Overview and Initial Results[R]. AIAA99−2274.

[17] M D Rayman. Ion Propulsion System (NSTAR) DS−1 Technology Validation Report[R]. 2002.

[18] K Toki. Flight Readiness of the Microwave Ion Engine System for MUSES−C Mission[R]. IEPC 2003, Toulouse, France.

[19] B Anzel. Stationkeeping the Hughes HS−702 Satellite with a Xenon Ion Propulsion System[R]. IAF−98−A.1.09.

[20] C Ocampo. Geostationary Orbit Transfer Using Electric Propulsion for the Hughes HS−702 Satellite[R]. IAF−98−A.1.08.

[21] K N Kozubski, V M Murashko, Y P Rylov, et al. Stationary Plasma Thrusters Operate in Space[J]. Plasma Physics Reports, 2003, 29(3): 251−266.

[22] B Arhipov, V Vingoradov, K Kozubsky. Development and Application of Electric Thruster at EDB "Fakel"[R]. IAF 99−S.4.02, 1999.

[23] A G Kozlov. Flight Experience and Prospects of EP and EPS Utilization Onboard the Spacecraft Manufactured by NPO PM, EDB[R]. Fakel 50th Anniversary International Workshop, 2005.

[24] D Manzella, R Jankovsky, F Elliott, et al. Hall Thruster Plume Measurements on−board the Russian Express Satellites[R]. NASA/TM—2001−211217, 2001.

[25] N Sitnikova, D Volkov, I Maximov, et al. Hall Effect Thruster Interactions Data from the Russian Express−A2 and Express−A3 Satellites[R]. NASA/CR—2003−212005.

[26] T Haag, M Osborn. RHETT/EPDM Performance Characterization[R]. NASA−TM 1998−206222, 1998.

[27] Randolph, et al. Integrated Test of an SPT−100 Subsystem[R]. AIAA−1997−2915, 1997.

[28] C F Hoeber, M L Day. 15 Years of International Cooperation in Hall Thruster Electric Propulsion Subsystems[R]. International Plasma Propulsion Workshop Kaliningrad, 2005.

[29] N Cornu. Planetary Mission to the Moon with Hall Effect Thruster[R]. International Plasma Propulsion Workshop Kaliningrad, 2005.

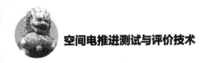
[30] M D Davina, E Denis. SMART-1: An Analysis of Flight Data[R]. IAC-04-IAF-S.4.02.

[31] P Pham. Electric Propulsion Eurostar E3000 Platform Flight Experience[R]. International Plasma Propulsion Workshop Kaliningrad, 2005.

第 2 章

电推力器性能测试与评价技术

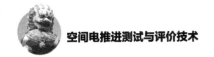

| 2.1 电推力器性能及束流特性测试概述 |

2.1.1 电推力器主要性能参数测试

1. 推力

推力是电推力器主要性能参数之一，测试方法包括采用工作电参数计算法和推力直接测量法两种。对于离子推力器，两种方法均适用；对于霍尔推力器，只能采用直接测量法。

推力测量对于电推力器性能评价非常重要，除了表征推力器主要性能之外，还直接影响比冲的测量精度。

2. 比冲

比冲是电推力器主要性能参数之一，通过推进剂总流量和推力测试值计算得到。其中，推进剂总流量采用地面试验设备供气系统流量计读取。

3. 功率

电推力器的功率通过工作电参数计算，即在测试中将推力器所有工作电源的输出功率之和作为功率测试值。

4. 效率

电推力器的效率通过比冲、推力、功率的测试结果计算得到。

2.1.2　离子推力器束流特性及测试

1. 离子推力器束流等离子体的主要组成及特性

1）离子推力器束流等离子体的主要组成

（1）主束流离子

经过推力器加速，未发生交换电荷碰撞的离子，包括多电荷氙离子，处在与推力器轴线夹角较小的角度范围内，是束流离子的主要组成部分。

（2）中和电子

中和电子由中和器产生，作用是与离子推力器喷出的高速离子形成束流等离子体。其目的是保持航天器呈电中性。

（3）中性原子

束流中的原子由两部分组成。一部分是推力器放电室中未电离的推进剂原子，从加速栅极孔排出，以及从中和器排出的未电离的中性原子；另一部分是交换电荷碰撞产生的高速原子。另外在地面试验条件下，真空舱存在残余中性原子，取决于地面试验时试验设备真空舱内的真空度。

（4）交换电荷离子

束流中的交换电荷离子是高速离子与中性原子之间发生交换电荷碰撞产生的，是具有热运动速度的离子。

（5）溅射产生的原子或离子

推力器结构件被离子溅射产生的原子或离子，如加速栅极溅射产生的钼离子和钼原子。这些原子或离子的成分是微量的，测试比较困难，但是它们携带有加速栅极等关键结构件溅射的重要信息。

2）离子推力器束流等离子体的主要特性及表征参数

（1）等离子体特性

离子推力器束流特性是主束流等离子体和交换电荷等离子体的特性。主束流等离子体中的离子是高速定向运动的。交换电荷等离子体由高速离子与中性原子发生交换电荷碰撞产生。在推力器喷口下游束流中心区域，中性原子和高速离子的密度最高，产生的交换电荷离子密度最高，在电场力作用下使交换电荷离子向束流边缘运动。因此交换电荷等离子体处在离子推力器喷出面下游主

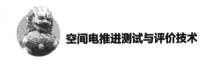

束流边缘，并向周围扩散。在地面试验条件下，由于试验设备真空舱残余中性原子的存在，交换电荷等离子体范围更广。

（2）束流发散特性

从离子光学系统引出的离子束，具有一定角度的发散，这由离子光学系统的结构及离子间相互排斥等因素决定。离子推力器的束流发散特性用束发散半角描述。离子推力器束发散半角是重要的特性参数，为解决电推进与航天器的相容性问题提供参考。

通常，束发散半角 γ 采取如下定义：设某一圆锥面的轴与推力器轴线重合，90%的束流离子电流包含在该圆锥面之内，则该圆锥面的半顶角为束发散半角 γ。

（3）束流中离子电流密度分布特性

束流中离子电流密度在空间具有一定的分布。栅极中心区域离子电流密度高，而边缘电流密度低。束流离子束的均匀性用平直度系数 f_b 表示，它是反映放电室磁场分布特性的重要参数，采用式（2-1）定义。

$$f_b = \frac{j_{bavg}}{j_{bmax}} \tag{2-1}$$

式中　　j_{bavg}——平均束流密度，单位为 mA/cm^2；

　　　　j_{bmax}——束流密度最大值，单位为 mA/cm^2。

（4）束流离子能量分布特性

束流离子能量具有一定的分布，反映了推力器放电室电离过程和加速过程。另外，交换电荷离子能量分布与交换电荷碰撞、等离子体势等相关。

2. 束流特性与推力器性能的关系及对航天器的影响

1）束流特性与推力器内在性能之间的关系

（1）束流特性对推力性能的影响

假设离子推力器的束流离子被光学系统加速喷出时的运动方向平行于推力器中心轴线，且束流离子全部为单荷离子，则离子推力器的推力表示为

$$F = \sqrt{\frac{2m_i}{e} V_b} \tag{2-2}$$

式中　　V_b——离子加速电压，单位为 V；

　　　　I_b——束电流，单位为 A；

　　　　m_i——氙离子质量，单位为 kg；

　　　　e——基本电荷电量，单位为 C。

离子在被加速的过程中，离子运动的轨迹并不是完全平行于推力器轴线，而与推力器有一定的夹角。由于束流的发散，离子加速过程产生的推力有径向分量，造成推力的损失。采用式（2-2）计算推力时需要修正，即要乘束发散修正系数 α。

　　束流离子中含有一定比例的双荷离子，双荷离子被加速产生推力的计算式与单荷离子的不同。用式（2-2）计算推力时同样需要修正，即要乘双荷离子修正系数 β。修正后的推力计算式为

$$F = \alpha\beta\sqrt{\frac{2m_i}{e}}V_b \qquad （2-3）$$

式中　α——束发散修正系数；

　　　β——双荷离子修正系数。

　　（2）交换电荷等离子体对离子推力器寿命的影响

　　产生于加速栅上下游附近的电荷交换离子碰撞到加速栅，造成连续溅射刻蚀并最终导致机械失效，是影响离子推力器寿命的重要因素。在地面试验条件下，由于试验设备真空舱残余中性原子的存在，影响更加显著。

　　（3）束流均匀性、双荷离子比例与离子推力器放电室性能的关系

　　束流均匀性反映了离子推力器放电室的重要性能，如放电室等离子体密度分布特性。离子推力器设计中，在满足各项性能的条件下，应尽可能提高束流的均匀性。

　　离子推力器束流中的双荷离子占一定比例，与阳极的放电功率、推进剂的利用率有关。在选取推力器放电室工作参数时，要考虑推力器放电室中的双荷离子比例约束。

　　2）离子推力器束流与航天器的相互作用效应

　　离子推力器束流与航天器之间的相互作用效应对航天器有重要影响，有些相互作用效应可能成为影响航天器寿命的重要因素。因此，在使用离子电推进系统之前，需要通过地面模拟试验、分析模型计算和在轨飞行试验等技术途径，深入研究电推力器束流与航天器其他子系统及其部件之间的相互作用和影响程度，确认在航天器寿命期间的环境作用效应在容许的范围，或者采取必要的防护措施。

　　（1）溅射腐蚀

　　高能量束流离子和交换电荷离子碰撞于航天器表面，只要离子能量大于被碰撞材料的溅射阈值，就会产生溅射腐蚀效应。如果高能量束流离子直接扫过太阳电池阵，会产生比较严重的溅射腐蚀，造成电池阵的性能下降或失效。交换电荷离子对航天器表面的溅射腐蚀相对较弱，但是如果耦合于局部强电场分

布，其时间积累效应也不容忽视。除了高能量离子之外，束流中的高能量中性原子同样对航天器表面有溅射腐蚀效应。

（2）沉积污染

离子电推进系统用氙气作为推进剂，本身不产生沉积污染。离子电推进系统产生的沉积污染来自两个方面：一是推力器的放电室、栅极等结构件受到离子溅射腐蚀，流出推力器的溅射物以离子、原子、粒子等形式沉积在航天器表面形成污染；二是受到离子溅射腐蚀的航天器表面溅射物产生的一次或多次沉积污染。航天器表面污染影响涉及范围包括太阳电池阵、热控表面、光学传感器等。离子电推进系统产生的沉积污染速率虽然很小，但经过长期积累后也会对热控材料的光热特性、太阳电池表面的太阳辐射传输特性产生较大影响。

（3）航天器电势

航天器的电势取决于航天器与周围等离子体之间的电流平衡，影响航天器电流平衡的等离子体环境包括周围热磁层等离子体、表面二次电子发射、推力器主束流等离子体和交换电荷等离子体等。电推力器束流交换电荷离子在航天器周围扩展，成为主导电流平衡的等离子体环境。

（4）等离子电磁干扰

电推力器束流等离子体对航天器通信产生一定影响，等离子微波振荡会产生对有效载荷、航天器分系统的电磁干扰；航天器上收集或发射带电粒子的有效载荷会受到等离子体环境的扰动。

（5）碰撞动力干扰

束流离子束高能量离子碰撞于航天器表面产生干扰力或力矩，影响航天器的姿态运动和控制，一般情况下需要消耗额外的推进剂，严重情况下会造成航天器失控，无法正常工作。

3. 电推力器束流特性测试

1）束流密度分布测试

束流离子电流密度分布通常采用法拉第探针测试，测试方式包括单探针扫描测试和法拉第阵列测试。测试结果用于计算束发散半角 γ、平直度系数 f_b 和束发散修正系数 α 等。

2）双荷离子比例测试

双荷离子比例采用 $E \times B$ 探针测试，测试结果可用于计算双荷离子修正系数 β。

3）其他束流特性诊断测试

根据电推进产品研制的需要，束流特性其他测试项目包括等离子体电势分布、等离子密度分布、交换电荷离子能量分布等，相应测试仪器为朗缪尔探针（Langmuir Probe，LP）、阻滞势分析仪（Retarding Potential Analyzer，RPA）。

| 2.2 电推进微小推力测试 |

2.2.1 推力测量的必要性

在配置电推进分系统的航天器的任务规划和系统设计中，推力是各方关注的主要参数之一。精确测量电推力器的推力是十分必要的，主要体现在以下几方面：

① 电推力器与化学推力器相比，推力量级小，推力调节精度高，因此有必要设计专用设备来实现毫牛乃至微牛量级的精确推力测量。

② 推力测量的准确性直接关系到航天器姿态和轨道控制的精度，同时也是航天器轨道控制策略设计时的主要依据。

③ 除了个别类型的推力器外，大多数电推力器的推力不能通过解析公式或物理模型进行准确计算，只有实际测量才能得到准确的推力参数。

2.2.2 扭转式推力测量方法

1. 测量原理

典型的扭转式推力测量装置的示意图如图 2-1 所示。其原理与 1784—1785 年库仑验证静电荷相互作用时采用的扭秤装置类似。在韧性良好、热膨胀系数小的弹性细丝下悬挂一根秤杆，它的一端安装着推力器，另一端有平衡体。当推力器工作时，扭秤发生转动，偏转一定角度后，悬丝的扭力矩与推力器产生的推力力矩相等。如果悬丝的扭力矩与扭转角度之间的关系已经事先校准、标定，则可根据测得的悬丝偏转角度（示意图中根据阻尼盘上的指针读数

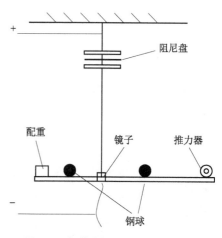

图 2-1 扭转式推力测量装置示意图

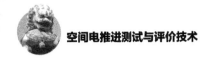

来确定）和已知的秤杆长度准确测量出推力器稳定工作时的推力。

2. 测量方法

可由下式得到推力大小：

$$F \times b = K \times \Delta\theta \qquad (2-4)$$

式中　F——推力，单位为 N；

　　　b——推力力臂的长度，单位为 m；

　　　K——悬丝的扭矩，单位为 N·m/rad；

　　　$\Delta\theta$——悬丝偏转的角度，单位为 rad。

悬丝的扭矩 K 可利用孤立扭秤在自由振荡情况下的动力学方程求出：

$$I\ddot{\theta} + \gamma\dot{\theta} + K\theta = 0 \qquad (2-5)$$

式中　I——扭秤的转动惯量，单位为 kg·m²；

　　　γ——扭秤的阻尼系数。

对应的角频率为

$$\omega_0 = \sqrt{\frac{K}{I}} \qquad (2-6)$$

当将扭秤的转动惯量改变 ΔI 时，可得

$$K = \frac{\omega_1^2 \omega_2^2 \Delta I}{\omega_2^2 - \omega_1^2} \qquad (2-7)$$

式中　ω_i——悬丝转动前后的角频率，单位为 rad/s。

改变扭秤的转动惯量，测量不同转动惯量下角频率可以得到悬丝的扭矩 K，需要测量的量少，且容易精确测量。

3. 特点

扭转式推力测量方法能够实现对微牛级别推力的精确测量。但扭转式测量装置不能承受很大质量，高敏感度要求扭丝细而长，悬挂大质量要求扭丝不能太细，而受真空腔体积等的限制，扭丝的长度又不能很长，所以两者是矛盾的。由于绕测量臂轴向的转动缺乏限制，推力器推力方向难以精确保持。

随着推进剂的消耗，扭秤逐渐失去平衡，将造成力臂长度改变，同时也造成测量臂更复杂的运动，加剧各摆动模式的耦合。

4. 典型测试装置和案例

NASA 的空气推进实验室（Jet Propulsion Laboratory，JPL）依据扭转平衡

测量原理，研制了基于扭矩平衡设计的微推力测量系统。测试装置示意图如图 2-2 所示，推力器固定于水平臂的一端，该臂由两个柔性枢轴支撑，为消除重力影响，推力器被放置在臂另外一端以补偿质量平衡，臂的质心在轴支点使系统的灵敏度很高，另外还考虑了外部振动影响的消除。

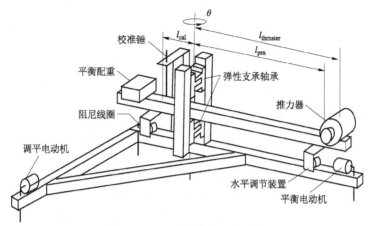

图 2-2　JPL 的微推力测量系统

该装置既可测量脉冲推力（冲量），也可测量稳态连续推力，要得到推力，需要测量弹簧常数、力臂长度和偏转角度。其中转动惯量、力臂长度、弹簧常数的测量用标定方法，校准锤通过压电传感器输入确定冲量，测量系统响应并进行拟合得到这些参数。初始角速度和偏转角度的测量采用简单的线性电压位移变送器方法。对真空弧推力器、气体 PPT（Pulsed Plasma Thruster）、FEEP、蒸发液体微推力器、冷气推力器等 5 种微推进的测量进行试验。其中，对于 FEEP 的推力测量范围主要是 1～100 μN，确认推力测量分辨小于 1 μN。

NASA 刘易斯中心的 Thomas Haag 研制了一种新颖的摆动式推力测量装置，能够实现 100～500 mN 的推力测量。整个装置的示意图如图 2-3 所示。推力器安装在绝缘的硅酸盐陶瓷板上，步进电动机控制的平衡轴对铝制扭臂结构进行支撑，测量过程中当推力器的质量发生变化时，可以通过调节平衡轴的位置实现推力器与配重块的平衡。推力器供电线缆和测试线缆固定在扭臂上，防止对扭臂产生干扰。

Thomas Haag 设计了由高精度电动机、低阻滑轮构成的在线校准器。首先在常温下通过电动机转动产生的定量拉力来核定扭臂对应的转动角度，并收集校准数据形成校准曲线。如果测量过程中环境、工作状态的变化导致测量结果发生偏差，可以通过校准曲线来修正转动角度的偏差。并且还配置了电磁阻尼电路，用于抑制测量过程中产生的非常规振动。该推力测量装置的精度达到±1 mN。

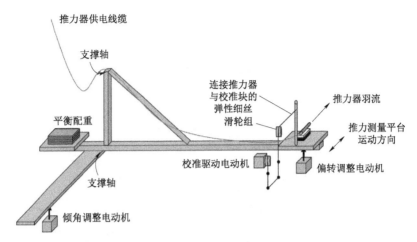

图 2-3　刘易斯中心的摆动式推力测量装置

美国 BUSEK 公司研制了一套基于摆动式测量原理的推力测量装置，其推力测试的范围在 1～500 μN。该套装置的关键技术包括三个方面：一是应用光纤位移传感器来测量扭臂的转动角度；二是利用静电力来精确校正扭矩和天平的响应；三是应用外部的阻尼机构来消除漂移。经过对 FEEP 和胶体推力器的实际测量，结果表明其测量精度可以达到 0.11 μN。该设备的实物如图 2-4 所示。

图 2-4　BUSEK 公司的摆动式推力测量装置

2.2.3　摆式推力测量方法

摆式推力测量方法根据推力器安装方式的不同分为单摆悬挂式和倒立摆式两种。20 世纪 80 年代之前，国外测量大功率电推力器的推力时主要采用单摆悬挂式测量方法；从 20 世纪 80 年代末开始，在普林斯顿大学的研究和推广下，对环境温度不敏感且响应程度可调的倒立摆式测量方法逐渐成为大功率电推力器的主要测量方法。

1. 测量原理

单摆悬挂式测量原理较为简单易行，能够实现百毫牛量级推力的准确测量。测量原理如图 2-5 所示，推力器由弹性良好、热膨胀系数小的坚固金属摆臂悬挂，悬挂方式限定了推力器的运动方向，只能在推力方向上运动。通过位移传感器测量摆臂的摆动幅度或者推力器相对于悬挂点的位移。如果摆臂的摆动角度或相对位移与摆臂末端施加的力之间的关系已事先校准、标定，则可通过测量到的摆动角度或相对位移得到推力器工作时产生的推力。

倒立摆式推力测量方法与单摆悬挂式测量原理基本一致，所不同的是推力器的安装位置位于摆臂的上端，其测量原理如图 2-6 所示。这样就可以利用推力器的质量效应增加摆臂摆动的幅度，一方面可以实现较短摆臂下的大范围推力测量，另一方面可以降低环境因素对测量精度的影响。

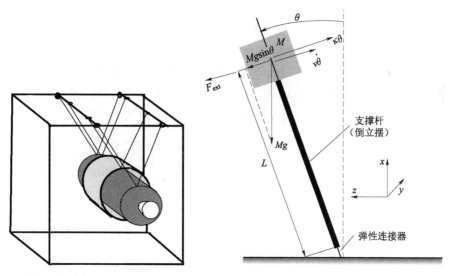

图 2-5　单摆悬挂式推力测量方法原理示意图　　图 2-6　倒立摆式推力测量方法原理示意图

2. 测量方法

由于校准时产生的拉力大小已知，位移由传感器测量得到，通过不同的校准力，可以得到"力-位移"曲线，用方程表示为式（2-8）的形式，式中 k 为常数，与摆臂的材料特性有关。

$$F = kx + b \qquad (2-8)$$

式中　F——拉力值，单位为 N；

　　　x——摆臂的偏移量，单位为 m；

　　　k——弹性系数；

　　　b——偏移修正量，单位为 m。

因此，在采用摆式推力测量方法进行推力测量前，需要进行校准得出公式，然后离子推力器工作，测量位移，通过公式得到离子推力器的推力。

3. 特点

摆式测量方法主要用于毫牛以上量级推力的测量，根据测量装置所采用具体原理的不同，测量精度在±0.5～±0.05 之间。其中单摆悬挂式测量装置通常用于 200 mN 以内的推力测量，倒立摆式测量装置可以实现 10 mN～1 N 的推力测量。其优点是结构简单，测量范围广；缺点在于摆式测量装置易受环境温度的影响，且随着推力器工况或质心的改变，测量时会出现有规律的偏移。

4. 典型测量装置和案例

兰州空间技术物理研究所利用激光测量摆臂的微小位移，依据单摆悬挂式测量原理实现了对电推力器的推力直接测量。系统组成包括以下几部分：推力器安装平台、靶标反射镜、90°折射镜、激光干涉仪、测试计算机、定滑轮、尼龙软线以及弹性件等。其中弹性件在图 2-7 中未画出，弹性作动装置如图 2-8 所示，垂直固定于真空室顶壁；定滑轮通过支架支撑；除激光干涉仪与测试计算

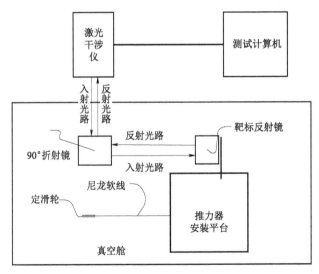

图 2-7　微小推力直接测量法的系统组成俯视图

机放置在真空室外，其他部分都置于真空室内；定滑轮与校准砝码只在大气环境下校准时使用。

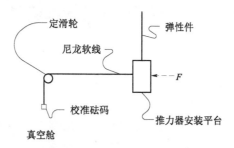

图 2-8 微小推力直接测量法的系统组成侧视图

离子推力器安装在推力器安装平台上，通过弹性件悬垂于真空室内。弹性件在以下两种情况发生弹性形变，即推力器安装平台端发生位移：一是当推力器没有工作时通过尼龙软线由不同质量的校准砝码产生拉力；二是离子推力器工作时产生图 2-11 所示"F"方向的推力。由于发生的位移很小，可以近似考虑为线位移。两种情况下的位移大小，由激光干涉仪经由靶标反射镜和 90°折射镜测量得到。

普林斯顿大学电推进和等离子体动力学实验室针对高功率电推进研制出了一套倒摆测量装置。该装置通过采用延长光路径的激光干涉仪测量摆偏转角位移，显著提高了测量系统的灵敏度，解决了标准倒摆测量装置分辨率不够的问题，也由此消除了标准测量装置的电磁干扰问题。为解决热负载带来的漂移影响，在改进冷却系统的基础上增加了热负载漂移补偿质量系统，保证了推力器支架始终垂直于地面，提高了测量精度。测量系统原理如图 2-9 所示。该设备的测量范围为 0～500 mN，测试精度为 1%。

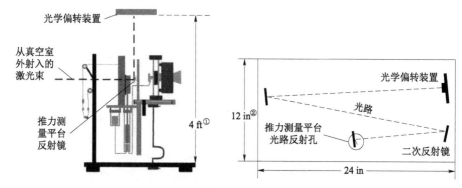

图 2-9 普林斯顿大学的推力测量装置原理

① 1 ft=304.8 mm；② 1 in=25.4 mm

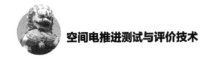

| 2.3　电推进束流分布测试 |

2.3.1　束流分布测试原理

束流分布测试是在某一个或多个截面内测试推力器的束流密度分布。采用法拉第探针测试束流离子电流密度分布，用于计算束流平直度系数、束发散半角、束发散推力计算修正系数。

1. 法拉第探针测试原理及设计

1）法拉第探针概述

法拉第探针有裸露型、准直型、栅极型及磁过滤法拉第探针（Magnetic Filtration Faraday Probe，MFFP）等几种形式。其中，裸露型法拉第探针结构简单，发展和应用成熟；缺点是不能区分束流高速离子和交换电荷离子。

设计和应用法拉第探针测量电推进束流主要考虑三个问题：真空室背压的影响、收集盘二次电子发射的影响、边缘效应的影响。

（1）真空室背压的影响

束流离子与真空室中残留的中性原子发生交换电荷碰撞，产生的低能交换电荷离子，造成地面试验测试数据与空间在轨条件下有较大差别。大量的研究工作是为了解决真空室背压影响，设计和试验各种法拉第探针，用于滤掉真空室背压产生的交换电荷离子，测量结果能够用来评估推力器在轨运行时与航天器的相互作用。

（2）收集盘二次电子发射的影响

当高能量的束流离子碰到电流收集盘表面时，会溅射出二次电子。二次电子离开收集盘表面进入空间等离子体中，相当于收集极收到两个离子，影响收集到的离子束电流的大小，引入测量误差。一般电流收集盘采用二次电子发射率低的材料，如钨、钼等。

（3）边缘效应的影响

设计法拉第筒时，必须合理选择防护套与电流收集盘之间的间隙，要求小于一个等离子体鞘层厚度（与德拜长度同一个数量级）。否则，离子电流实际接收面积会比探针电流收集面积大，测量误差变大。

2）法拉第探针测试原理

法拉第探针的测试原理如图 2-10 所示。束流中的离子到达探针的电流收集盘，形成探针电流。电流收集盘偏置到足够的负电位，阻挡束流中的电子到达电流收集盘。防护套的作用是防止束流中的杂散离子到达电流收集盘侧面，保证只有电流收集盘的前端面收集离子。探针电流一般用电阻取样。

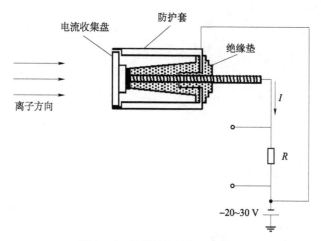

图 2-10　法拉第探针的测试原理

3）法拉第探针设计

以 LIPS-200 离子推力器束流分布测试为例，介绍法拉第探针的设计。该法拉第探针结构简单、可靠，已应用于束发散角、推力偏心角的测试。

（1）探针形式选择

离子推力器束流测试用法拉第探针有两种：一种是图 2-11 所示的 NASA 喷气推进实验室（JPL）的圆柱形法拉第探针；另一种是图 2-12 所示的格伦中心（Glenn Research Center，GRC）的圆盘形法拉第探针。两者都属于裸露型法拉第探针，主要区别有两个方面：

一是防护套与电流收集盘之间的间隙不同，圆柱形法拉第探针的间隙小（0.4 mm），圆盘形法拉第探针的间隙大（2.8 mm）。在束流离子电流密度较小的区域，由于等离子体鞘层的厚度大于探针防护套间隙，两者测量结果相差不大；在束流离子电流密度较大的区域，圆柱形法拉第探针的间隙小于等离子体鞘层的厚度，收集盘电流收集表面形成均匀平坦的等离子体鞘层，接收束流离子的面积不会增加；而圆盘形法拉第探针的间隙比等离子鞘层的厚度大几倍，收集盘电流收集表面形成不均匀的等离子体鞘层，在间隙处发生凹陷，增加了接收束流离子的面积，使接收到的电流变大，测量误差较大。

二是圆柱形法拉第探针有迷宫型内腔，可以避免因溅射物沉积镀膜引起的短路问题；圆盘形法拉第探针防护环与收集盘之间绝缘垫很容易因溅射物沉积镀膜引起短路问题。

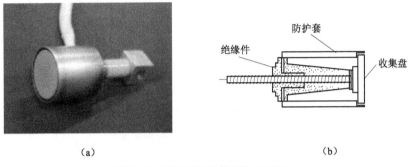

（a）　　　　　　　　　　　　　　（b）

图 2-11　圆柱形法拉第探针（JPL）

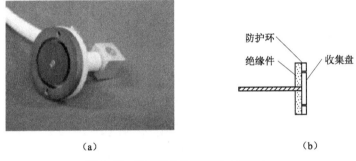

（a）　　　　　　　　　　　　　　（b）

图 2-12　圆盘形法拉第探针（GRC）

根据以上分析，LIPS-200 离子推力器束流分布测试法拉第探针选择圆柱形结构。

（2）法拉第探针结构设计及参数选取

① 法拉第探针结构设计。

如图 2-13 所示，法拉第探针由防护套、电流收集盘、导电片和绝缘垫组成。防护套与电流收集盘之间的陶瓷件除了起绝缘作用外，还起到定位的作用。定位面为陶瓷件的外圆面，定位面积远比 JPL 法拉第探针的大，定位效果更好。对陶瓷件的结构改进，也保证了防护套与电流收集盘间隙均匀。

法拉第探针在测试中，因溅射物沉积镀膜作用，防护套与电流收集盘之间的绝缘度会降低。采用迷宫式设计，防护套、绝缘陶瓷套和电流收集盘三者之间形成了迷宫式空腔，可以降低因沉积镀膜引起的故障。

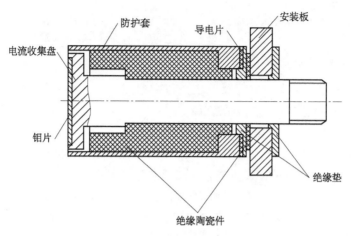

图 2–13　法拉第探针结构

② 电流收集盘设计。

电流收集盘直径为 ϕ13.4 mm。材料选择考虑二次电子发射的影响，选择二次电子发射系数小的材料钼。如图 2–13 所示，钼片镶嵌在不锈钢套上。

③ 电流收集盘与防护套之间的间隙选取。

离子推力器束流等离子体德拜长度 λ_D 是探针设计时需要考虑的重要参数。下面对束流等离子体的德拜长度 λ_D 进行估算。

LIPS–200 离子推力器最大的束流密度为 3.5 mA/cm²。假定离子为单荷氙离子，经过 1 000 V 电压加速，其平均速度为 30 000 m/s。由此计算得最大离子密度为 7.28×10^{15}/m³。设计探针时，考虑束流等离子体密度的变化范围为从 10^{14}/m³ 到 10^{16}/m³，等离子体德拜长度计算公式为

$$\lambda_D = 7.43 \times 10^3 \sqrt{T_e / n_e} \qquad （2-9）$$

式中　　λ_D ——德拜长度，单位为 m；

T_e ——电子温度，单位为 eV；

n_e ——等离子体密度，单位为 m⁻³。

电子温度变化范围为 1.1～1.5 eV，估算出 LIPS–200 离子推力器束流等离子体的德拜长度在 7.79×10^{-5} m～9.10×10^{-4} m 之间变化。通常用式（2–10）计算等离子体鞘层的厚度 t_s：

$$t_s = (5 \sim 10)\lambda_D \qquad （2-10）$$

式中　　t_s ——鞘层厚度，单位为 m。

取式（2–10）中的系数为 8，把估算出的德拜长度代入计算，得到 LIPS–200 离子推力器束流等离子体鞘层厚度为：$t_s = 6.2 \times 10^{-4} \sim 7.3 \times 10^{-3}$ m。电流收集

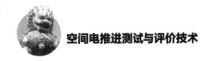

盘与防护套之间的间隙要小于等离子体鞘层厚度，即要小于 0.62 mm。

2. 单探针扫描测试的原理

单探头法拉第探针在离子推力器束流中扫描测试，探头移动的轨迹是测试截面内经过推力器中心线的一条直径。

1）束流离子电流密度分布测试

法拉第探针安装在探针支架上，探针支架固定在移动机构上。探针在径向（X 轴向）连续移动测试，移动轨迹垂直于推力器中心轴线。测试软件自动记录测试数据和探针移动的距离，测试结果以数据和图形的方式显示在操作界面上。测试起点由测试截面束流离子电流决定，必须保证测试起点探针电流为零，并且连续移动的距离要足够长，保证移动机构停止位置探针电流也为零。选择探针电流最大的位置作为束流离子电流密度分布的中心点。

法拉第探针的定位是测试的重要环节。定位的基本要求是：法拉第探针的电流收集盘端面平行于推力器端面；在不同的截面（轴向位置不同）测试时，要求法拉第探针电流收集盘中心移动轨迹经过推力器的轴线，与推力器端面平行。安装时，首先检查离子推力器的定位是否正确，必要时进行调整，然后进行法拉第探针的安装。

束流离子电流密度的计算公式为

$$j_b = \frac{j_F}{S_F} \tag{2-11}$$

式中　　j_b——束流离子电流密度，单位为 mA /cm²；

　　　　j_F——法拉第探针的电流，单位为 mA；

　　　　S_F——法拉第探针电流收集盘面积，单位为 cm²。

2）束发散角的计算

束发散角计算中假定束流离子电流密度在空间的分布是轴对称的，即束流离子电流密度是以推力器中心轴线为对称轴呈对称分布。如图 2-14 所示，1～5 是法拉第探针在 5 个不同的截面径向扫描的轨迹。此处选取 5 个测试截面，测试截面数量根据实际情况确定，至少需 2 个测试截面。

首先，用积分法计算出每个测试截面的总离子电流，以及占 90% 的总离子电流对应的径向位置，如图 2-14 所示，分别为 A、B、C、D、E 5 个点所示位置。然后，用最小二乘法计算出这 5 个点所在的直线与推力器轴线的夹角，角度是束发散半角 γ，束发散角为两倍的束发散半角。

3）束流平直度系数 f_b 的计算

束流平直度系数 f_b 根据式（2-1）计算，通常平均束流密度是计算 90% 束

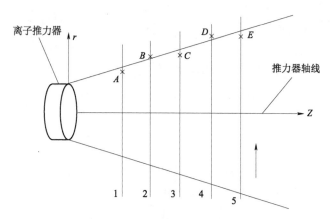

图 2-14　束发散半角计算示意图

流离子束流的平均值。

　　计算平直度系数的测试截面应选择推力器喷出面下游附近的截面。通常测试截面距离推力器喷口截面 100 mm 以内。在 LIPS-200 离子推力器平直度系数测试中，测试截面距推力器喷口截面为 50 mm。

　　4）束发散角推力计算修正系数 α 的计算

　　在推力计算修正系数 α 的计算中假设束流是放射状的，即认为束流离子束是从推力器轴线上某一点发射出的。如图 2-15 所示，假定束流离子束从 A 点发射出，C 点为测试截面中心点，B 点为包含 90%束流离子电流对应的径向位置。根据束发散角，用几何关系求出 A 点到测试截面的距离 L，式（2-12）为计算公式。

$$L = \frac{L_{CB}}{\tan\gamma} \qquad (2\text{-}12)$$

式中　L_{CB}——图 2-15 中 B、C 两点之间的距离，单位为 m；

　　　　γ——束发散半角，单位为（°）。

　　推力计算修正系数的计算公式为

$$\alpha = \frac{1}{I_b}\int_0^{R_{90\%}} 2\pi r\cos\theta j_b(r)\mathrm{d}r \qquad (2\text{-}13)$$

式中　I_b——测试截面束流离子总积分电流，单位为 A；

　　　　r——法拉第探针到测试截面中心点的距离，单位为 m；

　　　　θ——直线 AD 与推力器中心轴线的夹角，单位为（°）；

　　　　$R_{90\%}$——包含 90%束流离子对应的截面半径，单位为 m。

　　如图 2-15 所示，D 点为法拉第探针测试移动轨迹上的一点，$j_b(r)$ 为电流密度，$\cos\theta$ 的计算公式为

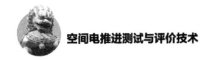
$$\cos\theta = \frac{L}{\sqrt{L^2 + r^2}}$$ （2-14）

式中 L——测量点 D 距离 A 的垂线距离，单位为 m。

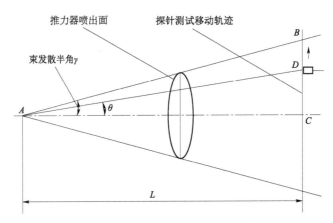

图 2-15　推力修正系数 α 计算关系

3. 基于法拉第阵列测试的原理

法拉第阵列探针测试的探头固定，在测试截面内呈阵列分布，测试截面与推力器喷口距离固定（一次测试中）。法拉第阵列中所有法拉第探头同步进行数据采集测试。

法拉第阵列测试的原理如下，图 2-16 所示为法拉第阵列测试装置结构示意图，图 2-17 所示为法拉第阵列探针分布示意图。

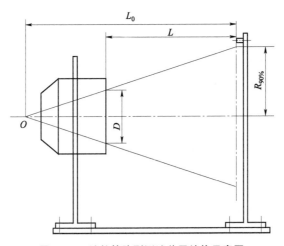

图 2-16　法拉第阵列测试装置结构示意图

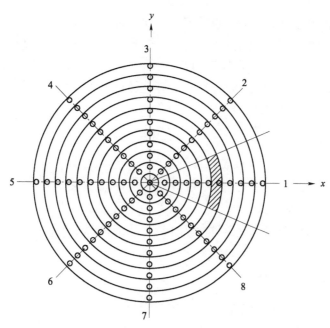

图 2-17　法拉第阵列探针分布示意图

法拉第阵列测试装置具备束发散角及推力偏心角测试功能。计算机将采集的数据（取样电阻两端的电压信号）转换为各法拉第探针所在测点的电流密度，电流密度确定束流覆盖面积和束流中心，根据束流覆盖面积计算束发散角，根据束流中心计算推力偏心角 λ。计算如下：

1）束发散角

如图 2-17 所示，该测试装置使用 81 个法拉第探针，阵列中心布置 1 个，其余 80 个分布在 10 个同心圆上，每个圆周上均布 8 个。束发散角测试通过 81 个法拉第探针测试数据进行处理得到。步骤说明如下：

第 1 步：获得各测点的电流密度。

用 J_{ij} 表示第 i 组（组编号如图 2-17 所示，共 8 组）第 j 圈（从里到外排序）处测得的电流密度。

对各法拉第探针探测的电流密度 J_{ij} 求均值 $\bar{J}$，将均值 $\bar{J}$ 乘以设定百分比（例如 5%）作为筛选门限，将小于筛选门限的法拉第探针的电流密度 J_{ij} 置为零。

第 2 步：计算各测点对应小探测区域的束流值。

如图 2-17 所示，呈环形布置的法拉第探针将法拉第探针阵列探测面划分成均分的圆环段，每个圆环段内有一个法拉第探针，法拉第探针位于圆环段的中心，实例中每个圆环段占 1/8 的整圈圆环长度。法拉第探针所属圆环段即法

拉第探针的探测区域。中心法拉第探针的探测区域为圆形。

用 S_{ij} 表示第 i 组第 j 圈法拉第探针对应的小探测面积，用 I_{ij} 表示该小区域内的束流值。因为测点位于小探测区域的中心，所以视该测点测得的束流密度为该小区域的束流平均值，可以简化计算。通过式（2-15）计算第 i 组第 j 圈法拉第探针所在小区域的束流值：

$$I_{ij} = S_{ij} \times J_{ij} \tag{2-15}$$

式中　S_{ij}——第 i 组第 j 圈法拉第探针对应的小探测面积，单位为 cm²；

　　　J_{ij}——第 i 组第 j 圈法拉第探针对应的小探测面积内收集到的束流密度，单位为 mA/cm²。

第 3 步：将所有法拉第探针所在探测区域的束流值累加求和，获得整个法拉第探针阵列探测面的总束流值 I。

$$I = \sum I_{ij} \tag{2-16}$$

第 4 步：计算 90% 总束流值对应的半径值。

计算每圈法拉第探针对应的圈束流值 I_j，从内圈开始进行累加，每一次累加得到第 1 圈～第 j 圈的累加束流值 $I_{\Sigma j}$，找到与 90% 总束流值最接近的两个累加束流值 $I_{\Sigma j}$，这两个累加值一个大于 90% 总束流值，一个小于 90% 总束流值；获得这两个累加束流值 $I_{\Sigma j}$ 对应圈数的半径，然后用线性插值法计算出 90% 总束流值对应的半径。

第 5 步：计算束发散角。

如图 2-16 所示，计算束发散角的公式如下：

$$\lambda = 2\tan^{-1}\frac{R_{90\%} - \dfrac{D}{2}}{L} \tag{2-17}$$

式中　D——离子推力器喷口直径，单位为 m²；

　　　L——离子推力器喷口与法拉第探针阵列探测面的距离，单位为 m。

2）推力偏心角

假设离子推力器的束流为点源束流，即视束流从推力器轴线上的 O 点发出，如图 2-16 所示，并假设推力方向通过测试截面处的束流中心。

第 1 步：以法拉第探针阵列探测面为 xy 平面，用 (x_i, y_j) 表示第 i 组第 j 圈法拉第探针位置处的坐标，(x_0, y_0) 表示法拉第探针阵列探测面处束流中心，采用式（2-18）和式（2-19）计算束流中心位置：

$$x_0 = \sum_{i=1}^{M} \frac{x_i I_{ij}}{I} \tag{2-18}$$

$$y_0 = \sum_{j=1}^{N} \frac{y_j I_{ij}}{I} \qquad (2\text{-}19)$$

式中　I——离子推力器的束电流，单位为 A；

　　　x_i——第 i 组第 j 圈法拉第探针位置处的横坐标，单位为 m；

　　　y_j——第 i 组第 j 圈法拉第探针位置处的纵坐标，单位为 m。

第 2 步：计算探测面处的束流中心到离子推力器中心轴线的距离 d。

$$d = \sqrt{x_0^2 + y_0^2} \qquad (2\text{-}20)$$

第 3 步：根据图 2-16 示出的几何关系计算束流原点 O 到探测面的距离 L_0。

$$L_0 = \frac{R_{90\%}}{\tan \gamma} \qquad (2\text{-}21)$$

第 4 步：计算推力偏心角 λ。

$$\lambda = \tan^{-1} \frac{d}{L_0} \qquad (2\text{-}22)$$

2.3.2　束流分布测试装置实例

1. 单探针扫描测试装置

1）测试系统的组成

如图 2-18 和图 2-19 所示，单探针扫描系统由法拉第探针、探针测试电路及相关电源、移动机构和计算机组成。其中探针测试电路及相关电源给法拉第

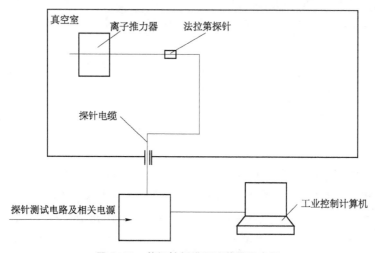

图 2-18　单探针扫描测试装置示意图

探针提供偏置电压，将法拉第探针的电流信号转换为可供计算机采集的电压信号（0～5 V）；移动机构实现法拉第探针在测试截面内横向扫描测试（X 向运动），并且实现纵向移动（Z 向运动），改变测试截面与推力器喷口的距离；计算机实现探测电流信息的实时采集、处理和存储，并分析计算得到测试结果。

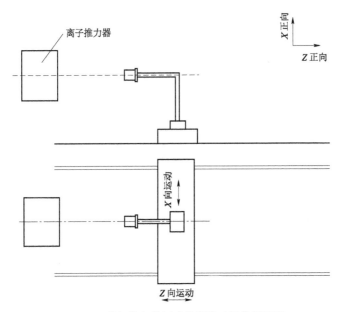

图 2-19　单探针扫描测试装置移动机构示意图

2）测试装置的性能

测试装置的主要性能指标如下：

① 测试扫描行程：径向有效行程 1 000 mm，轴线有效行程 800 mm。

② 移动精度：0.05 mm。

③ 测试探头与推力器位置关系： 探头到推力器前端面距离为 20～200 mm，手动可调；探头高度根据推力器口径尺寸手动可调；探头测试平面与推力器喷口前端面平行；探头到推力器的距离及高度位置调整精度为 0.1 mm。

④ 测试探头移动轨迹：要求测试探头移动轨迹与推力器前端面平行，在推力器前端面范围内，平行度为 0.5 mm。

⑤ 扫描移动速度：探头移动速度为 10～100 mm/s，操作界面连续可调。

⑥ 数据采集频率：不低于 2.0 kHz，即每秒对探头取样次数不低于 2 000 次。

⑦ 束流密度测量范围：束流密度范围为 0～50 mA/cm²，测量精度优于±1%。

⑧ 数据同步性：记录数据要求同步记录探头位置信息，位置精度不低于

0.5 mm。

2．法拉第阵列测试装置

1）法拉第阵列测试装置的组成

图 2-20 所示为法拉第阵列测试装置，主要包括测试计算机、测试电路板、偏置电源和法拉第阵列。

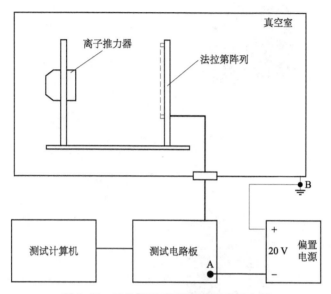

图 2-20　法拉第阵列测试装置组成示意图

（1）测试计算机

测试计算机用于数据的采集和控制，并显示测试结果。每个法拉第探针对应 1 路输入，AD 转换精度为 12 位。采集系统硬件用工业数据采集卡及端子板，用测试软件实现数据的显示、存储和分析计算。数据同时用图形方式显示，测试软件界面如图 2-21 所示。

（2）测试电路板

测试电路板将法拉第探针电流信号转换为供计算机采集的 0～5 V 电压信号，共计 81 路采集信号输入端。

（3）偏置电源

偏置电源为法拉第探针提供-20 V 的工作电压，该电源为恒压电源。图 2-22 所示为法拉第阵列测试装置配电关系图。

（4）法拉第阵列

法拉第阵列安装有 81 个法拉第探针，用于对离子推力器束流中的离子电流密度进行测试。法拉第阵列测试装置如图 2-23 所示。

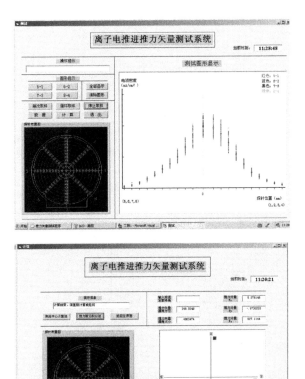

图 2-21　测试软件界面

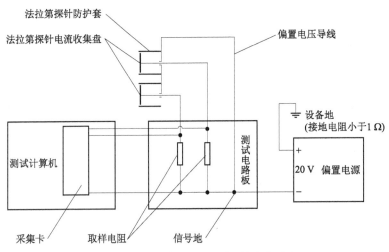

图 2-22　法拉第阵列测试装置配电关系图

图 2-23　法拉第阵列测试装置

2）法拉第阵列测试装置的性能参数及检测

（1）法拉第阵列几何尺寸及精度

法拉第阵列几何尺寸检测项目共计 3 项：法拉第探针电流收集盘直径、离子推力器安装面与法拉第探针安装面的平行度、离子推力器安装中心线与法拉第探针安装盘中心线同轴度。

法拉第阵列测试装置的推力器支架和法拉第阵列支架固定安装在同一个底板上，两个支架的安装位置及中心线方向可微量调节。通过调节，能够保证推力器中心轴线经过法拉第探针安装盘的中心，推力器安装平面与法拉第探针安装平面平行，并且精度满足测试需要。

检测方法如下：

① 法拉第探针电流收集盘直径。法拉第探针电流收集盘直径需精确检测，计算探针电流收集面积，用于计算法拉第探针处电流密度值。

② 离子推力器安装面与法拉第探针安装面的平行度。采用专用工装（测杆），配合塞尺检测平行度，如图 2-24 所示。采用专用测杆和塞尺检测两个面

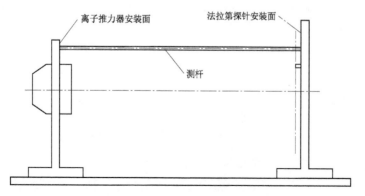

图 2-24　法拉第阵列平行度检测示意图

的距离，共测 4 个点，如图 2-25 所示（A 点、B 点、C 点、D 点）。4 个测点实测距离中最大值减去最小值即两个平面的平行度。LIPS-200 离子推力器安装面与法拉第探针安装面的平行度要求小于 0.3 mm。

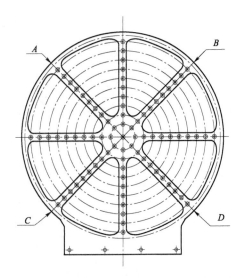

图 2-25　法拉第阵列平行度检测的测点位置示意图

③ 离子推力器中心线与法拉第探针安装盘中心线同轴度。LIPS-200 离子推力器中心线与法拉第探针安装盘中心线同轴度要求小于 0.5 mm。采用专用工装（同轴度检测工装）检测，如图 2-26 所示。

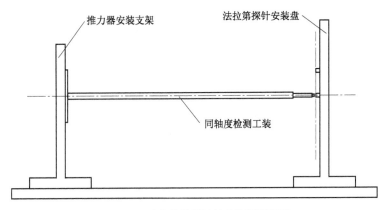

图 2-26　法拉第阵列同轴度检测示意图

采用专用工装检测，将检测工装安装在推力器安装支架上，定位方式与推力器相同，采用定位销定位；检测工装前端的可滑动顶尖用于校准时对准中心法拉第探针。

移动检测工装的顶尖至中心法拉第探针的电流收集面，顶尖的尖端与电流收集面上"十"字刻线中心的距离为同轴度测试值。

（2）法拉第阵列绝缘性能

法拉第阵列绝缘性能包括：推力器安装支架对测试装置底板的绝缘、法拉第探针安装盘对测试装置底板的绝缘、法拉第探针电流收集盘对法拉第探针支架的绝缘（共计 81 个）。通常采用绝缘测试仪（500 V 挡）测试，要求以上绝缘阻值不低于 20 MΩ。

（3）电流的测量精度检测

法拉第阵列测试装置，对电流测试精度要求±1%，检测方法用 1‰精度的标准恒流源校对，测试装置采集结果与电流源显示值对比，得出测试结果。校准电流取探针电流的平均值（1.500 mA），测试装置采集结果在以下范围判定为合格：校准值×（1±1%）mA。

检测步骤如下：

① 检查确认法拉第阵列测试装置各电缆连接的正确性。

② 将标准恒流源输出接测试电路板的电流信号输入端。

③ 打开测试软件，操作界面切换至电流校准界面。

④ 打开标准恒流源，将输出调整至 1.500 mA。

⑤ 启动数据采集，并记录操作界面显示值。

⑥ 重复上述①～⑤的操作，完成 81 路测试电流精度的校准。

3）推力偏心角测试方案

（1）离子推力器推力偏心角及测试

当离子推力器工作时，推力矢量与推力器轴线存在一定的偏角，即推力偏心角。推力偏心角由推力器固有的制造和装配误差引起。此外，推力器从冷态到工作稳定状态，其热变形引起推力矢量的短期漂移；由于离子溅射腐蚀作用，栅极孔的大小和形状发生改变，从而引起推力矢量长期漂移。离子推力器在航天器上的安装要求推力器工作时推力矢量经过航天器质心，否则对航天器产生干扰力矩。

离子推力器的推力为微小推力，对推力大小的测量存在很大的难度，通过直接测试推力的径向分量的方法测试推力偏心角，技术和工程难度极大。

采用测试推力器束流中心的方法测试推力偏心角的基本假设：

① 推力矢量与束流中心重合。

② 束流从推力器轴线上某一点发射出，推力器束流可视为点源束流。

英国 T5 离子推力器推力偏心角测试采用一种束流中心跟踪装置。束流中

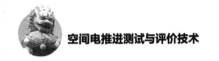
心跟踪装置为两对双朗缪尔探针，探针安装在矩形框上。测试时，矩形框根据探针电流跟踪束流中心，保持水平和垂直方向的两对探针电流分别平衡。测试中矩形框跟踪移动，使矩形框的中心为束流中心。通过矩形框的位移和到推力器的距离计算推力偏心角。

美国 NSTRA-30 推力器在进行 8 000 h 寿命考核试验时，对推力器推力偏心角进行了测试和监测。推力矢量探针由 16×16 个圆柱形石墨棒组成，石墨直径为 9 mm，长 1.2 m，探针电流由电阻取样，计算机采集。推力矢量探针安装位置距推力器 6 m。数据处理时，垂直方向和水平方向分别计算，得出垂直和水平方向的偏移角度。

4）基于法拉第阵列测试装置的推力偏心角测量方案

法拉第阵列测试装置具备推力偏心角测试功能，测试原理及计算方法详见第 3 节。

类似于求质心的方法，通过对测得的束流密度分布数据分析和处理，计算出测试截面上束流中心的位置及其到测试截面中心的距离，再通过测试截面到推力器"束流源点"的距离计算出推力偏心角。"束流源点"的位置计算几何关系如图 2-16 所示。

2.3.3　典型实例束流分布测试结果与分析

1. 单探针扫描测试结果与分析

LIPS-200 离子推力器在 5 个不同截面测束流分布的结果如图 2-27 所示。在同一个径向位置，探针电流值在一定范围内波动，与离子推力器放电室的电源功率波动、气体流率波动、放电等离子体振荡有关。图 2-27 中给出了探针

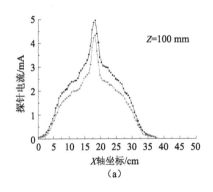
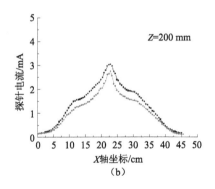

图 2-27　离子推力器不同截面束流分布

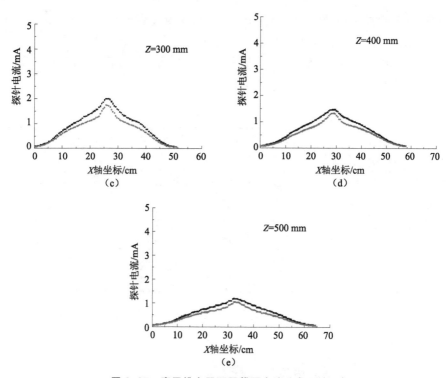

图 2-27　离子推力器不同截面束流分布（续）

电流最大值和最小值两条曲线。进行分析计算时，采用探针电流最大值和最小值的平均值。图 2-28 所示为不同截面束流离子电流密度分布。

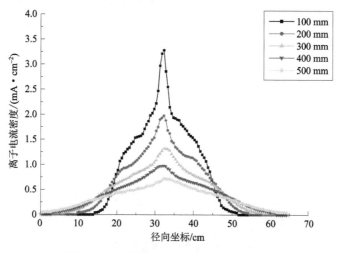

图 2-28　不同截面束流离子电流密度分布

经分析计算出各截面的总积分电流值、90%束流离子电流对应的截面半径，再计算出束流离子电流密度平均值、束流平直度系数。计算结果见表 2-1。根据表 2-1 的结果，应用最小二乘法计算束发散半角，计算得 90%束流对应的束发散半角为 14.98°。

表 2-1　不同截面束流分布测试结果

序号	Z 轴向位置/mm	总积分电流/mA	90%积分电流/mA	90%电流对应束流半径/mm	平均电流密度/($mA \cdot cm^{-2}$)	最大电流密度/($mA \cdot cm^{-2}$)	束流平直度系数/%
1	100	848.63	763.77	136.49	1.310	3.280	39.78
2	200	801.32	721.19	167.46	0.847	1.976	41.42
3	300	755.50	679.95	200.41	0.553	1.316	42.02
4	400	763.11	686.80	233.99	0.399	0.976	40.90
5	500	744.43	669.99	256.48	0.303	0.718	42.16

束发散推力修正系数 α，以 200 mm 截面束流分布测试数据计算，计算结果为 α =0.976。

2. 法拉第阵列测试结果与分析

如图 2-29 所示，对应 LIPS-200 离子推力器每一个测试点，离子束流密度值在一定范围内变化，越靠近束流中心，波动范围越大。由计算机快速连续地采集测试信号，取大量的数据后计算其平均值作为测试数据。通过对测试数据的分析和处理，可以得到束流密度分布、束发散角和推力偏心角。图 2-30 所示为测试点电流密度平均值的图形。

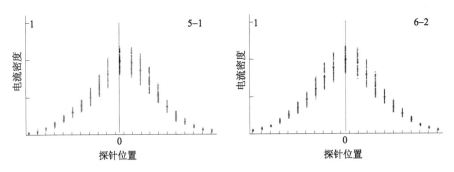

图 2-29　推力偏心角测试原始图形

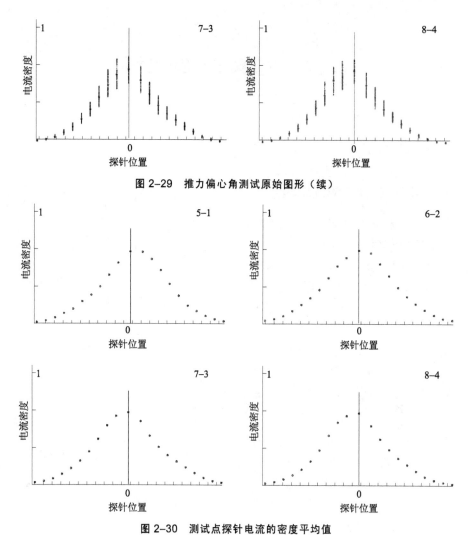

图 2-29 推力偏心角测试原始图形（续）

图 2-30 测试点探针电流的密度平均值

表 2-2 所示为 3 次测试计算结果。从测试图形和计算结果可以看出，3 次测试结果一致性很好，表明离子推力器矢量偏角研制中选用的测试方案可行。

表 2-2 测试计算结果

测试次数	推力偏心角/(°)	偏斜方位角/(°)	束发散角/(°)
1	0.46	345.7	26.54
2	0.53	340.9	26.46
3	0.48	343.7	26.55

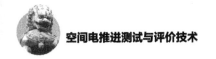
| 2.4 双荷离子比例测试 |

2.4.1 测试原理

1. $E \times B$ 探针及测试原理

电推力器束流中的双荷离子比例测
试采用 $E \times B$ 探针。

$E \times B$ 探针原理如图 2-31 所示，包括
准直套、电磁场区、漂移管和离子接收器
等。经准直套进入电磁场区的离子速度方
向平行于探针轴线。电场和磁场为均匀电
场和磁场，二者相互正交，且分别与离子
速度方向正交。离子受到电场力和洛伦兹
力的作用，两个力方向相反，合力表示为

$$F = eq_i E + eq_i v_i \times B \quad （2-23）$$

式中 e——电子电量,值为 1.602×10^{-19} C；

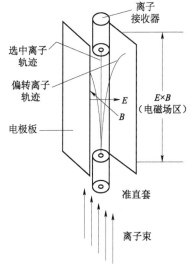

图 2-31 $E \times B$ 探针原理示意图

  q_i——离子所带的电荷数；

  v_i——离子的速度，单位为 m/s；

  F——离子在电磁场中所受合力，单位为 N；

  E——电场强度，单位为 V/m；

  B——磁感应强度，单位为 Gs。

对于给定速度的离子，可以调节两电极板间电压差使离子受力为零，离子
不改变方向地通过电磁场区，被离子接收器接收形成探针电流，此时离子速度
满足

$$E = -v_i \times B \quad （2-24）$$

对于离子推力器束流中的离子，所经历的加速电压相同，不同荷电状态的
离子具有不同的速度。应用 $E \times B$ 探针可以分离不同荷电状态的离子，通过探针
电流测试结果可以计算出双荷离子比例，则有

$$(M_i \cdot v_i^2)/2 = e \cdot q_i \cdot V_i \quad （2-25）$$

$$V_p = Ed \qquad (2-26)$$

式中　V_i——加速电压，单位为 V；

　　　M_i——离子质量，单位为 kg；

　　　v_i——离子的速度，单位为 m/s；

　　　e——电子电量，值为 $1.602×10^{-19}$ C；

　　　q_i——离子所带的电荷数；

　　　V_p——探针两电极板间的电压差，单位为 V；

　　　d——两电极板间距，单位为 m。

由式（2-24）～式（2-26）可得

$$V_p = d \cdot B \sqrt{(2e \cdot q_i / M_i) \cdot V_i} \qquad (2-27)$$

式（2-27）是离子加速电压 V_i 与 $E×B$ 探针电极板扫描电压 V_p 之间的关系式。

2. $E×B$ 探针分辨率

经准直套进入 $E×B$ 探针电磁场区的离子方向平行于探针轴线。同一种速度的离子被探针收集形成探针电流对应的电极板扫描电压为一个确定值。实际上，由于探针准直套的入口和出口小孔具有一定尺寸，进入探针电磁场区的离子速度方向并不全是平行于探针轴线，部分离子的方向与探针轴线存在一定夹角（一般很小）。因此，对应同一种速度（大小相同）的离子被 $E×B$ 探针收集形成探针电流时，电极板扫描电压具有一定宽度，如图 2-32 所示。$E×B$ 探针的分辨率就用探针电极板扫描电压宽度，即 $2W$ 表示。

$E×B$ 探针分辨率的计算关系如图 2-33 所示，假设只有一种速度的离子从准直套入口进入，只是方向有所不同。设与探针中心轴线平行的入

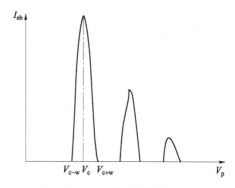

图 2-32　$E×B$ 探针分辨率示意图

射离子，方向不偏转通过电磁场区所对应的电极板电压值为 V_c，进入电磁场区入射方向偏离最大的离子能够被收集时电极板电压值为 V，那么，$V = V_{c+w}$（或 $V = V_{c-w}$），V_c 满足

$$V_c = d \cdot B \cdot v_i \qquad (2-28)$$

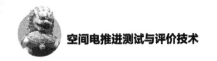

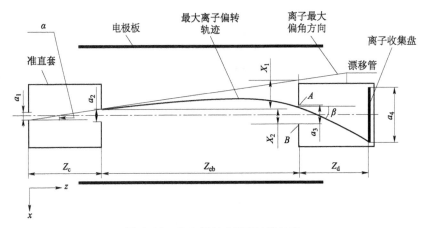

图 2-33 $E \times B$ 探针分辨率计算关系

由图 2-33 所示几何关系可知

$$\tan \alpha = \frac{a_1 + a_2}{Z_c} \qquad (2-29)$$

式中　α——离子最大偏角方向与探针轴线的夹角；

　　　a_1——准直套入口孔径，单位为 mm；

　　　a_2——准直套出口孔径，单位为 mm；

　　　Z_c——准直套长度，单位为 mm。

$$X_1 = \frac{Z_{eb} \cdot (a_1 + a_2)}{2Z_c} \qquad (2-30)$$

式中　Z_c——准直套长度，单位为 mm；

　　　Z_{eb}——电磁场区长度，单位为 mm；

　　　X_1——不考虑电磁场作用时，最大偏角方向的离子从准直套出口孔到达
　　　　　　漂移管入口时在 X 轴向的位移，单位为 mm。

$$X_2 = \frac{a_2 + a_3}{2} \qquad (2-31)$$

式中　a_3——漂移管入口孔径，单位为 mm；

　　　X_2——准直套出口孔一侧到漂移管入口孔相反侧的 X 方向距离，单位为
　　　　　　mm。

从准直套入口进入、从准直套出口射出的离子偏角最大。当偏角最大的离子同时满足式（2-29）、式（2-31）两个条件时，才有可能在电磁场作用下偏转被离子收集盘收集，即 W 值不超过由式（2-32）和式（2-33）两式确定的最大值。

$$\frac{1}{2} a_x \cdot t_f^2 \leqslant X_1 + X_2 \qquad (2\text{-}32)$$

式中 a_x——离子在探针电磁场区飞行时 x 方向的加速度，单位为 m/s^2；

t_f——离子在探针电磁场区飞行的时间，单位为 s。

$$\tan \beta \leqslant \frac{a_3 + a_4}{2 Z_d} \qquad (2\text{-}33)$$

式中 a_4——离子收集盘直径，单位为 mm；

β——离子进入漂移管入口时速度与探针轴线的夹角。

加速度 a_x 满足关系式

$$M_i \cdot a_x = \frac{e \cdot q_i (V_c + W)}{d} - e \cdot q_i \cdot v_i \cdot B \qquad (2\text{-}34)$$

式中 W——电压宽度，单位为 V；

d——平行电极板间距，单位为 mm。

将式（2-28）代入式（2-34）可得

$$a_x = \frac{e \cdot q_i \cdot W}{M_i \cdot d} \qquad (2\text{-}35)$$

由于离子偏角很小，z 轴方向的速度变化可以忽略不计，x 轴方向的加速度变化可以忽略。飞行时间 t_f、$\tan \beta$ 分别由式（2-36）和式（2-37）表示：

$$t_f = \frac{Z_{ed}}{v_i} = \frac{d \cdot B \cdot Z_{ed}}{V_c} \qquad (2\text{-}36)$$

$$\tan \beta = \frac{v_x}{v_z} = \frac{a_x \cdot t_f - \tan \alpha \cdot v_i}{v_i} \qquad (2\text{-}37)$$

式中 v_i——加速电压，单位为 V；

v_x——离子在 x 方向上的速度分量，单位为 m/s；

v_z——离子在 z 方向上的速度分量，单位为 m/s；

B——磁场强度，单位为 Gs。

可得 $E \times B$ 探针分辨率计算公式为

$$W \leqslant \frac{2d \cdot V_i}{Z_{eb}} \left(\frac{a_1 + a_2}{Z_c} + \frac{a_2 + a_3}{Z_{eb}} \right) \qquad (2\text{-}38)$$

且有

$$W \leqslant \frac{d \cdot V_i}{Z_{eb}} \left(\frac{a_1 + a_2}{Z_c} + \frac{a_2 + a_3}{Z_d} \right) \qquad (2\text{-}39)$$

设计探针时，要合理选择探针分辨率，分辨率太高，加工和装配精度很难保证，而且测量探针电流变得困难；分辨率太低，测量误差较大，甚至无法分辨单荷离子与双荷离子。因此，在追求高分辨率和工程实现难度上进行一定的优化。一般情况下，探针必须能够分离单荷离子与双荷离子，即探针分辨率要小于两种电荷离子所对应的电极板扫描电压中心间距，在此前提下，尽可能提高分辨率以提高测量精度。

另外，探针结构设计、装配时要保证电磁场区电场和磁场的均匀性、电场与磁场的正交关系以及二者与离子入射方向的垂直关系。

3. $E \times B$ 探针其他测量误差

$E \times B$ 探针电流属于微小电流，电流的测量精度对探针的测量误差影响较大。扫描电压范围从 0 到 500 V，与十分微小的探针电流相比，扫描电压的测量相对容易。因此，设计 $E \times B$ 探针测量电路时应充分考虑探针电流的测量精度问题。

$E \times B$ 探针在测量时，处在推力器束流等离子体中，探针内部存在压力，一般高于真空室背压。由于探针内部离子与中性粒子、不同电荷离子之间的相互作用，会造成一定的测量误差。这部分误差分析和计算比较困难，一般采用试验数据对比分析的方法确认。

2.4.2 测试装置及测试方法

1. 测试装置的组成

离子推力器双荷离子比例测试装置的组成如图 2-34 所示。

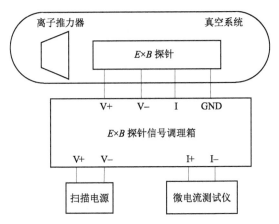

图 2-34　离子推力器双荷离子比例测试装置组成

真空系统：为离子推力器提供工作环境。

$E×B$ 探针：分离和收集束流中的单荷离子和双荷离子。

$E×B$ 探针信号调理箱：信号输入/输出处理。

扫描电源：提供扫描电压。

微电流测试仪：测量 $E×B$ 探针收集到的单荷及双荷离子电流。

测试系统中主要仪器设备要求如下：

（1）真空系统

① 真空舱尺寸满足离子推力器点火试验要求。

② 本底真空度优于 $1×10^{-4}$ Pa。

③ 依照对应被测试推力器工作条件，舱内真空度优于 $6×10^{-3}$ Pa。

（2）$E×B$ 探针

① $E×B$ 探针能够耐受离子推力器束流离子的轰击。

② 舱内信号线需具备防溅射及电磁屏蔽的措施。

③ 舱外信号线需具备电磁屏蔽的措施。

④ 信号接收极与外壳绝缘电阻 ≥50 MΩ。

⑤ 外壳与舱体良好接地，接地电阻 ≤1 Ω。

图 2-35 所示为 $E×B$ 探针实物照片。

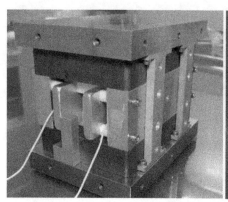

图 2-35　$E×B$ 探针实物照片

（3）扫描电源

① 直流电压调节范围：0～500 V。

② 电源精度：1%FS。

③ 扫描电源供电需通过变压器隔离。

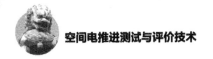
（4）微电流测试仪

① 量程：0~2.000 μA。

② 电流测试精度：1%FS。

③ 微电流测试仪供电需通过变压器隔离。

2. 测试方法及步骤

① 安装 $E{\times}B$ 探针。

$E{\times}B$ 探针测试对安装精度要求很高，探针中心轴线与推力器中心轴线重合。实际安装 $E{\times}B$ 探针时，推力器的中心轴线平行于真空室中心线，然后调整 $E{\times}B$ 探针的安装使中心线平行于真空室中心线，并且尽量与推力器的中心线重合。

检测是探针安装过程中的重要环节。与探针装配相似，安装时需要用光学方法检测安装是否正确。用一束单向性很好的光从漂移管后部照射，调整光线使之通过漂移管入口孔、准直套出口小孔、准直套入口小孔，照射到推力器加速栅极上。如果照射到加速栅极上的光斑处在栅极的中心，说明探针安装正确；否则重新调整探针位置，直到光斑处在栅极的中心。

检测用光源最好是激光，$E{\times}B$ 探针测试中用激光检测。

② 检测探针电路以及数据采集。

③ 启动设备真空装置和离子推力器，离子推力器稳定运行 30 min。

④ 调整离子扫描电源进行测试；初次测试需要根据测量值调整电路参数和测试软件程序，对测量值进行校对。

2.4.3 测试结果与分析

$E{\times}B$ 探针测试结果，包括测试数据和测试图形，测试数据为扫描电压及相应电压下的电流信号值，对数据分析处理后得到双荷离子比例测试值。

图 2-36 所示为 LIPS-200 离子推力器在不同工况下的测试结果。测试中，保持推进剂流率不变情况下，改变阳极放电功率测试。阳极放电功率从 81.8 W 变到 195 W，从图 2-36 中可以看出双荷离子电流与单荷离子电流之比，随阳极放电功率明显增加。对程序记录的数据进行分析处理，得到的计算结果如表 2-3 所示。

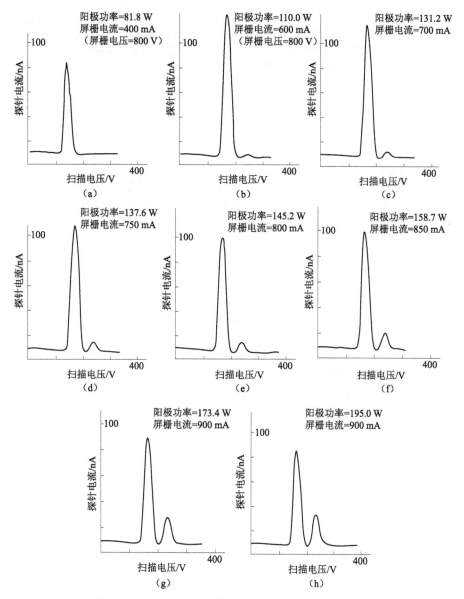

图 2-36　LIPS-200 离子推力器在不同工况下的测试结果

表 2-3　LIPS-200 离子推力器束流双荷离子比例测试结果

序号	阳极功率/W	单荷离子电流峰值电压/V	双荷离子电流峰值电压/V	单荷离子电流/nA	双荷离子电流/nA	电流比（双/单）
1	81.81	138.7	214.6	53	0	0
2	111.00	172.8	242.6	117	2.0	0.02

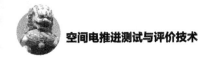

续表

序号	阳极功率/W	单荷离子电流峰值电压/V	双荷离子电流峰值电压/V	单荷离子电流/nA	双荷离子电流/nA	电流比（双/单）
3	131.20	168.7	243.3	104	5.0	0.04
4	137.60	169.2	240.4	101	8.0	0.08
5	145.20	168.2	239.1	94	10.0	0.10
6	158.70	166.5	236.4	91	14.0	0.15
7	173.38	164.0	234.2	87	19.0	0.22
8	195.00	163.3	232.0	80	26.0	0.32

束流中存在以下关系式：

$$F_n = I_{bn}\sqrt{\frac{2m_i}{e}V_b} \qquad (2\text{--}40)$$

$$F_m = I_{bm} \cdot \frac{\sqrt{2}}{2} \cdot \sqrt{\frac{2m_i}{e}V_b} \qquad (2\text{--}41)$$

$$I_b = I_{bn} + I_{bm} \qquad (2\text{--}42)$$

式中　F_n——单荷离子产生的推力，单位为 N；

　　　F_m——双荷离子产生的推力，单位为 N；

　　　I_{bn}——单荷离子总电流，单位为 mA；

　　　I_{bm}——双荷离子总电流，单位为 mA；

　　　I_b——束流离子总电流，单位为 mA。

由式（2-40）～式（2-42）推导得总推力计算式如下：

$$F = \left[1 - \frac{(1-\sqrt{2}/2)I_{bm}}{I_{bn}+I_{bm}}\right]I_b\sqrt{\frac{2m_i}{e}V_b} \qquad (2\text{--}43)$$

由此，得到推力计算修正系数 β 计算公式如下：

$$\beta = 1 - \frac{(1-\sqrt{2}/2)I_{bm}}{I_{bn}+I_{bm}} \qquad (2\text{--}44)$$

式（2-44）可换算为如下形式：

$$\beta = 1 - 0.293\eta \qquad (2\text{--}45)$$

式中　$\eta = I_b^{++}/(I_b^+ + I_b^{++})$——离子推力器束流中双荷离子电流，单位为 mA；

　　　I_b^{++}——对应探针扫描曲线上双荷离子电流的峰值，单位为 mA；

　　　I_b^+——对应探针扫描曲线上单荷离子电流的峰值，单位为 mA。

根据表 2-3 中 LIPS-200 离子推力器束流双荷离子比例测试结果，一个具体计算例子如下：

　　LIPS-200 离子推力器选定工作点的参数为阳极功率 145.2 W，屏栅电流 800 mA，屏栅电压 1 000 V。测试结果对应图 2-36（e），双荷离子电流与单荷离子电流之比为 0.104。根据式（2-45）计算得 LIPS-200 离子推力器在该工作点的推力计算修正系数为

$$\beta = 0.972 \qquad\qquad (2\text{-}46)$$

参 考 文 献

[1] 张天平. 国外离子和霍尔电推进技术最新进展[J]. 真空与低温，2006，12（4）：187-193.

[2] D Keefer, V V Semak. Measurements of Radial and Axial Distributions of Ion Thruster Plasma Parameters Using a Langmuir Probe[R]. AIAA96-2984

[3] A Pacro Master. Thesis, Instruments Design and Testing for a Hall Thruster Plume Experiment on the Space Shuttle[D]. Massachusetts Institute of Technology, Department of Aeronautics and Astronautics, 2002.

[4] Y Azziz. Master.Thesis, Instrument Development and Plasma Measurements on a 200-Watt Hall Thruster Plume[D]. Massachusetts Institute of Technology, Department of Aeronautics and Astronautics, 2003.

[5] J M Haas. Thesis, Low-perturbation Interrogation of the Internal and Near-Field Plasma Structure of a Hall Thruster using a High-speed Probe Positioning system [D]. University of Michigan, Department of Aerospace Engineering, 2001.

[6] R F Eckman. Langmuir Probe Measurements in the Plume of a Pulsed Plasma Thruster[D]. Worcester Polytechnic Institute, Mechanical Engineering, 1999.

[7] M L R Walker. Thesis, Effects of Facility Backpressure on the Performance and Plume of a Hall Thruster[D]. University of Michigan, Department of Aerospace Engineering, 2005.

[8] R R Hofer. Thesis, The Development and Characterization of High- efficiency, High-specific Impulse Xenon Hall Thruster[D]. University of Michigan, Department of Aerospace Engineering 2004.

[9] R R Hofer, LR Mitchell, A D Walker. Gallimore. A Comparison of Nude and Collimated Faraday Probes for Use with Hall Thrusters[R]. IEPC- 01-020.

[10] M L R Walker, R R Hofer, D Alec. Gallimore. The Effects of Nude Faraday Probe Design and Vacuum Facility Backpressure on the Measured Ion Current Density Profile of Hall Thruster Plumes[D]. AIAA– 2002–4253.

[11] H Kamhawi, G C Soulas, M J Patterson. NEXT Ion Engine 2000 Hour Wear Test Plume and Erosion Results[R]. AIAA–2004–3792.

[12] S W Kim, D Alec. Gdlimorc. Plume Study of A 1.35 kW SPT–100 Using an E×B Probe[R]. AIAA–99–2423.

[13] G J Williams. Measurement of Doubly Charged Ions in Ion Thruster Plumes [R]. IEPC–01–310, 1999.

[14] J E Pollard. Plume Measurements with the T5 Xenon Ion Thruster[R]. AIAA 94–3139, 1994.

[15] J E Pollard, R P Welle. Thrust Vector Measurements with the T5 Ion Engine [R]. AIAA 95–2829, 1995.

[16] J E Polk, J R Anderson, J R Brophy. Behavior of the Thrust Vector in the NSTAR Ion Thruster[R]. AIAA 98–3940, 1998.

[17] 唐福俊, 张天平.离子推力器羽流测量 $E×B$ 探针设计及误差分析[J]. 真空与低温, 2007, 13(2): 77–80.

[18] S W Kim. Thesis, Experimental Investigations of Plasma Parameters and Species–dependent Ion Energy Distribution in the Plasma Exhaust Plume of A Hall Thruster[D]. University of Michigan, Department of Aerospace Engineering, 1999.

[19] M L R Walker. Thesis, Effects of Facility Backpressure on the Performance and Plume of A Hall Thruster[D]. University of Michigan, Department of Aerospace Engineering, 2005.

[20] G J Williams. Measurement of Doubly Charged Ions in Ion Thruster Plumes [R]. IEPC–01–310, 1999.

[21] J K Ziemer. Performance Measurements Using Asub–micronewton Resolution Thrust Stand[R]. IEPC–01–238.

[22] C J P Lake, L G Cavallaro, G Spanjers. Resonant Operation of a Micro–Newtonthrust Stand[R]. AIAA 2002–3821.

[23] M Gamero–Castaño, V Hruby, M Martínez–Sánchez. A Torsional Balance that Resolves Sub–micro–Newton Forces[R]. IEPC–01–235.

[24] 赵宝瑞, 李晶. 电火箭微小推力自动测量装置研究[J]. 导弹与航天运载技术, 2000（2）: 17–22.

[25] 唐飞，叶雄英，周兆英. 一种基于间接标靶法的微小推力测量技术[J]. 微纳电子技术，2003（7/8）：438-440.

[26] 陈旭鹏，李勇，周兆英. 采用双弹性元件级联的微小推力测量方法[J]. 清华大学学报-自然科学版，2004，44（2）：205-208.

[27] 宁中喜，范金蘋. 三丝扭摆微推力在线测量方法及不确定度分析[J]. 测控技术，2012，31（5）：45-48.

[28] 汤海滨，刘宇，赵宝瑞，等. 一种电推力器用小推力测量系统[J]. 推进技术，2001，22（2）：174-176.

第 3 章

电推力器寿命验证试验与评估技术

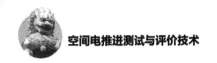

| 3.1 概　　述 |

相对于化学推力器，电推力器具有比冲高、推力小、寿命长等典型特点。由于推力小，只有攻克了长寿命技术，实现其长寿命应用，才能给航天器带来较大的持久性效益，从而实现其应用价值。以某型通信卫星配置 4 台推力分别为 40 mN 电推力器为例来分析，当离子推力器主要完成寿命期内的南北位保任务，并具备动量卸载的能力时，4 台推力器位保任务点火总时间为 18 442 h，开关机 9 386 次（以 14 天为周期，每个周期 2 天用于测轨和控制分析，12 天用于位保点火。位保时，升降交点点火各一次，每次点火 1.971 3 h）。考虑电推进系统备份模式，单台推力器累计工作时间需求为 6 147 h，累计开关机需求为 3 229 次。

离子推力器寿命验证试验与评估技术的发展主要经历了三个阶段：以试验验证为主要手段的早期技术发展阶段；磨损机理研究和试验验证有机结合的中期技术发展阶段；基于磨损模型分析预测为主的当前和今后技术发展阶段。

在早期技术发展阶段，主要采用的方法为：由试验发现制约寿命的技术问题，针对发现的问题进行设计改进和采用新设计（技术），再通过试验验证改进，如此循环并不断改进，使得离子推力器的工作寿命不断提高。早期技术的主要问题是技术进步周期长，试验量大，经济成本高。

在中期技术发展阶段，主要采用的方法为：通过试验发现失效模式，理解失效模式背后的失效机理，试验研究和机理分析相互结合建立寿命分析预测模型，进行离子推力器及关键部组件全寿命地面试验验证，利用全寿命试验数据修正寿命预测模型。中期技术的发展，一方面依赖于早期大量试验数据的支持，另一方面需要深刻理解失效机理和物理过程，并由此建立离子推力器寿命关键部组件寿命分析和预测模型。中期技术的主要问题是磨损机理的理解不彻底，分析预测模型可靠性不高，还需要少子样的全寿命试验验证（随着寿命提高，成本周期过于昂贵）。

在当前和今后的技术发展阶段，主要采用的方法为：通过数千小时短期试验和磨损模型发现更长寿命需求下的关键失效模式（即寿命周期内会发生的失效模式）或新的失效模式，针对关键失效模式进行长寿命设计改进，再次进行数千小时或更长时间的磨损试验验证，基于分析预测模型和磨损试验验证数据判断设计改进是否已经达到目标，最后通过概率性工作寿命分析预测技术得到离子推力器满足具体使命的工作寿命要求，并计算出不发生失效的概率。当前和今后技术基于对离子推力器磨损性失效机理的深刻理解和准确建模，不仅可以大量节省试验周期和成本，而且可以在较少试验子样下实现相对较高置信水平的工作寿命预测和评价。

寿命试验与评估的目的具体可以体现为以下四点：

① 验证电推力器持续累计工作能力、开关机能力，验证其工作寿命是否满足航天器任务的要求。

② 获取寿命关键特征参数，为寿命预测模型提供基础数据，完成离子推力器寿命期间的工作可靠性评估。

③ 确认离子推力器是否存在早期随机性失效模式。

④ 确认寿命期间离子推力器的性能衰退特性，提供电气参数补偿的试验数据，并为位保策略提供依据。

3.2　寿命试验技术

3.2.1　试验方法

推力器寿命考核试验一般采用两种方式开展：一是工作、关闭、再工作、再关闭的开关机循环工作模式；另一种是持续累计工作模式。对于这两种工作模式，都需要分阶段（累计工作 500～1 000 h 周期间隔）对推力器进行性能变化诊断测试，测试项目能够用于表征推力器工作性能随时间的变化特性，并作为建立寿命预测模型的基础输入数据。

针对推力器满足通信卫星平台位置保持任务使命要求，以某型离子推力器累计工作 1.5 倍设计寿命、设计次数的寿命试验为例，对两种试验方法进行对比分析。

1. 试验方法 1：开关机循环工作模式

离子推力器采用工作、关闭、再工作、再关闭的开关机循环工作模式进行验证，配套采用地面供电、供气和控制系统。试验方案如图 3-1 所示。离子推力器安装连接、预处理完成后，首先进行初始性能的测试，以确定产品初始性能基线；然后根据离子推力器在轨单次工作时长进行寿命累计循环试验，每工作一个单次工作时长，停机一个工作间隔，每次工作间隔建议超过 0.5 h（如 2 h 工作、0.5 h 关机的工作方式），累计工作时间 500～1 000 h 作为寿命试验的一个基本周期，每完成一个基本周期进行一次离子推力器的性能变化诊断测试，以表征离子推力器工作性能随时间的变化特性。整个寿命试验过程按照基本周期进行循环，直到寿命试验达到要求的总累计时间 1.5 倍设计寿命和设计开关机次数。

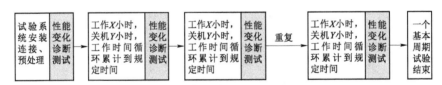

图 3-1　离子推力器寿命试验方法 1

2. 试验方法 2：持续累计工作模式

离子推力器采用持续累计工作模式，配套采用地面供电、供气和控制系统，只对离子推力器单机持续累计工作能力进行考核。试验方案如图 3-2 所示。以持续累计工作 500～1 000 h 为一个阶段，分阶段开展试验，在每个工作阶段试验完成后，需对离子推力器进行性能变化诊断测试，以表征离子推力器工作性能随时间的变化特性，为建立寿命预测模型积累基础性数据。并根据每阶段的数据不断对寿命模型进行修正，若根据寿命预测模型，离子推力器累计工作能力不能达到累计工作时间要求，需要中断试验，对产品进行改进，然后再次进行验证。

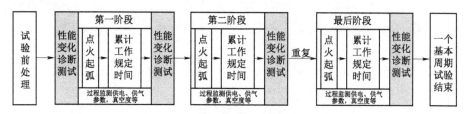

图 3-2　离子推力器寿命试验方法 2

对以上两种试验方法的对比分析如下：

① 试验子样数比较。对于方法 2，只进行了累计工作时间的验证，对累计开关机工作能力需要在另一台离子推力器上进行验证。因此，从数据子样数的角度看，两台推力器采用不同的工作模式，应属于两个不同的子样数，对产品可靠性分析带来不利。而对于方法 1，累计工作时间和累计开关机能力同时在一台离子推力器上得到验证，若有另一台离子推力器也采用方法 1 同时开展试验，就会有两个子样数的数据对其工作可靠性进行评估。

② 在轨工作模式模拟的真实性比较。正常情况下，对通信卫星应用离子推力器进行位置保持时，离子推力器每天只在地球静止轨道升交点或降交点位置工作一次，最长单次点火时间不超过 2 h。方法 1 更为真实地模拟了在轨工作情况。对于方法 2，离子推力器持续工作过程中面临的热环境效应更为恶劣，其工作寿命并不完全反映在轨真实工作寿命。

③ 试验周期比较。若按照不间断、无故障地开展试验，对于方法 1，需要约 20 个月才能完成累计工作 1.5 倍设计寿命的寿命考核试验；对于方法 2，需要约 16 个月就能完成累计工作 1.5 倍设计寿命的寿命考核试验。

综上，方法 2 相对于方法 1，仅仅只是试验时间上节省了约 4 个月，在满足试验目的、真实模拟工作模式等方面都不如方法 1 合理、可行。

所以，建议选择方法 1 作为一般方法开展离子推力器工作寿命的地面考核试验。

3.2.2　试验系统组成

寿命试验系统要求具备以下基本功能：

① 地面供气系统：在试验控制管理系统的控制下，能够提供离子推力器三路规定流率的供气。

② 地面供电电源：在试验控制管理系统的控制下，提供离子推力器所需的各路供电。

③ 试验控制管理系统：能够按规定时序控制离子推力器的各路供气、供电；自主记录各路供气的流率值和各路供电的电压、电流值等；并能根据供电、供气参数和真空度进行故障判断，及时进行停机操作，以保证产品安全。

④ 诊断设备：主要需配置束发散角测量装置和关键部组件表面磨损量测试仪器；此外，为实时检测离子推力器的工作状态，还需配置摄像系统等。

根据图 3-3，在真空舱内的参试产品和设备主要为离子推力器产品、摄像系统、诊断设备和质谱计等。配置摄像系统是为了对离子推力器的工作状态进行实时监测；诊断设备布局在舱内，主要是考虑到整个寿命过程中尽量减少离子推力器暴露于大气的频次，在离子推力器不暴露于大气的情况下对其寿命特征参数进行测试，如束发散角、加速栅表面溅射刻蚀形貌等；质谱计用于对整个真空环境的气体成分进行实时监测。

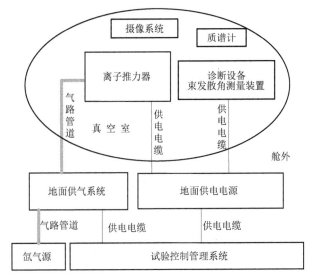

图 3-3　离子推力器寿命试验系统组成示意图

配套的地面供电、供气系统以及试验控制管理系统布置在真空舱外，其与星上供电、供气产品具有相同的功能和性能。

3.2.3　试验流程

以某型离子推力器累计工作 1.5 倍设计寿命、设计开关机次数寿命试验为例，离子推力器寿命试验总流程如图 3-4 所示，包括试验准备、离子推力器预处理、性能变化诊断测试、开关机循环试验、参试设备例行检修、试验总结等内容。

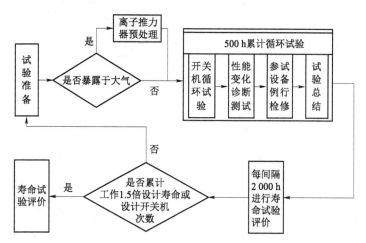

图 3-4　离子推力器寿命试验总流程

1. 试验准备及预处理

试验准备阶段共包括 4 个方面的内容：安装连接前各参试产品、设备、文件的检查，试验系统安装连接，安装连接后的技术状态检查，大气环境下绝缘性能测试。其操作流程如图 3-5 所示。

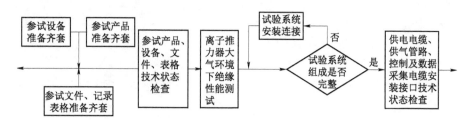

图 3-5　离子推力器寿命试验准备阶段流程

试验准备按照图 3-5 完成后，对真空环境系统抽真空，待真空度达到要求后，对离子推力器开展预处理。

2. 性能变化诊断测试

性能变化诊断测试项目详见后文表 3-2，各项目间的测试流程如图 3-6 所示。

图 3-6 中各测试项目的测试目的将在表 3-2 中说明，这里不再重复，以下主要就各测试项目的测试方法进行规定。

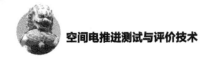

图 3-6 离子推力器寿命试验性能变化诊断测试流程

1）羽流发散角测量

采用羽流发散角测量系统进行测试，测试束流范围为 90%。

对羽流发散角测量仪器与离子推力器之间的位置进行调节，确保测量仪器与推力器之间的安装精度。

按照正常工作时序使离子推力器工作在额定工况，引束流成功后，羽流发散角测量仪器就开始测试。

2）拉偏性能测试

根据离子推力器在轨工作状态，在寿命试验前规定拉偏工况，按照拉偏工况进行推力器性能测试。

3）阴极羽状模式安全裕度测试

采用流量微调法进行测试，减小流率直到触持电路振荡峰超过规定判据时即认为发生羽流模式，羽流模式出现时的流率与额定流率之间的差值即羽状模式安全裕度。

4）中和器羽状模式安全裕度测试

与阴极羽状模式安全裕度的测试方法相同。

5）电子反流极限电压测试

采用加速栅电压微调法进行测试，降低加速栅电压，直至束电流有 0.1 mA 的增量，此时的加速栅电压即电子反流极限电压。

6）关键部组件表面磨损测试

离子推力器处于停机状态，采用关键部组件表面磨损测试仪器的 CCD 相机对加速栅下游表面、中和器触持极表面进行三维成像，通过对三维成像进行数学处理，得到加速栅下游表面、中和器触持极表面的溅射刻蚀情况。

亦可采用其他成像方法对表面磨损情况进行测试。

7）真空环境绝缘性能测试

离子推力器处于停机状态，把离子推力器各路供电电缆与地面供电电源断开，使用耐压测试仪的规定挡位对各个绝缘测试项目进行测试。

3. 每累计 500 h 开关机循环试验

以额定屏栅电流、阳极电流调节上限为 1.3 倍设计值为例，采取开机持续引束流 2 h、关机 0.5 h 的方式开展寿命试验。累计工作 500 h 的试验流程如图 3-7 所示。

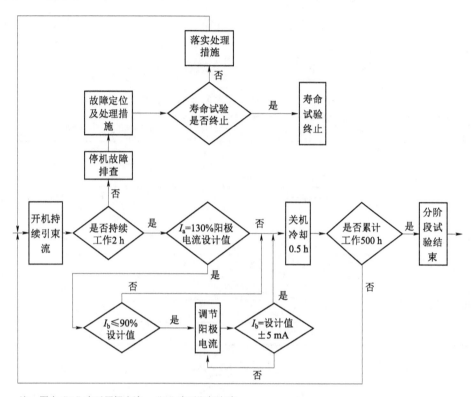

注：图中"I_b"表示屏栅电流，"I_a"表示阳极电流

图 3-7　离子推力器寿命试验每累计 500 h 开关机循环试验流程

在进行开关机循环试验时，若发生故障，需停机，并进行故障排查、定位。对故障定位后，需确定后续处理措施，必要时决定寿命试验是否终止。若寿命试验继续开展，需对故障的处理措施落实到下一次开关机循环试验中。

若在某一次开关机循环中发生故障，经过 250 个循环后，累计工作时间必然小于 500 h，对此要求：分阶段试验中以累计工作至少 500 h 来判定此次分阶段试验是否结束。在这种情况下，加上性能变化诊断测试项目时的开关机次数，每累计 500 h，其开关机次数必然大于 250 次。

若整个寿命期间只有较少故障发生，累计工作 1.5 倍设计寿命的时候，开

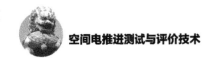

关机考核还不到设计次数的情况下，需要按照开机持续引束流 2 h、关机 0.5 h 的方式继续试验，以完成设计次数开关机考核试验。

3.2.4　性能变化诊断测试项目

离子推力器存在的主要失效模式如表 3-1 所示。其中"不可避免"的失效模式包括 2 项，都是由加速栅结构变化引起的，是决定离子推力器寿命的关键因素；其他的失效模式都可以通过多余物控制、多余物防护、原材料质量控制、装配工艺控制等过程的控制措施得到有效抑制。

表 3-1　离子推力器存在的主要失效模式

序号	失效模式名称	适用性简述
1	交换电荷引起的加速栅腐蚀结构失效	不可避免
2	阴极和中和器的加热器失效	可有效抑制
3	中和器触持极腐蚀失效	可有效抑制
4	由于加速栅腐蚀引起的电子反流失效	不可避免
5	导线绝缘性能退化导致的失效	可有效抑制
6	沉积污染引起的绝缘性能失效	可有效抑制
7	溅射材料沉积导致的栅极短路	可有效抑制
8	阴极触持极腐蚀失效	可有效抑制
9	低气压绝缘器电弧失效	可有效抑制

对表 3-1 中各失效模式，需要在寿命试验过程中对其特征参数进行测试，以对各种可能的失效模式进行表征。

试验分阶段开展，每阶段（以累计工作满 500 h 为一阶段）试验完成后，要对离子推力器进行一次性能变化诊断测试，且在运行过程中实时监测供电、供气参数的变化情况。采用这样的测试方案，主要达到以下目的：

① 供电、供气参数的变化情况并不能完全深刻地表征某些失效模式的失效机理，需要通过对除供电、供气参数以外的其他项目进行测试来表征，且这些测试项目又不能实时进行测试，所以需要一个时机进行专项测试。即通过分阶段试验完成后的性能变化诊断测试，能够为更深入、全面地理解某些失效模式的失效机理建立基础数据，也可作为建立寿命预测模型及模型修正的数据来源。

② 分阶段试验完成后，通过性能变化诊断测试，对其极限工作寿命进行

分析预测，从宏观上把握离子推力器是否满足累计工作 1.5 倍设计寿命、设计次数开关机的长寿命工作能力。若不满足，便于尽早提出改进措施，对改进后的产品再次进行验证，这从任务时间节点和费用上都会带来较大的节省。

表 3-2 给出了性能变化诊断测试项目，并对每一项测试项目的测试目的进行了分析。

表 3-2 离子推力器分阶段寿命试验完成后的性能变化诊断测试项目

序号	测试项目	测试目的
1	束发散角测量	束发散角受栅极组件对离子的聚焦性能、放电室出口处的磁场位型、放电室内等离子体密度均匀性等多种因素的影响，通过对束发散角参数的测量，能够表征离子推力器在整个寿命期间的性能变化情况
2	电子反流极限电压测试	发生电子反流的机理是由于加速栅小孔变大，加速栅电压在小孔处形成的势垒不足以阻挡电子向放电室方向运动。通过对电子反流极限电压测试，能够表征当前的加速电压值是否能完成 11 000 h 的寿命考核试验
3	拉偏试验	通过拉偏试验，真实表征在轨工作情况，即随工作时间增长，相应的电源处理单元和储子系统的供电、供气参数也会发生变化。验证供电、供气参数变化的情况下，在整个寿命期间，离子推力器的推力、比冲是否满足要求，若不满足，需要对相应的供电、供气要求进行重新考虑
4	绝缘性能测试	通过对电极绝缘测试，可以表征离子推力器内部绝缘陶瓷表面受溅射沉积物的污染情况、导线绝缘性能退化情况等
5	中和器羽状模式安全裕度测试	正常情况下，空心阴极工作在点模式。若工作在羽状模式，空心阴极触持极、阴极顶等会经历更为严苛的溅射刻蚀环境，且形成恶性循环，使得空心阴极的寿命极大地降低。通过此项测试，能够对空心阴极额定供气流量下的累计工作能力进行表征
6	阴极羽状模式安全裕度测试	
7	关键部组件表面磨损测试	通过对加速栅孔径变化情况、下游表面溅射刻蚀情况的测量，能够对加速栅结构失效和加速栅电子反流失效两种不可避免的失效模式进行表征

| 3.3 寿命试验实例 |

国际上在电推进系统应用前，均对电推力器产品进行了寿命试验验证，以确认电推进系统整体性能符合指标要求。以下分别对典型寿命试验的开展情况进行介绍。

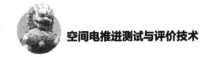

3.3.1 NSTAR 离子推力器分阶段的寿命扩展试验

NSTAR 离子推力器先后经过 2 000 h 的寿命测试、1 000 h 的寿命测试、8 200 h 的寿命测试和 30 000 h 的寿命扩展试验。前三项试验在 2.3 kW 下执行；30 000 h 寿命试验在两种不同的功率下进行，消耗 Xe 量为任务预算量的 150%以上。

在 GRC 的大型高空模拟试验台上进行了 NSTAR 离子推力器 EMT1a 的 2 000 h 寿命试验，以验证三种主要的失效机理。试验进行到 876 h 时中断试验，检查主阴极的节流孔板、加热器以及辐射屏蔽罩。此后更换了主阴极组件继续试验，直到累计时间达到 2 030 h 后推力器停机。试验发现，加速栅极下游表面腐蚀最大的位置在屏栅的中心部分，腐蚀量大约为 100 μm，约为屏栅厚度的 25%。屏栅腐蚀率较高的原因是屏栅的电位可以浮动，以及推进剂的主流量过低。上述工况会导致二次电离的氙离子数增加，从而导致栅极烧蚀速度加快。改进设计后，在 JPL 进行了 NSTAR 离子推力器 EMT1b（对 EMT1a 的改进）1 000 h 的评估试验。试验表明，放电室中推进剂的电离效率达到 0.89，从而降低了放电电压和二次电离的氙离子数量，在屏栅烧蚀最严重的中心部分烧蚀量也降低到仅为 6 μm。由于屏栅烧蚀量大幅降低，在放电室表面沉积的钼层也相对较薄，因此在这次测试后没有发现钼金属沉积层的剥落。对覆盖在放电室材料基体上的金属丝网表面的钼涂层进行了独立的热循环测试和应力测试，直到涂层厚度达到 30 μm 时也没有发现涂层剥落。

3.3.2 NEXT 离子推力器寿命试验

2005 年启动 NEXT 离子推力器寿命试验，试验的目的包括表征推力器性能随时间变化的规律、测量关键组件腐蚀率、确认寿命限制机理、验证寿命裕度。推力器采用石墨阴极触持极，关键表面喷砂以防止溅射产物沉积，中和器用防护绝缘器包围以防止溅射产物沉积，离子光学系统口径从 40 cm 减少到 36 cm 以减缓低电流区过聚焦引起的加速极外缘腐蚀。试验过程中四极质谱每分钟监测真空中残余试验气体成分，用 QCM 监测溅射产物沉积率。试验采用商业电源供电，流量计控制供应高纯气体。

计算机控制系统监测和记录推力器及设备工作参数，采样频率为 10～20 Hz，包括流率、电流、电压、设备压力、QCM 数据等。为定期进行推力器性能表征，推力器连接一悬浮电源电路，用于确定屏栅离子透明度和放电触持离子电流，正常工作时该电源连接在屏栅/触持与阴极之间，测量时对屏栅/触持负偏置以排斥电子测量离子电流。束流诊断用 3 个交错排布的平面法拉第探针和 1 个 $E \times B$ 探针，法拉第探针为钼材料，相对设备地负偏置 30 V，相对加速栅位置分别为 20 mm、173 mm、238 mm。分别用移出束流区和加石墨百叶窗防护法拉第探针和 $E \times B$ 探针。

用 6 个 Sony XC–ST50 CCD 相机捕捉关键组件腐蚀图案（阴极、中和器、加速极栅）。如图 3–8 所示，相机固定在一竖直桅杆上，桅杆连接于一线性位置系统，定期获取图像。相机不用时停放在束流外的防护盒内防止溅射沉积，相机像素单元为 8.4 μm×9.8 μm。另外，在真空舱外还有用于监测中和器腐蚀情况的高分辨数字相机。加速栅腐蚀槽深度测量用在线腐蚀测量设备完成，栅极间距测量用 CCD 完成。

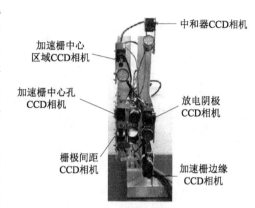

图 3–8　LDT 试验的图像获取系统

寿命试验包括三个工作阶段：第一阶段满功率工作到推进剂消耗 300 kg；第二阶段按使命要求值降额工作；第三阶段满功率工作到停止或失效。计划和试验工作点设置如表 3–3 所示，试验目标为推进剂消耗达到 450 kg。2007 年 6 月 21 日满功率累计达到 10 100 h（207 kg），到 2008 年 6 月 25 日 EM3 累计工作 16 550 h（337 kg），其中满功率 276 kg（13 042 h），到 2009 年 9 月 2 日累计达到 24 400 h（434 kg），到 2010 年 6 月底已经累计达到 30 000 h。

表 3–3　NEXT 离子推力器的 LDT 试验计划

序号	功率/ kW	束电流/ A	束电压/ V	时长/ kh	质量/ kg	累计质量/ kg	总冲/ (N·s)	累计总冲/ (N·s)
1	6.86	3.52	1 800	13.0	264.7	264.7	1.09×10^7	1.09×10^7
2	4.71	3.52	1 180	6.5	132.6	397.3	4.45×10^6	1.54×10^7
3	1.12	1.20	679	3.4	26.7	424.0	6.30×10^5	1.60×10^7
4	0.545	1.00	275	3.0	21.2	445.2	2.75×10^5	1.63×10^7
5	2.44	1.20	1 800	3.0	23.3	468.5	8.66×10^5	1.71×10^7
			总数	28.9	468.5		1.71×10^7	

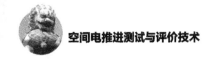

3.3.3 XIPS-13和XIPS-25离子推力器寿命试验

针对15年南北位置保持机动任务，XIPS-13和XIPS-25离子推力器寿命试验汇总如表3-4所示。

表3-4 XIPS-13和XIPS-25离子推力器寿命试验汇总

推力器	功率模式	工作时间/h	开关机次数
13 cm（Q1）	0.5 kW	16 146	3 275
13 cm（Q2）	0.5 kW	21 058	3 369
25 cm	4 kW	2 680	324
25 cm	2 kW	12 658	12 841

寿命试验中，XIPS-13离子推力器工作5 h、关机1 h作为一个循环；XIPS-25离子推力器工作50 min、关机30 min作为一个循环。表3-4中XIPS-13离子推力器Q1和Q2表示鉴定件，在完成鉴定试验后就被用于做表3-4所示的寿命扩展试验，试验的目标是XIPS-13离子推力器Q1和Q2完成4 200次开关机试验，相应地累计工作时间达到21 000 h。Q1在累计工作16 146 h后由于电子返流导致工作失效，经过物理破坏测试，加速栅和减速栅被烧蚀得特别严重，分析表明是由于屏栅和加速栅在装配过程中未完全对准，束流轰击加速栅发生溅射烧蚀，溅射出的钼沉积在屏栅上形成薄膜，钼薄膜最终脱落引起栅极短路，推力器失效。Q2在累计工作21 058 h后达到预期的目标被人为终止。在以上循环寿命试验中，通过测量束电流、束电压、总的流率来计算推力和比冲，测试结果表明，XIPS-13离子推力器Q1每1 000 h有1.2%的性能衰退，XIPS-13离子推力器Q2每1 000 h有0.5%的性能衰退。

XIPS-25离子推力器包括大功率和小功率两种工作模式，大功率工作模式用于航天器轨道提升，小功率工作模式用于航天器位置保持。寿命试验时，大功率模式下，在一次开关机循环中推力器工作23 h、关机1 h，在累计工作时间达到2 680 h（满足2 300 h的要求）后，栅极被取下用高放大倍数显微镜观察以及用称重法进行分析，没有观察到明显的栅极磨损。然后进行小功率模式下的开关机循环寿命试验，在一次开关机循环中推力器工作50 min、关机30 min，并且每间隔500 h进行一次-40~193 ℃的热真空循环试验以及性能测试，XIPS-25离子推力器在小功率模式下累计工作时间超过12 000 h。在此试验过程中，XIPS-25离子推力器的推力和比冲的变化都在要求的指标内，如

图 3-9 和图 3-10 所示。在图 3-10 中，工作 2 237 h 后对流率进行了调整，比冲从 3 400 s 上升到 3 600 s。

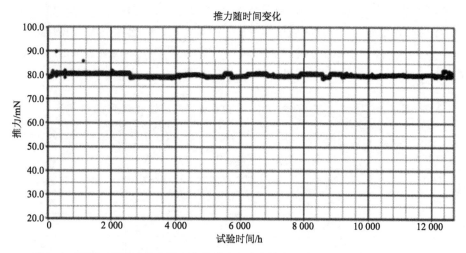

图 3-9　XIPS-25 离子推力器寿命试验中小功率模式下推力与工作时间的变化关系

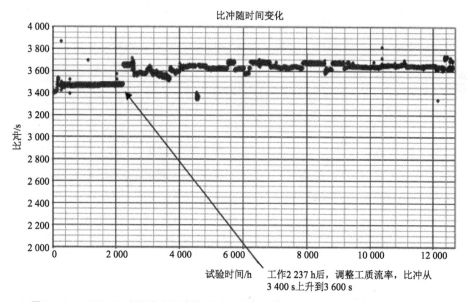

图 3-10　XIPS-25 离子推力器寿命试验中小功率模式下比冲与工作时间的变化关系

3.3.4　ETS-VI 离子推力器寿命试验情况

ETS-VI 于 1994 年发射，在 1994 年前对 ETS-VI 离子推力器分别用 1 个试验样机（Bread-board Model，BBM）、2 个开发模型样机（Development Model，

DM）、4 个工程样机（Engineering Model，EM）和 2 个原理样机（Prototype Model，PM）进行了连续寿命试验，如表 3-5 所示。试验在带有 6 个副舱，直径 4 m、长 6 m 的真空室中进行，可以同时让 6 台 TRS 工作，此外还有一套直径 3 m、长 5 m 的真空系统，可同时供 2 台 TRS 工作。于 1992 年完成了 TRS BBM 及 TRS DM#1、TRS DM#2 的寿命考核试验，表 3-5 中 TRS EM 和 TRS PM 的寿命考核试验于 1994 年完成（尚未见到全部完成后的统计数据文献报道）。

表 3-5 适应 ETS-VI 的 TRS 试验验证情况统计（截至 2013 年）

	状态	试验模式	总工作时间/h	总开关机次数
TRS BBM	完成	连续工作	>9 100	N/A
TRS DM#1	完成	连续工作	>7 200	N/A
TRS DM#2	完成	连续工作	>7 100	N/A
TRS EM#1	试验中	开关机	≈6 200	≈2 278
TRS EM#2	试验中	开关机	≈5 981	≈2 305
TRS EM#3	试验中	开关机	≈6 873	≈2 387
TRS EM#4	试验中	开关机	≈8 129	≈3 233
TRS PM#1	试验中	连续工作	≈4 568	N/A
TRS PM#2	试验中	连续工作	≈4 534	N/A

基于表 3-5 的试验情况，在试验完成后对 TRS 相关部组件进行了检测分析，并有如下结果：

在 TRS DM 试验中，观察到每次推力器暴露于大气后，再次恢复试验后加速电流急剧上升，随着工作时间的增加，加速电流又逐渐下降。在 TRS EM 和 TRS PM 上没有观察到这种现象，分析原因为：TRS DM 放电室在暴露于大气后，重新工作时在屏栅上沉积的膜层（由放电室产生）剥落，导致屏栅电场分布变化，影响了束流离子的聚焦，导致更多的非聚焦离子打在加速栅上，而对于 TRS EM 和 TRS PM，由于其栅极孔径更大，没有观察到这种现象。

对于 TRS DM，栅极（包括屏栅、加速栅、减速栅）特别是屏栅烧蚀最为严重，如图 3-11、图 3-12 所示，用栅极厚度和质量衡量其受烧蚀程度。屏栅的烧蚀主要是来自放电室离子的轰击，从图 3-11 可以看到，屏栅厚度在刚开始有些许增加，主要是在寿命初期，屏栅陶瓷覆盖层的溅射率很低（18 μm/1 000 h），由加速栅和减速栅溅射的物质（钼的溅射率为 87 μm/1 000 h）

在屏栅下游表面沉积导致屏栅厚度增加；当陶瓷层被烧蚀完后，由于钼相对较高的溅射率，屏栅厚度逐渐减小；据此估计 TRS DM 的屏栅寿命为 6 800 h，当增加陶瓷膜层厚度从 40 μm 到 100 μm 时(在 TRS EM 和 TRS PM 上实现)，TRS 屏栅寿命能达到 10 000 h。从图 3-12 可以看出，加速栅极烧蚀不严重，主要观察到栅格孔周围有轻微的烧蚀，是由非聚焦离子和交换电荷的轰击导致的。对于 TRS BBM，在加速栅下游表面观察到六角形的烧蚀形状，而在其他 TRS 中没有发现，主要是 TRS BBM 没有减速栅。对于减速栅，在两面都发现了轻微的沉积，上游表面是来自加速栅的溅射沉积，下游表面是来自真空室末端靶材的溅射沉积，这都不影响工作寿命。

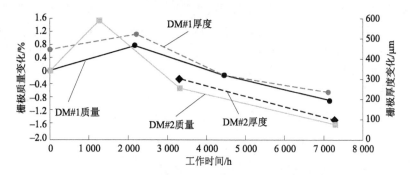

图 3-11　屏栅质量和厚度随着工作时间的变化关系

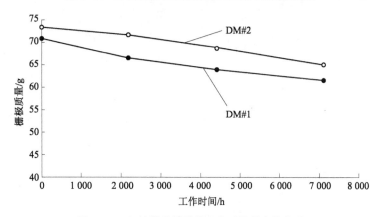

图 3-12　加速栅质量随着工作时间的变化关系

观察到在放电室内、推进剂气体分配环、主阴极、阳极等表面上存在溅射物质的沉积，为了防止沉积膜层的剥落导致 TRS 内部短路的发生，在 TRS PM 的放电室内、推进剂气体分配环、主阴极、阳极等表面添加网格结构防止溅射沉积膜层剥落，并在试验中得到验证。

TRS DM#2 在寿命试验末期，发生中和器点火失败，对其进行解剖观察表明，中和器发射体性能衰减，在发射体内表面钡分布很少，在外表面较多；此外内表面的多孔钨受到破坏。原因是：在推进剂气体中存在杂质，主要为水，在相对较低的温度下，水的存在会导致多孔钨损伤；持续的工作导致发射体内表面持续加热，加速了水对发射体内表面的污染损伤；此外，钡的分布不平衡也导致中和器性能衰减。这种现象只会在地面试验中出现，在空间飞行中，能够保证氙气的足够纯度。此外，其工作模式为开关机循环，并不是发射体内表面受到持续的加热。

3.3.5　μ-10 离子推力器寿命试验

μ-10 离子推力器为电子回旋谐振放电类型，采用 10 cm 直径 C-C 材料三栅极系统。μ-10 离子推力器在隼鸟号航天器上作为主推进应用，隼鸟号于 2003 年 5 月 9 日发射，2005 年 9 月到达丝川，μ-10 离子推力器累计工作 25 800 h，并于 2010 年 6 月返回地球，μ-10 离子推力器累计工作时间达到 40 000 h。

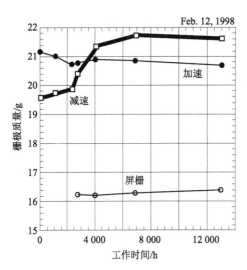

图 3-13　μ-10 离子推力器工程样机寿命试验结果

μ-10 离子推力器在发射前，开展了相关的寿命试验。首先于 1997 年 2 月开展了工程模型栅极和实验室模型离子源组配的 3 000 h 寿命试验，1997 年 8 月换为工程模型离子源，到 1999 年 5 月初累计达到 16 000 h，并继续进行，期间有几次因性能试验、热循环试验、频率调谐试验、检测等造成的间断，到 1999 年 8 月初达到 18 000 h。试验中，定期对栅极质量进行测量，测量结果显示几乎无质损，加速极质损也完全满足使命要求。图 3-13 所示为栅极系统质量与累计工作时间之间的变化关系。

3.3.6　RITA 推力器寿命试验

RITA 系统的寿命试验从 1998 年 8 月开始，到 2001 年 9 月，RITA 成功完成了 15 000 h 的寿命试验和 5 000 次开关机热循环寿命试验，试验方法为开机 3 h，关机 1 h。采用这种方法，每天可以完成 18 h 寿命测试。在试验中，所有的部件和系统都表现良好，符合设计规范。

与 Kafmann 离子推力器相比，RITA 没有阴极组件，其主要寿命限制因素是加速栅极的烧蚀，在地面试验中，建立了 RITA 加速栅孔径与射频功率、加速电流和 Xe 流量的关系模型。通过测量在轨电参数，判断栅格的烧蚀情况和预测推力器的寿命，如图 3-14 所示。栅极的烧蚀情况与工作时间的关系如图 3-15

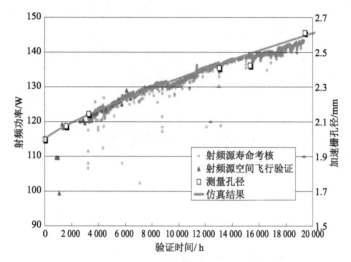

图 3-14　ARTEMIS 在轨数据与地面试验结果对比

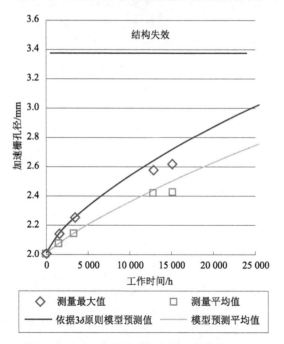

图 3-15　RITA 栅格烧蚀的理论值与实测值比较

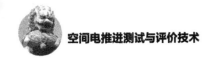
所示。测量结果表明，栅极的长期烧蚀率低于模型的预期值。其中最大孔径用于预测推力器的寿命，平均孔径用于预测推力器的性能。在寿命初期，栅极烧蚀较快。在大约 3 000 h 后，烧蚀速率显著下降。在 5 000 h 后，烧蚀速率则基本保持不变。这个结果也再次显示了在前文中对美国调研部分叙述到的可靠性预估的有效性，即用前 2 000～3 000 h 的试验数据来外推推力器寿命的方法的局限性，需要对模型进行修正。

由图 3-15 针对栅极烧蚀，推力器寿命可以超过 25 000 h，对于 ARTEMIS 的 15 000 h 的寿命要求，RITA 具有充分的余量。

| 3.4 寿 命 评 估 |

3.4.1 失效模式及失效判据

由表 3-1 可知，交换电荷引起的加速栅腐蚀结构失效和由于加速栅腐蚀引起的电子反流失效是离子推力器寿命试验测试中发现的决定离子推力器寿命的两大"不可避免"的失效模式。而根据离子推力器按照失效机理所区分的失效模式，这两种失效模式均为磨损积累失效，即随着推力器的不断运行，加速栅遭受到离子溅射磨损，最后导致栅极系统性能退化或失效，进而引起推力器工作失效。

1. 加速栅结构失效定义及失效判据

栅极系统每对栅极孔引出比较细长的子束流，子束流栅极系统在电场作用下加速运动，并与其中的中性原子发生电荷交换碰撞，碰撞后产生低能交换电荷离子和高能中性原子。碰撞产生的交换电荷离子，由于其能量较低，无法挣脱加速栅极下游附近负电场的束缚，在该电场力作用下，交换电荷离子将冲击到加速栅极下游表面或小孔壁面，对加速栅下游表面或孔壁造成溅射腐蚀磨损。交换电荷离子对加速栅下游表面长期轰击溅射刻蚀会造成两孔之间的"凹槽"和三孔之间的"凹坑"。当腐蚀的凹槽和凹坑完全穿透栅极时，会影响加速栅的刚性使栅极间距发生变化，栅极结构的改变也会改变加速栅附近的电场分布而影响到束流离子的聚焦，使离子推力器性能发生改变。当穿透的凹槽面积不断扩大时，可导致栅极孔附近的栅极材料脱落而在两栅极之间搭桥使栅极发生短路，推力器失效。

图 3-16 所示为 NSTAR FT2 离子推力器工作在 TH15 工作点运行 30 352 h 后测试到的加速栅孔变化情况，结果发现加速极三孔之间的 "凹坑" 已经穿透。

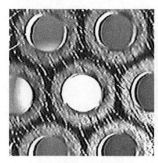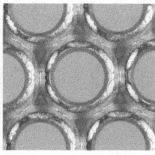

图 3-16　NSTAR FT2 离子推力器测试初（左）和 30 352 h（右）测试后加速栅溅射腐蚀情况

加速栅结构失效的判据定义为溅射腐蚀形成的凹槽完全穿透加速栅，栅极孔周围的 6 个桥连接完全断裂，如图 3-17 所示。

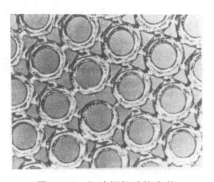

图 3-17　加速栅极结构失效

交换电荷离子对加速栅溅射腐蚀引起的加速栅结构失效，是目前研究最多且失效机理最清楚的失效模式。

2. 电子反流失效定义及失效判据

在正常情况下，加速栅的负压会在加速栅孔附近形成负电势垒，如图 3-18 所示，势垒的存在阻止了中和电子反流到放电室中。推力器工作过程中，随着交换电荷离子对加速栅孔壁不断溅射腐蚀，使孔径变大，孔中心阻止电子反流的势垒变小。当电子向上游运动的动能超过孔中心势垒产生的电势能时，就会出现电子反流。电子反流会导致放电室内部分器件温度过高而对其造成损害，同时将增加电能损耗使推力器效率降低，长期电子反流会导致推力器无法正常工作而寿命终结。通常认为,当返流电子电流与束流的比例达到1%,或因电子反流导致的放电室放电损耗降低1%时,离子推力器失效。

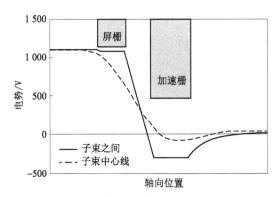

图 3-18　栅极系统轴向位置电势分布

3.4.2　寿命模型

离子推力器寿命预测模型是基于失效模式、失效机理和失效判据对推力器寿命进行评估的基础。离子推力器寿命预测研究主要经历了三个阶段:以试验验证为主的早期阶段,特点为试验周期长、试验量大、成本高;离子推力器失效机理分析和试验有机结合,特点为大量的磨损机理了解不彻底,以此为基础建立的寿命预测模型可靠度不高,需要少子样的全寿命试验验证;离子推力器磨损失效模式分析预测为主,特点为缩短研发周期、节约成本,在较少试验子样下实现相对较高置信水平的推力器工作寿命预测。当前,美国正在跨入第三阶段,欧洲、日本和俄罗斯等处于第二阶段,我国处于第一阶段和第二阶段的过渡时期。

离子推力器研制初期,寿命研究的目的主要集中在推力器部组件寿命提升方面,通过大量试验识别潜在各类失效模式,通过对失效模式失效机理的研究,改进选材和设计,从而提高推力器寿命,并根据试验数据对推力器寿命进行预估。但是试验周期长、开支大,使该方法变得越来越不现实。目前离子推力器寿命评估主要采用理论分析和试验有机结合的方法,即上述第二、三阶段。因此,如何建立合理的推力器寿命模型成为当前离子推力器研制中的热点问题之一。

自20世纪70年代起,国外就已针对两大失效模式下的离子推力器寿命评估开展研究。根据离子推力器寿命模型的计算方法,可将推力器寿命评估模型分为半经验寿命模型和数值计算寿命模型。

1. 半经验寿命模型

半经验寿命模型是将一些物理过程视为线性变化，通过简化得到分析解或利用半经验半理论公式对问题进行研究，最后将推力器寿命表示成与推力器几何结构和工作参数相关的线性表达式。该模型的特点是计算简便、快速，但误差相对较大。

加速栅结构失效半经验寿命模型是根据束流离子引出过程中交换电荷离子的产生及其对加速栅下游表面和孔壁的轰击溅射过程，建立加速栅截获电流、加速栅孔腐蚀深度等与加速栅结构参数、工作参数之间的关系，得到对应推力器寿命计算表达式。以下详细介绍加速栅结构失效半经验寿命模型。

推力器寿命试验测试结果和理论分析均显示，加速栅极中心位置为溅射腐蚀最严重的区域。图 3–19（a）所示为一加速栅极、栅孔排列示意图。六边形为一个栅极孔基本结构单元，当结构单元从加速栅极完全脱落时就是加速栅极寿命终结的时间。图 3–19（b）所示为加速栅极受到溅射腐蚀后两栅孔间的形变及形变量。其中 w 为沿着 l_{cc} 剖面两加速栅孔之间的凹槽宽度。

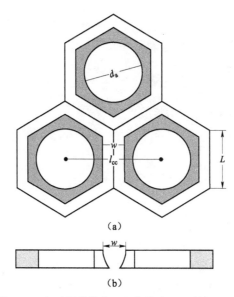

（a）

（b）

图 3–19　加速栅结构单元和失效时沿 l_{cc} 剖面示意图

如图 3–19 所示，模型研究的基本单元面积，即六边形结构单元的面积为

$$S_b = \frac{\sqrt{3}}{2} l_{cc}^2 \qquad (3-1)$$

式中　l_{cc}——加速栅相邻孔圆心的距离，单位为 m；

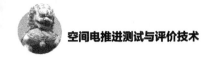

S_b——六边形结构单元的面积，单位为 m^2。

初始状态加速栅单孔面积可表示为

$$S_a = \pi \frac{d_a^2}{4} \qquad (3-2)$$

式中　S_a——加速栅孔面积，单位为 m^2；

　　　d_a——加速栅孔直径，单位为 m。

凹槽宽度 w 可根据几何原理计算得到：

$$w = l_{cc} - [l_{cc}^2 - 2\alpha(S_b - S_a)/\sqrt{3}]^{1/2} \qquad (3-3)$$

式中　w——腐蚀凹槽宽度，单位为 m；

　　　α——加速栅下游表面溅射腐蚀面积比例。

α 定义为所研究结构单元栅极孔周围栅极材料被溅射腐蚀产生的凹槽和凹坑面积占栅极材料面积的比例，它是由交换电荷离子运动路径决定的。栅极磨损试验结果显示，腐蚀面积比例随时间没有明显变化，因此利用推力器短时间磨损测试的加速栅下游表面腐蚀面积比例试验数据就可以对推力器寿命进行预测。

假设溅射腐蚀失效时，即腐蚀形成的小环脱落时腐蚀的凹槽剖面呈矩形，那么脱落时的六边形面积 S_f 可以表示为

$$S_f = \frac{(l_{cc} - w)^2}{l_{cc}^2} S_b \qquad (3-4)$$

式中　S_f——六边形面积，单位为 m^2。

因此，加速栅结构失效时，所研究的六边形结构单元质量损失可以表示为

$$m_{erosion} = (S_b - S_f)t\rho_{Mo} \qquad (3-5)$$

式中　$m_{erosion}$——失效时结构单元质量损失，单位为 kg；

　　　t——加速栅厚度，单位为 m；

　　　ρ_{Mo}——钼原子密度，单位为 kg/m^3。

但是需要对式（3-5）得到加速栅结构失效时的质量损失进行修正，这是因为式（3-4）计算六边形脱落时假设凹槽剖面呈矩形，而推力器运行过程中，加速栅下游表面腐蚀的凹槽剖面边缘较平滑且呈抛物线形分布。

抛物线形剖面面积可以表示为

$$S_p = \frac{2}{3} wt \qquad (3-6)$$

式中　S_p——抛物线形剖面面积，单位为 m^2。

式（3-6）应乘以面积修正因子，式（3-5）变形为

$$m_{\text{erosion}} = \lambda_{\text{s}}(S_{\text{b}} - S_{\text{f}})t\rho_{\text{Mo}} \qquad (3-7)$$

式中　λ_{s}——面积修正因子。

以上分析获得了结构失效时所研究的基本结构单元质量损失量。由于对下游表面造成溅射腐蚀的是交换电荷离子，因此只要推导出下游表面截获的交换电荷离子电流，根据轰击电流和溅射产额之间的关系就可获得溅射腐蚀质量损失率。

通常加速栅下游表面截获的交换电荷离子电流可以通过直接测量的方法获得。但测量无法获得加速栅孔壁和下游表面截获的交换电荷离子电流比例，因此该方法不能具体得到加速栅孔壁或下游表面对推力器寿命的影响程度，因而不能确定决定栅极组件失效的关键因素。该比例可通过数值仿真计算或半经验模型中的修正因子和总截获电流关系计算得到。

半经验模型中加速栅极截获的交换电荷离子电流表达式为

$$J_{\text{s}} = \frac{J_{\text{a}}}{N_{\text{a}}f} \qquad (3-8)$$

式中　J_{s}——加速栅截获电流，单位为 A；

　　　J_{a}——加速栅电流，单位为 A；

　　　N_{a}——加速栅孔个数；

　　　f——推力器引出束流的平直度因子，定义为离子束流平均电流密度与最大电流密度的比值。

若加速栅孔个数未知，则加速栅中心孔截获电流与加速栅面积的关系为

$$J_{\text{s}} = \frac{J_{\text{a}}S_{\text{b}}}{A_{\text{a}}f} \qquad (3-9)$$

式中　A_{a}——加速栅面积，单位为 m²。

利用以上两式可以得到结构单元截获电流。下游表面截获的交换电荷离子电流可以表示为

$$J_{\text{s}}' = \lambda_{\text{J}}J_{\text{s}} \qquad (3-10)$$

式中　J_{s}'——下游表面截获的交换电荷离子电流，单位为 A；

　　　λ_{J}——截获电流修正因子。

下游表面截获的交换电荷离子电流对加速栅极造成的溅射腐蚀可以表示为

$$m_{\text{erosion}} = \frac{J_{\text{s}}'}{e}\lambda_{\text{Y}}Ym_{\text{Mo}}\tau \qquad (3-11)$$

式中　　Y——平均每个入射离子的法向入射溅射产额，即溅射出的粒子数与入射粒子数的比，可表示为 atom/ion（下文出现类似符号与此处意义相同）；

m_{Mo}——钼原子质量，单位为 kg；

λ_Y——溅射产额修正因子；

τ——运行时间，单位为 h。

溅射产额是入射离子能量、入射角、靶原子质量、靶材料结合能及入射角度的函数。试验测量的溅射产额一般是法向入射角的测量值，由于轰击到加速栅表面的交换电荷离子并非完全是法向入射，因此需要利用溅射产额修正因子对其进行修正。

加速栅结构失效时的推力器工作寿命表达式为

$$\tau' = \frac{\sqrt{3}\lambda_{\mathrm{s}}(2l_{\mathrm{cc}}w - w^2)t\rho_{\mathrm{mo}}e}{2J'_{\mathrm{s}}\lambda_Y Y m_{\mathrm{mo}}} \tag{3-12}$$

式中　　τ'——加速栅结构失效时的寿命，单位为 h；

e——电子电量，单位为 C。

电子反流失效半经验寿命模型主要是根据电子反流失效的工作机理及失效判据建立推力器发生电子反流失效时的工作寿命与推力器栅极几何结构参数和工作电参数之间的关系。

对于特定反流电子电流与束流离子电流比例下的鞍点电势为

$$\begin{aligned} V_{\mathrm{sp}} &= V_{\mathrm{a}} + \frac{J_{\mathrm{b}}}{2\pi\varepsilon_0}\left[\frac{m}{2e(V_{\mathrm{dp}}-V_{\mathrm{sp}})}\right]^{1/2}\left[\frac{1}{2}-\ln\left(\frac{d_{\mathrm{b}}}{d_{\mathrm{a}}}\right)\right] \\ &= \frac{d_{\mathrm{a}}(V_{\mathrm{dp}}-V_{\mathrm{a}})}{2\pi l_{\mathrm{e}}}\left[1-\frac{t_{\mathrm{a}}}{d_{\mathrm{a}}}\tan^{-1}\left(\frac{d_{\mathrm{a}}}{2t_{\mathrm{a}}}\right)\right]\exp\left(-\frac{t_{\mathrm{a}}}{d_{\mathrm{a}}}\right) \end{aligned} \tag{3-13}$$

式中　　V_{sp}——加速栅负电压在栅极孔附近产生的鞍点电势，单位为 V；

V_{a}——加速栅电压，单位为 V；

J_{b}——离子束电流，单位为 A；

m——氙离子质量，单位为 kg；

ε_0——真空介电常数，单位为 F/m；

V_{dp}——放电室等离子体电势（放电电压与屏栅电压之和），单位为 V；

d_{b}——子束流直径，单位为 m；

d_{a}——加速栅孔半径，单位为 m；

t_{a}——加速栅极厚度，单位为 m；

l_{e}——有效距离，单位为 m，

$$l_e = \sqrt{(l_g + t_s)^2 + \frac{d_s^2}{4}}$$

l_g——栅极间距，单位为 m；

t_s——屏栅极厚度，单位为 m；

d_s——屏栅孔直径，单位为 m。

根据式（3-13）可推导得到加速栅孔直径与加速栅电子反流阈值电压之间的关系。

栅极之间的推进剂中性原子密度可以由下式表示：

$$n = \frac{\Psi}{\bar{v}_0 \pi R_a} \frac{1}{f_a K_c} \qquad (3-14)$$

式中　n——推进剂中性原子密度，单位为 m^{-3}；

Ψ——推进剂原子数流率，单位为 mg/s；

$\bar{v}_0$——中性原子平均速度，单位为 m/s；

R_a——加速栅半径，单位为 m；

f_a——加速栅开口面积比例；

K_c——Clausing 因子。

中心孔对引出的离子束电流表示为

$$J_m = \frac{\bar{J}}{f} \qquad (3-15)$$

式中　J_m——引出束流离子电流，单位为 A；

$\bar{J}$——每对栅极孔引出的平均束流离子电流，单位为 A。

轰击到栅极中心孔壁的交换电荷离子电流表示为

$$J_{mcex} = n_e I \sigma d \qquad (3-16)$$

式中　J_{mcex}——孔壁截获交换电荷离子电流，单位为 A；

n_e——束流等离子体中的电子密度，单位为 m^{-3}；

I——离子电流，单位为 A；

σ——交换电荷离子碰撞截面，单位为 m^2；

d——双栅间距和加速栅厚度之和，单位为 m。

栅极原子溅射率表示为

$$\dot{N} = J_{mcex} Y / e \qquad (3-17)$$

式中　$\dot{N}$——原子溅射率，单位为 atom/（ion·s）。

根据式（3-17）可计算得到加速栅孔壁初始溅射率：

$$\dot{V} = \dot{N} m_{Mo} / \rho_{Mo} \qquad (3-18)$$

式中 $\dot{V}$ ——加速栅孔壁溅射率，单位为（ g·m³ ）/（ ion·s ）。

根据式（3-18）计算加速栅孔直径变化率：

$$\dot{d}_a = 2\dot{V} / \rho_{Mo} d_a t_a \qquad (3-19)$$

式中 $\dot{d}_a$ ——栅极孔直径变化率，单位为 m/s。

根据上式可计算得到加速栅出现电子反流失效时推力器的工作寿命：

$$\tau'' = \Delta d_a / \dot{d}_a \qquad (3-20)$$

式中 τ'' ——电子反流失效对应寿命，单位为 h；

Δd_a ——失效时加速栅孔直径变化量，单位为 m。

2. 数值计算寿命模型

数值计算寿命模型是针对离子推力器具体失效模式，建立求解磨损过程的数值控制方程，根据求解问题的初始条件和边界条件，应用数值计算方法，通过时间步的叠加求解控制方程的数值解，根据统计结果对推力器寿命做出预测。数值计算寿命模型相比半经验寿命模型计算过程复杂，耗费机时较长，但计算结果相对精确。

目前，离子推力器寿命评估数值计算方法通常采用 Buneman、Dawson 和 Eldridge 等在 1960 年左右创立的等离子体粒子模拟方法。等离子体粒子模拟是在高速计算机上通过跟踪大量带电粒子在电磁场中的运动来模拟得到等离子体动力学特征，也就是用计算机模拟跟踪大量单个微观粒子运动，再对大量微观粒子运动特性进行统计平均，由此得到宏观粒子物理特性与运动规律。从原则上讲，这种方法最能反映实际等离子体运动，因此，在一定意义上，该方法可以替代试验的功能。同时，该方法可提供气体放电过程中任何带电粒子包括位置、速度、路径等的全部信息，因而它又高于试验。

等离子体数值研究方法如图 3-20 所示。

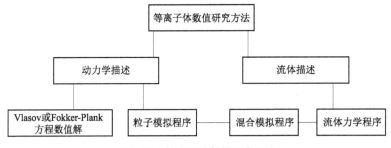

图 3-20 等离子体数值研究方法

离子推力器栅极系统是很薄的两块或三块电极板，上面有数千个栅极孔，栅极孔排列呈六角形分布。在数值计算时若要对整个栅极进行模拟，会导致计算量过于庞大。由于栅极孔具有对称性，因此只需根据其对称性从栅极区域中选择能够包含栅极所有信息的最小单元进行数值建模即可。由国内外推力器寿命试验测试数据可知，加速栅极中心孔引出的离子电流密度最高、电流最大、受溅射刻蚀程度最厉害。因此，通常离子推力器栅极系统数值仿真寿命模型中选取其中心孔作为研究对象。

以下介绍通用的三维建模方法。图 3-21 所示为三维计算区域的选取方法，图中左上部分为加速栅极的俯视示意图，按照点画线所示的方式将栅极划分为长方形区域，每个长方形区域中包含两个 1/4 栅极孔，这样选取的计算区域能够包含六角形分布栅极孔结构的所有信息，也就是将相同的计算结果拼接在一起后就会形成完整的栅极结构，这样我们便可以认为所选取的计算区域包含了多个栅极孔的信息，而不是只模拟了单个栅极孔。长方形计算区域可以减小计算量。除长方形分割方式外，还有其他

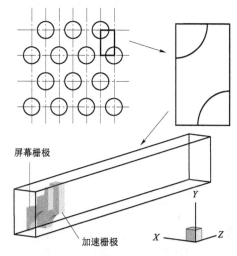

图 3-21　三维计算区域选取方法

分割方式，如文献中介绍的六角形分割法等。相比其他分割方式，长方形分割最大的优势在于其可将计算区域划分为正交网格，更有利于计算区域中带电粒子的电荷、位置等进行权重，可极大地降低计算机的计算量。通常将计算区域划分为 n 个正交等距网格，网格长度为德拜长度量级。图 3-21 中的 Z 方向为推力器轴线方向。

栅极系统中还存在另外一种带电粒子，即中和器发射的电子。电子质量比离子小 5 个数量级，使得在相同大小电场力作用下，其加速度比离子高 5 个数量级。若电子也作为粒子来模拟的话，相应时间步长也要小 5 个数量级，因此若要采用数值仿真方法同时跟踪电子和离子运动，这在程序上很难实现。栅极系统数值仿真中电子通常被处理为热平衡流体，且服从玻尔兹曼分布。在离子推力器栅极系统计算区域内，没有发生电子反流的正常情况下，电子仅存在于屏栅极上游区域和加速栅极下游区域。电子密度分布可根据其与所在位置电势之间的关系，即玻尔兹曼方程得到。

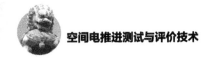

屏栅极上游区域电子密度与所在位置电势之间的关系为

$$n_{\mathrm{e}} = n_0 \exp\left(\frac{\phi - \phi_{\mathrm{u}}}{T_{\mathrm{eu}}}\right), \phi < \phi_{\mathrm{u}} \qquad (3-21)$$

式中　n_{e}——电子密度，单位为 m^{-3}；

　　　n_0——中性原子密度，单位为 m^{-3}；

　　　ϕ——电子所在位置电势，单位为 V；

　　　ϕ_{u}——初始位置电势，单位为 V；

　　　T_{eu}——电子能量，单位为 eV。

$$n_{\mathrm{e}} = n_0 \exp\left(\frac{\phi + \phi_{\mathrm{u}}}{T_{\mathrm{eu}}}\right), \phi > \phi_{\mathrm{u}} \qquad (3-22)$$

加速栅极下游区域，电子密度与所在位置电势之间的关系为

$$n_{\mathrm{e}} = n_{\infty} \exp\left(\frac{\phi - \phi_{\infty}}{T_{\mathrm{e}\infty}}\right), \phi < \phi_{\infty} \qquad (3-23)$$

$$n_{\mathrm{e}} = n_{\infty} \exp\left(1 + \frac{\phi - \phi_{\infty}}{T_{\mathrm{e}\infty}}\right), \phi > \phi_{\infty} \qquad (3-24)$$

式中　n_{∞}——中性原子密度，单位为 m^{-3}；

　　　ϕ_{∞}——初始位置电势，单位为 V；

　　　$T_{\mathrm{e}\infty}$——电子能量，单位为 eV。

利用权重方法将带电粒子所带电荷进行权重得到每个网格点所带电荷，代入泊松方程计算得到计算区域电势分布，根据电势与电场之间的关系得到电场分布。

电场计算边界条件如图 3-22 所示。其中，V_{p} 为等离子体电势，单位为 V。

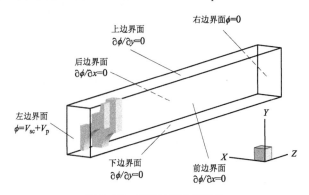

图 3-22　电场计算边界条件

电场计算具体边界条件如下：在二维模拟中，栅极边界为矩形，因此通过设定网格点的位置可以使栅极边界正好位于网格点上，这样在电场求解过程中不计算位于栅极边界以及栅极内部的网格点，使这些网格点的电势始终保持为栅极电势。但在三维模拟中，由于栅极孔具有圆形结构而网格为正交网格，因此网格点不可能正好都位于栅极边界上，如图 3-23 所示。因此在电场计算过程中需对其进行特殊处理，先找到非栅极区域里沿着网格线方向的最后一个网格点，然后在每个时间步长内均对该

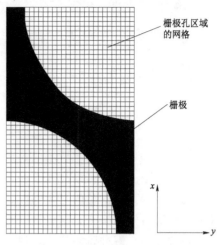

图 3-23　栅极边界与网格示意图

网格点上的电场重新进行计算。这种方法实际上是假设栅极边界位于栅极内部靠近栅极边界最近的那个网格点处，因此按照这种方法计算是存在一定误差的，但由于网格长度相比栅极孔几何尺寸小很多，因此可以忽略此误差。

栅极系统中的粒子运动遵从刚体运动力学定律，但这只是模拟了粒子在电场力作用下的直线加速过程，而粒子的实际运动过程不只是电场加速过程，还有粒子之间的碰撞过程。粒子碰撞过程包括中性原子与离子之间的电荷交换碰撞、离子之间的库仑碰撞以及中性原子之间的动量交换碰撞。栅极系统离子束引出过程中，中性原子与离子之间的电荷交换碰撞是加速栅极电流以及加速栅极腐蚀的重要原因。仿真计算中该碰撞过程通常采用蒙特卡洛方法得到。

$$p_i = 1 - \exp[-\sigma_T(v_i)n_n(x_i)v_i\Delta t] \quad\quad （3-25）$$

式中　p_i——束流离子和中性原子碰撞概率；

　　　n_n——中性原子密度，单位为 m^{-3}；

　　　x_i——第 i 个粒子所在的空间位置，单位为 m；

　　　v_i——第 i 个粒子的速度，单位为 m/s；

　　　$\sigma_T(v_i)$——第 i 个粒子的碰撞截面，单位为 m^2；

　　　Δt——时间步长，单位为 s。

栅极系统带电粒子运动方程满足牛顿第二定律：

$$F=ma \quad\quad （3-26）$$

式中　F——带电粒子所受到的电场力，单位为 N；

　　　m——带电粒子质量，单位为 kg；

a——加速度，单位为 m/s^2。

3.4.3　寿命评估方法与流程

1. 寿命评估方法

到目前为止，已经提出并成功应用的离子推力器寿命评估方法包括确定性评估方法和概率性评估方法。确定性评估方法是在清晰关键失效模式的失效机理的基础上，通过建模计算来估计离子推力器的寿命。该方法的主要优点是不考虑参数误差，操作简单；缺点是只能进行单点预测，并没有考虑各影响参数的不确定性，如此得到的结果往往过于乐观，误差比较大，并且不能够全面反映推力器寿命分布状态。这就要求基于主要失效模式的物理机理，结合有限的寿命测试试验，通过概率统计方法来预测推力器寿命和进行失效风险或可靠性评估。概率性评估方法是在综合考虑离子推力器以往寿命试验（失效的先验分布）和当前试验基础上，考虑各关键失效模式中影响该模式的主要参数的敏感度和各参数的不确定度，对离子推力器寿命做出概率性预估。该方法的优点是预估寿命结果以概率分布的形式存在，由结果可以得到推力器在不同寿命阶段的失效风险、寿命对各关键参数的敏感度等信息，所得结果也更切合实际；缺点是该方法所需寿命试验数据较多，计算更烦琐。

可靠性分析工作者发现单独利用测试航天器系统或部组件寿命数据，在高置信水平下建立高可靠性几乎是不可行的。这是因为对于航天器寿命系统或部组件寿命测试往往是在失效发生之前中断，利用这种数据在高置信水平下建立低失效风险，可用有价值数据有限。由于在不断的测试中失效模式被发现并且通过优化设计等消除，因此对于航天器部组件可靠的失效数据越来越少。这就出现了对于航天器系统的测试往往没有失效数据，而是由在失效发生之前就被暂停的测试代替，例如零失效测试。只利用零失效测试数据在高置信水平下建立低失效风险需要非常多的测试数据。例如，对于偶然事件失效，假设每个任务的测试都认为是相对独立的，失效概率 p 为常量，而且失效数据服从二项式分布。在置信水平为 C 时，对于 p 的置信区间的上限定义为

$$(1-p)^n = 1-C \tag{3-27}$$

式中　n——零失效测试数据的总数。

在其寿命 M 下，可靠度 R 是运行寿命达到 M 的概率。对于二项式分布，寿命达到 M 时的可靠度表示为

$$R = (1-p)^M \qquad (3-28)$$

式中　R——可靠度；

　　　p——概率。

因此就有失效概率为

$$\frac{n}{M} = \frac{\ln(1-C)}{\ln R} \qquad (3-29)$$

为了达到平均 50% 的置信度，失效的概率不超过 1%，必须进行 69 个达到 M 寿命任务并且没有失效的测试，如果失效的概率不超过 0.1%，那必须进行不少于 693 次达到 M 寿命的零失效测试。对于累积磨损失效模式，假设服从威布尔分布，可靠度可以表示为

$$R = \exp\left[-\left(\frac{M}{\delta}\right)^{\beta}\right] \qquad (3-30)$$

式中　δ——威布尔分布的位置，单位为 m；

　　　β——威布尔分布的形状因子。

如果 N 组零失效测试，持续时间为 T_1，T_2，$\cdots$，T_n，置信水平 C 下的置信下限为

$$\exp\left[-\sum_{i=1}^{N}\left(\frac{T_i}{\delta}\right)^{\beta}\right] = \exp\left[-\frac{N}{\left(\frac{T_i}{\delta}\right)^{\beta}}\right] = 1-C \qquad (3-31)$$

平均的测试持续时间为

$$T = \left(\frac{1}{N}\sum_{i=1}^{N}T_i^{\beta}\right)^{1/\beta} \qquad (3-32)$$

因此

$$\frac{T}{M} = \left[\frac{\ln(1-C)}{N}\ln R\right]^{1/\beta} \qquad (3-33)$$

如果对于相同的任务数，N 个零失效测试组成的 N 个测试单元，这些单元中的单个测试持续时间为 T，期望服役寿命为 M，则总的测试时长为 NT。对于复杂系统往往有多种失效模式，用 $\beta=1$ 的威布尔分布表示比 $\beta=2$ 更接近真实。假设两组测试单元，即 $N=2$，包含了相同的单元数。以样本在 95% 置信度下的可靠度为例，95% 置信度下建立 0.999 的可靠度，对于 $\beta=1$ 时 T/M=1 498，$\beta=2$ 时 T/M=39，也就是说 $\beta=1$ 时单元样本的测试时间 T 必须达到 1 498M，$\beta=2$ 时必须达到 39M。这对于寿命过万的离子推力器几乎是不可能完成的任务。

综合以上分析，完全用无失效寿命数据建立高置信水平的可靠度是很难的。

在以上分析基础上提出了概率性失效评估方法,如图 3-24 所示。该方法的优点是预估寿命结果以概率分布的形式存在,由结果可以得到推力器在不同寿命阶段的失效风险、寿命对各关键参数的敏感度等信息,所得结果也更切合实际,缺点是该方法所需寿命试验数据较多,计算更烦琐。国外尝试在 NSTAR 离子推力器寿命评估中应用概率性方法,应用中发现概率性评估方法预测的寿命数据更具保守性。

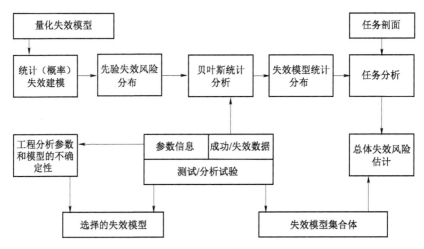

图 3-24　概率性失效评估方法

概率性寿命模型是在确定性寿命模型基础上考虑离子推力器输入参数扰动对运行参数的影响而建立的模型。利用以上建立的寿命模型,考虑模型输入参数的不确定性,计算中输入参数在一定范围内均匀分布,采用随机抽样的方法统计寿命预测值的分布区间,进而通过统计得到寿命相对概率分布函数。具体流程如图 3-25 所示。

2. 寿命评估流程

针对离子推力器寿命试验的小子样特点,离子推力器一般采用确定性评估方法与概率性评估方法相结合完成离子推力器的寿命评估。寿命评估工作内容如下:

① 通过试验测量数据,对关键失效模式的磨损机理进行研究,建立磨损过程与离子推力器工作参数之间的物理关系,建立磨损分析模型,并用后续的试验结果对模型进行修正。

② 通过试验确定与关键失效模式相对应的失效判据。

③ 根据磨损分析模型和失效判据，用确定性寿命预测方法计算离子推力器发生关键失效的最小工作时间，由此得到工作寿命预测结果。

④ 在确定性寿命预测的基础上完成概率性方法工作寿命预测，应用统计方法完成与寿命特征参数对应的离子推力器工作寿命统计预测结果。

⑤ 根据离子推力器工作寿命分布，计算在轨额定工作寿命条件下离子推力器发生失效的概率，由此评估失效风险是否可以接受。

以下为离子推力器寿命评估具体流程：

离子推力器寿命评估主要是对其栅极组件发生加速栅结构失效和电子反流失效时的推力器寿命进行预测。主要采用的方法是半经验寿命模型、数值仿真寿命模型和试验测试结果相结合对其工作寿命进行单点预估。在此基础上，建立概率性寿命评估模型，得到寿命概率性分布。

具体评估流程如图 3-26 所示。

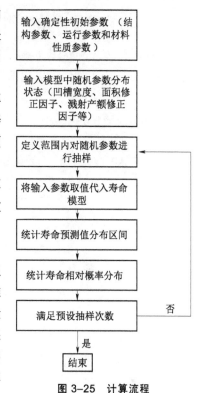

图 3-25　计算流程

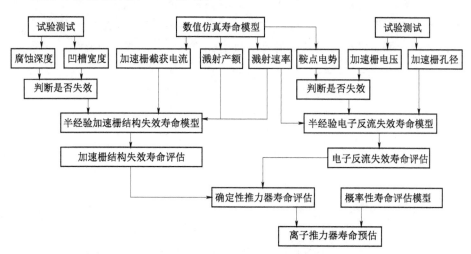

图 3-26　离子推力器寿命评估流程

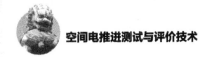
3.4.4 寿命分析评估实例

1974 年，Kaufman 基于栅极理想结构模型，结合 Spangenberg 给出的栅极孔电势计算方法给出了加速栅极电子反流阈值电压与栅极结构之间的函数关系，该式可以方便快捷地估算特定栅极结构的电子反流阈值电压，但由于没有考虑束流离子分布对栅极系统电势的影响，所以误差稍大。2003 年，Willianms 等考虑了束流离子分布状态对栅极系统电势的影响，发展了 Kaufman 提出的反流阈值公式，利用模型对 NSTAR 推力器电子反流阈值电压进行了预测，预测结果如图 3-27 所示。

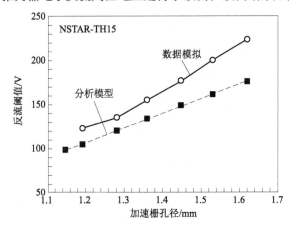

图 3-27　加速栅反流阈值电压与孔径关系

2007 年，Brophy 等利用 Willianms 等提出的电子反流阈值半经验寿命模型，结合加速栅极孔壁的质量损失率，分别利用确定性和概率性方法预测了NSTAR 推力器出现电子反流的寿命。确定性方法计算的结果如图 3-28 所示，

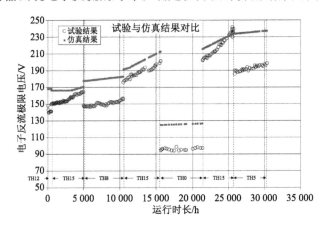

图 3-28　NSTAR 推力器电子反流阈值与运行时长的关系

从图中可以看出，模型计算值和试验值符合较好，并且变化趋势相同。概率性方法计算的 NSTAR 离子推力器始终运行在满功率状态时，不同预期推进剂消耗量（寿命）对应的电子反流失效风险如图 3-29 所示。图 3-29 显示电子反流失效概率为 50%对应的推进剂消耗量为 195 kg。

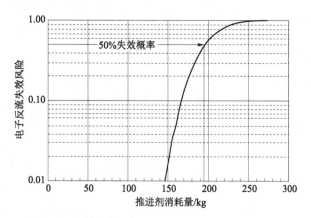

图 3-29　达到不同预期推进剂消耗量的 NSTAR 电子反流对应的失效风险

1993 年，Brophy 等利用概率性方法对 DAWN 任务进行了预期分析。DAWN 深空探测航天器要求推进剂总消耗量达到 395 kg，深空探测时根据航天器与太阳距离不同会影响到太阳能电池发电量，因此推力器会选择在不同的功率点工作，并不是始终满功率工作。按照 DAWN 航天器设计的不同功率点工作时长，预测的单台 NSTAR 推力器失效风险与推进剂消耗量的关系如图 3-30 所示。图 3-30 显示单台 NSTAR 推力器执行 DAWN 任务时电子反流失效概率为 100%时消耗的推进剂质量近似为 270 kg，而 DAWN 任务要求能够消耗 395 kg，

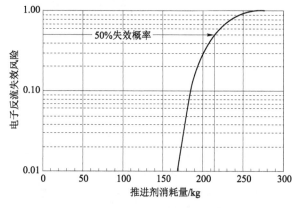

图 3-30　单台 NSTAR 推力器执行 DAWN 任务的电子反流失效风险与推进剂消耗量的关系

因此得到的结论为单台推力器无法完成任务。利用相同的方法预测得到 DAWN 安装两台 NSTAR 推力器同时工作，完成任务的失效风险小于 1%。为了保证更高的可靠度，DAWN 航天器增加了一台备份推力器，总共携带 3 台推力器，并于 2007 年发射。

1993 年，Brophy 等利用 30 cm 离子推力器在高背景压力（3.5×10^{-3} Pa），加速栅极电压 –500 V 下，对加速栅做了加速磨损试验，试验进行到 633 h 时溅射腐蚀碎片在栅极之间搭桥造成栅极短路，拆卸下来发现加速栅结构已经损坏。Brophy 等根据加速栅腐蚀形状，将失效时加速栅质量损失量利用解析公式表示，计算得到加速栅结构失效时的质量损失为 62 g，试验测量值为 42.7 g。考虑到真空舱内壁溅射物在栅极表面的沉积大约为 1 g，这样计算值与试验值相差约 18 g，Brophy 等认为误差的主要来源是栅极在进行加速失效测试之前的质量损失并没有考虑，且栅极初始厚度和均匀性不确定，所以认为计算值更符合实际。1996 年，Brophy 等对 NSTAR 推力器加速栅溅射腐蚀失效时的质量损失量做了概率性方法分析，分析结果如图 3–31 所示。概率性计算结果显示，NSTAR 推力器加速栅极结构失效时质量损失出现概率最大的值是 52 g，计算结果比确定性分析保守。已知加速栅极结构失效的质量损失后，通过溅射腐蚀率就可以预测加速栅极寿命。Polk 等利用加速栅极截获的交换电荷离子电流大小、能量对 NSTAR 加速栅极达到预期寿命的可靠度进行了预测。图 3–32 所示为 Polk 等计算的腐蚀面积比例不同时对应的加速栅极可靠度分布。

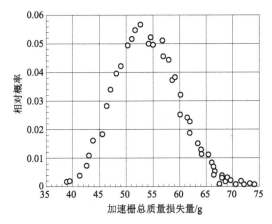

图 3–31　交换电荷离子溅射腐蚀引起的加速栅极结构失效质损概率性结果

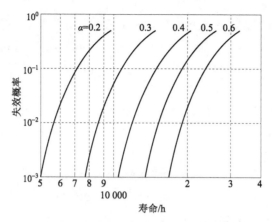

图 3-32　腐蚀面积比例取不同值时加速栅失效概率随寿命分布

参 考 文 献

[1] J R Brophy, J E Polk, T M Randolph. Lifetime Qualification of Electric Thrusters for Deep-Space Missions [R]. AIAA-2008-5184, 2008.

[2] J E Polk, M J Patterson, J R Brophy. A 1000-Hour Wear Test of the NASA NSTAR Ion Thruster [R]. AIAA-96-2784, 1996.

[3] J E Polk, J R Anderson, J R Brophy. The Effect of Engine Wear on Performance in the NSTAR 8000 Hour Ion Engine Endurance Test [R]. AIAA-97-3387, 1997.

[4] J E Polk, J R Anderson, V K Rawlin, et al. An Overview of the Results from an 8200 Hour Wear Test of the NSTAR Ion Thruster [R]. AIAA-99-2446, 1999.

[5] V K Rawlin, J S Sovey, J R Anderson, et al. NSTAR Flight Thruster Qualification Testing [R]. AIAA-98-3936, 1998.

[6] G C Soulas, M T Domonkos, H Kamhawi, et al. Status of the NEXT Ion Engine Wear Test [R]. AIAA-2003-4863, 2003.

[7] G C Soulas, H Kamhawi, M J Patterson. NEXT Ion Engine 2000 Hour Wear Test Results [R]. AIAA-2004-3791, 2004.

[8] H Kamhawi, G C Soulas, M J Patterson. NEXT Ion Engine 2000 Hour Wear Test Plume and Erosion Results [R]. AIAA-2004-3792, 2004.

[9] M M Frandina, L A Arrington. Status of the NEXT Ion Thruster Long Duration Test [R]. AIAA-2005-4065, 2005.

[10] D A Herman, G C Soulas, M J Patterson. NEXT Long-Duration Test after

11,570 h and 237 kg of Xenon Processed [R]. IEPC–2007–033, 2007.

[11] D A Herman, G C Soulas, M J Patterson. NEXT Long–Duration Test Neutralizer Performance and Erosion Characteristics [R]. IEPC–2009–154, 2009.

[12] D A Herman, G C Soulas, M J Patterson. Status of the NEXT Ion Thruster Long–Duration Test after 10100 h and 207 kg Demonstrated [R]. AIAA 2007–5272, 2007.

[13] D A Herman, G C Soulas, M J Patterson. Performance Characteristics of the NEXT Long–Duration Test After 16,550 h and 337 kg of Xenon Processed [R]. AIAA–2008–4527, 2008.

[14] L Jonathan, V Noord, G C Soulas. NEXT PM1R Ion Thruster and Propellant Management System Wear Test Results [R]. IEPC–2009–163, 2009.

[15] K R Chien, W G Tighe, T A Bond, et al. An Overview of Electric Propulsion at L–3 Communications,Electron Technologies Inc [R]. AIAA–2006–4322, 2006.

[16] J R Beatie, J D Williamst, R R Robsontt. Flight Qualification of an 18–mN Xenon Ion Thruster [R]. IEPC–1993–106, 1993.

[17] W G Tighe, K R Chien, Z Solis. The 25 cm XIPS© Life Test and Post–Test Analysis [R]. IEPC–2009–161, 2009.

[18] J E Polk, D M Goebel, W Tighe. A Long Duration Wear Test of a XIPS© 25–cm Thruster Discharge Cathode [R]. IEPC–2009–017, 2009.

[19] D M Goebel, J E Polk, I Sandler. Evaluation of 25–cm XIPS© Thruster Life for Deep Space Mission Applications [R]. IEPC–2009–152, 2009.

[20] S L Hart, W Tighe, C Pearce. Investigation and Development of a High Voltage Propellant Isolator for Ion Thrusters [R]. IEPC–2005–316, 2005.

[21] T Ozaki, Y Kasai, E Nishida. Improvement of 20 mN Xenon Ion Thruster. IEPC–99–153, 1999.

[22] H Tahara, M Nishida. Overview of Electric Propulsion Activity in Japan [R]. AIAA–99–2159, 1999.

[23] J R Brophy, J E Polk. Ion Engine Service Life Validation by Analysis and Testing [R]. AIAA–1996–2715, 1996.

[24] Y Ohkawa, Y Hayakawa. Hollow Cathode Life Test for the Next–Generation Ion Engine in JAXA [R]. IEPC–2007–89, 2007.

[25] K Kajiwara, M Ikeda, H Kohata. ETS–VIII Ion Engine and Its Operation on

Orbit [R]. IEPC-2009-048, 2009.

[26] S Shimada, K Satoh, E Nishida, et al. Ion Thruster Endurance Test Using Development Model Thruster For ETS-VI [R]. IEPC-93-169, 1993.

[27] S Kitamura, Y Hayakawa. Research and Development Status of JAXA Next-Generation Ion Engine [R]. IEPC-2005-05, 2005.

[28] T Ozaki, Y Gotoh. Development Status of 20 mN Class Xenon Ion Thruster for ETS-8 [R]. IEPC-01-102, 2001.

[29] T Ozaki, E Nishida. Development Status of Xenon Ion Engine Subsystem for ETS-VIII [R]. AIAA-2003-2215, 2003.

[30] T Ozaki, Y Kasai. In Orbit Operation of 20mN Class Xenon Ion Engine for ETS-VIII [R]. IEPC-2007-084, 2007.

[31] T Ozaki, A Tsujihata. Development Status of 20mN Xenon Ion Thruster [R]. AIAA-2000-3277, 2000.

[32] H Nagano, K Kajiwara, et al. On-Orbit Performance of ETS-VI Ion Engine Subsystem [R]. IEPC-95-139, 1995.

[33] H Kuninaka, I Funaki, Y Shimizu. Status on Endurance Test of Cathode-less Microwave Discharge Ion Thruster [R]. AIAA-98-3647, 1998.

[34] H Kuninaka, I Funaki, K Toki. Life Test of Microwave Discharge Ion Thrusters for MUSES-C in Engineering Model Phase [R]. AIAA-99-2439, 1999.

[35] K Toki, H Kuninaka, K Nishiyama. Flight Readiness of the Microwave Ion Engine System for MUSES-C Mission [R]. IEPC-03-0098, 2003.

[36] H Kuninaka, K Nishiyama, Y Shimizu. Status of Microwave Discharge Ion Engines on Hayabusa Spacecraft [R]. AIAA-2007-5196, 2007.

[37] G Saccoccia. Lifetime Test Setup at ESTEC for RIT-10 Thruster Qulification for ARTEMIS [R]. AIAA-95-2519, 1995.

[38] R Killinger, H Bassner, G Kienlein. RITA Ion Propulsion for ARTEMIS Lifetime Test Results [R]. AIAA-00-3273, 2000.

[39] R Killinger, H Bassner, H Leiter. RITA Ion Propulsion for ARTEMIS-Results Close to the Completion of the Life Test [R]. AIAA-2001-3490, 2001.

[40] H J Leiter, R Kukies, R Killinger. RIT-22 Ion Engine Development-Endurance Test and Life Prediction [R]. AIAA-2006-4667, 2006.

[41] H J Leiter, R Kukies, R Killinger. RIT-22 Ion Propulsion System: 5,000h Endurance Test Results and Life Prediction [R].AIAA-2007-5198, 2007.

[42] C Bundesmannl, M Tartz, F Scholze. In-situ Temperature, Grid Curvature, Erosion, Beam and Plasma Characterization of a Gridded Ion Thruster RIT-22 [R]. IEPC-2009-160, 2009.

[43] A Sengupta, J R Brophy, K D Goodfellow. Status the Extended Life Test of the Space 1 Flight Space Ion Engine After 30352 Hours of Operation [R]. AIAA-2003-4558, 2003.

[44] R Wirz, I Katz, D M Goebel. Electron Backstreaming Determination for Ion Thrusters [R]. AIAA-2008-4732, 2008.

[45] J E Polk, J R Anderson, J R Brophy, et al. The Effect of Engine Wear on Performance in the NSTAR 8000h Ion Engine Endurance Test [R]. AIAA-1997-3387, 1997.

[46] J D Williams, D M Goebel, P J Wilbur. Analytical Model of Electron Backstreaming for Ion thruster [R]. AIAA-2003-4560, 2003.

[47] J R Brophy, J E Polk, L C Pless. Test-to-Failure of a Tow-Grid, 30 cm Ion Accelerator System [R]. IEPC-1993-172, 1993.

[48] D M Geobel, R E Wirz, I Katz. Analytical Ion Thruster Discharge Performance Model [R]. AIAA-2006-4486, 2006.

[49] D M Goebel. Ion Source Discharge Performance and Stability [J]. Physics of Fluids, 1982, 25, 1093.

[50] W G Tighe, K R Chien. Hollow Cathode Ignition and Life Mode [R]. AIAA-2005-3666, 2005.

[51] D M Goebel, I Katz, Y Mikellides. Extending Hollow Cathode Life for Deep Space Missions [R]. AIAA-2004-5911, 2004.

[52] J R Brophy, J E Polk. Ion Engine Service Life Validation by Analysis and Testing [R]. AIAA-1996-2715, 1996.

[53] J E Polk, N R Moore, J R Brophy. The Role of Analysis and Testing in the Service Assessment of Ion Engines [R]. IEPC-1995-0228, 1995.

[54] J Wang, Y Cao, R Kafafy. Ion Propulsion Simulation Using Parallel Supercomputer [R]. IEPC-2005-271, 2005.

[55] I Mikellades, I Katz, D M Goebel. Hollow Cathode Theory and Modeling: A Two-Dimensional Model of the Emitter Region [J]. Journal of Applied Physics, 2005, 98(10): 113303.

[56] Y Arakawa, P J Wilbur. Finite Element Analysis of plasma Flows in Cusped Discharge Chamber [J]. Journal of Propulsion and Power, 1991, 7(1):

125−128.

[57] H R Kaufman. Technology of Electron−Bombardment Ion Thruster [J]. Advances in Electro−nics and Electron Physics, 1974, 36: 266−368.

[58] K R Spangenberg. Vacuum Tubes [M].McGraw−Hill, New York, 1948, 348−350.

[59] J R Brophy. Propellant Throughput Capability of the Dawn Ion Thruster [R]. IEPC−2007−279, 2007.

第 4 章

电推力器力、热特性分析与测试评价技术

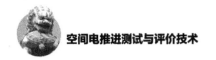

|4.1 力学特性分析与测试评价技术|

4.1.1 电推力器力学特性要求

在火箭的发射过程中，电推力器会经历火箭发射过程中的一系列力学环境，包括不同频率的振动作用以及星箭分离时的冲击作用等，且对于航天级产品来说，外部冲击载荷是造成产品结构失效的主要因素。因此，电推力器在地面环境下，必须完成星载力学环境的仿真模拟和试验验证，以确保离子电推力器在发射阶段能够满足外部力学环境条件。

电推力器的力学试验一般需包括特征频率扫描、随机振动和冲击响应。以30 cm 离子推力器为例，力学分析输入条件见表 4-1～表 4-3。

表 4-1 加速度鉴定试验条件

方向	参数	试验其他要求
$X \backslash Y \backslash Z$	10g（XY-4）	三个方向条件相同
加载速率	5g/min	

表4-2 离子推力器验收级振动试验条件

	垂直安装面方向		平行安装面方向		试验时间
	频率/Hz	量级（o-p）	频率/Hz	量级（o-p）	
随机	10～100	+6 dB/oct	10～100	+6 dB/oct	1 min/轴向
	100～300	$0.04g^2$/Hz	100～300	$0.04g^2$/Hz	
	300～335	−6 dB/oct	300～335	−6 dB/oct	
	335～600	$0.064g^2$/Hz	335～600	$0.064g^2$/Hz	
	600～2 000	−15 dB/oct	600～2 000	−15 dB/oct	
	总均方根加速度	$6.9g$	总均方根加速度	$6.9g$	

表4-3 推力器冲击试验条件

频率/Hz	鉴定级	准鉴定级	验收级
100～1 500	+6 dB/oct	+6 dB/oct	+6 dB/oct
1 500～4 000	$1 600g$	$1 200g$	$800g$
试验次数	3次	1次	1次
试验方向	正交的三个方向		

由于离子推力器栅极组件的薄壁及多孔结构特点，栅极组件是整个推力器力学最为薄弱的环节，在受到振动和冲击等一系列作用下，栅极组件存在着基频下降、破损等故障发生的可能性，因此栅极组件是开展离子推力器抗力学研究的重点，也是难点。

栅极加速系统是离子推力器的重要组成部分，离子推力器在电离室通过气体电离产生离子，并在多个栅极之间施加电偏压实现对离子的加速。栅极系统也被称为离子光学系统。栅极对离子推力器运行至关重要，其设计需要综合考虑离子推力器的性能、寿命、尺寸等因素。对于大多数空间任务，离子推力器需要在太空运行数年的时间，因此离子推力器的寿命是其非常重要的考核指标。当然，推力器的性能和尺寸同样重要，不仅要有合适的推力和比冲，还要适合整个航天器的安装。

以下内容分为2个小节，第4.1.2小节以20 cm离子推力器（LIPS-200）为例，对栅极组件的结构性能等效方法进行介绍；第4.1.3小节主要介绍推力器的力学仿真分析方法以及试验验证方法，加强读者对于离子推力器抗力学环境分析方法的认识。

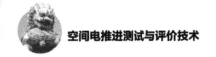

4.1.2 离子推力器力学仿真分析方法

1. 栅极组件结构等效处理方法

随着离子推力器在轨应用需求范围的不断拓展，其在发射过程中外部剧烈力学环境下的结构性能研究已受到各国的重视。其中栅极组件是离子推力器的关键部件，也是推力器力学性能研究中的难点。以我国自行研制的 20 cm 口径 LIPS-200 离子推力器栅极组件为例，其双栅（屏栅和加速栅）厚度为 0.5 mm，且表面带有弧度（拱高为 12 mm），而表面开孔数量约 7 000 孔，整体开孔率分别达到 69% 和 24%，在受到剧烈冲击时，存在着破裂、变形等一系列导致结构失效的因素。因此，开展 LIPS-200 离子推力器栅极组件的力学性能分析是提高其在轨运行可靠性的重要环节。

2003 年，美国 NASA 格伦（Glenn）研究中心的 Haag 和 Soulas 为了验证 30 cm 口径 NSTAR 离子推力器新型热解石墨栅极的性能，进行了 9.2g 的随机振动（沿推力器轴向）以及正弦响应试验，并且通过试验测得 30 cm 热解石墨栅极组件的固有频率为 109 Hz。2004 年，美国 Aerojet 公司的 Meckel 和 Polaha 联合 NovaComp 公司的 Juhlin 对 HiPEP 离子推力器 C–C 栅极开展了结构分析。对于栅极组件（屏栅开孔率 66%，加速栅开孔率 24%）进行结构等效处理，将其分别等效为光滑平板且无孔、带有不同弧度且无孔的两种结构。两种结构的密度根据开孔率等效，而弹性模量则采用 ABAQUS 有限元软件进行多次的模态分析与真实试验结果进行比对，获得结构等效弹性模量。分析结果认为，带弧度无孔结构能更加真实地反映 HiPEP 离子推力器 C–C 栅极的应力分布和形变位移，此时栅极组件固有频率在 50~80 Hz 之间。

本章节主要采用材料力学分析（优点是可以获得材料属性的解析表达式）结合有限元分析（优点是可以解决复杂结构的力学特性且精度高）的方法，对 LIPS-200 离子推力器栅极组件进行结构等效处理，并根据等效后的结构建立栅极组件有限元模型。再利用有限元软件开展模态分析，并进行基频扫描试验以验证结构等效后计算的准确性，最后开展栅极组件的冲击响应分析以获得在外部冲击载荷作用下的栅极组件应力和形变位移。

LIPS-200 离子推力器栅极组件结构示意图如图 4-1 所示。由于栅极组件在结构上具有表面多孔，且带有一定弧度的特点，其真实结构采用通用的 CAD 软件几乎无法建立模型，并且由于孔与孔之间的间距过小，在有限元分析中网格划分困难；其次，若全部采用四边形梁单元近似处理，会带来结果的不准确性。因此，考虑将现有栅极组件结构等效处理为保持拱高不变且无孔的简单结构，从而建模并进行有限元分析。在结构等效的同时，原有材料属性也需要根据结构的变化进行处理，因此首先考虑栅极结构弹性模量的等效。

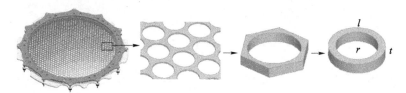

图 4–1　栅孔结构的等效模型

栅极组件弹性模量的等效分为两步，首先将栅极等效为平板、无孔结构，验证平板等效的计算合理性，并考虑不同拱高下的栅极弹性模量变化。如图 4–1 所示，将单个栅孔近似处理为六边形结构，并进一步近似为圆环结构，主要考虑到圆环结构具有良好的对称性。图 4–1 中 l 为圆环外径，r 为圆环内径，t 为圆环厚度。

其次依据等效模型计算栅极组件 y 方向的等效弹性模量，计算模型如图 4–2 所示。假设对图 4–2（a）施加 y 方向作用力，力的作用点为 A 和 B，其大小为 P。首先计算图 4–2（a）所示结构在 y 方向的变形，即 A、B 两点之间的相对位移 ΔAB。沿 CD 面将图 4–2（a）所示结构截开，由于其结构、载荷均关于轴 CD 对称，因此 CD 面上 y 向位移 $\Delta y_{CD}=0$，转动转角 $\theta=0$，$F_C=F_D=0$，CD 面的弯矩 $\tilde{M}_C = \tilde{M}_D = 0$，此时计算模型图 4–2（a）可以由图 4–2（b）进行等效，由平衡条件 $\sum F_y$ 可以得到 $F_D=F_C=P/2$。图 4–2（b）仍是对称结构，故对称面 B 的 x 方向位移和转角均为 0，因此将图 4–2（b）沿 B 面截开，并将 B 面作为固定端处理，则 B 面的 y 方向位移可用 D 面相对于 B 面的 y 方向位移表示。此时计算模型如图 4–2（c）所示。在图 4–2（c）上任取圆心角为 ϕ 的截面，以截面 ϕ 右侧部分为研究对象。

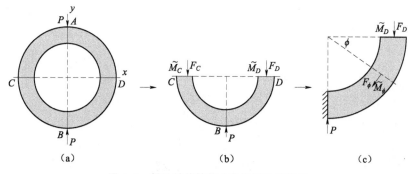

图 4–2　栅孔结构等效力学性能计算模型

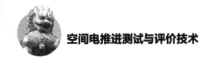

根据受力平衡条件，得垂直于截面 ϕ 上的轴向力 $F_\phi = F_D\cos\phi$，因此 $\partial F_\phi / \partial F_D = \cos\phi$，并且 $\partial F_\phi / \partial \tilde{M}_D = 0$。其次由弯矩平衡条件可以得到 ϕ 面上的弯矩 $\tilde{M}_\phi$，如式（4-1）所示。

$$\tilde{M}_\phi = F_D\left(r + \frac{l-r}{2}\right)(1-\cos\phi) + \tilde{M}_D \qquad (4-1)$$

因此 $\partial \tilde{M}_\phi / \partial F_D = (1+r)(1-\cos\phi)/2$，并且 $\partial \tilde{M}_\phi / \partial \tilde{M}_D = 1$，则结构的应变能 U 如式（4.2）所示。

$$U = \int_0^{\pi/2} \frac{F_\phi^2}{2EA}\left(\frac{l+r}{2}\right)\mathrm{d}\phi + \int_0^{\pi/2} \frac{\tilde{M}_\phi^2}{2EI}\left(\frac{l+r}{2}\right)\mathrm{d}\phi \qquad (4-2)$$

式中　E——栅极材料的真实弹性模量，单位为 GPa；

　　　A——圆环截面面积，单位为 m²；

　　　I——惯性矩，单位为 m⁴；

　　　EA——抗拉刚度，单位为 N·m；

　　　EI——抗弯刚度，单位为 N·m。

假设结构为线弹性体，应用 Castigliano 第二定律得到式（4-3）、式（4-4）所述关系。

$$\frac{\partial U}{\partial \tilde{M}_D} = \theta_D = 0 \qquad (4-3)$$

$$\frac{\partial U}{\partial F_D} = \Delta BD = \frac{1}{2}\Delta AB \qquad (4-4)$$

将式（4-2）得到的应变能 U 代入式（4-3），可以得到 D 面的弯矩 $\tilde{M}_D$，如式（4-5）所示。

$$\tilde{M}_D = F_D(2-\pi)(l+r)/(2\pi) \qquad (4-5)$$

将 D 面的弯矩 $\tilde{M}_D$ 代入式（4-1）中，则可得到 ϕ 面的弯矩 $\tilde{M}_\phi$ 表达式，即 $\tilde{M}_\phi = F_D(2/\pi - \cos\phi)(1+r)/2$。其次将式（4-4）以积分形式写为式（4-6），并代入上述相关参数表达式后即可得到 A、B 两点之间的相对位移 ΔAB。

$$\frac{1}{2}\Delta AB = \int_S \frac{F_\phi \partial F_\phi / \partial F_D}{EA}\,\mathrm{d}S + \int_S \frac{\tilde{M}_\phi \partial \tilde{M}_\phi / \partial \tilde{M}_D}{EI}\,\mathrm{d}S = \frac{\pi F_D(r+l)}{8EA} \qquad (4-6)$$

利用应力与应变的关系可以得到 y 方向等效弹性模量：

$$E_y = \sigma_y / \varepsilon_y = \frac{8E(l-r)}{\pi(l+r)} \qquad (4-7)$$

假设等效模型材料属性是各向同性的，则栅极的等效弹性模量 E_{eff} 为

$$E_{\text{eff}} = E_x = E_y \qquad\qquad (4-8)$$

式中　E_x——x 方向的等效弹性模量，单位为 GPa；

　　　E_y——y 方向的等效弹性模量，单位为 GPa。

　　为验证以上等效过程计算结果的准确性，采用 ANSYS 有限元软件进行仿真比对。取加速栅部分结构作为仿真模型，分别建立有孔平板（采用真实的材料属性，且孔尺寸、厚度与真实栅极组件相同）和无孔平板（采用等效后的材料属性，大小、厚度与有孔结构相同）两个模型，并在两个模型对称方向均施加 10 N 的挤压作用力，得到的形变分析结果如图 4-3 所示。从结果来看，两个模型的形变量误差较小，但等效结构的形变量相对更大。存在的误差主要由栅孔结构近似为圆环结构引起。

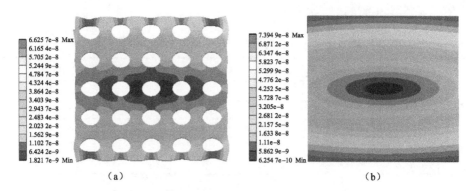

图 4-3　栅极结构等效处理前后的形变对比（见彩插）
（a）真实有孔结构的形变量（m）；（b）无孔结构的形变量（m）

　　针对栅极拱高对弹性模量的影响，目前合适的方法为，依据材料力学理论进行推导或者采用有限元建模进行计算。本章采用有限元建模分析的方法对考虑拱高后的栅极弹性模量进行计算。分别建立拱高为 4 mm、8 mm、12 mm 和 16 mm 的屏栅及加速栅模型，并根据材料力学均匀化理论，当微结构尺寸与结构宏观尺寸的比值小于 10^{-2} 量级时（本书屏栅和加速栅与栅极直径的比值分别为 3×10^{-3} 和 4.5×10^{-3}），可将材料弹性模量设置为等效后平板的弹性模量 E_{eff}。在栅极对称方向均施加 10 N 作用力，其次根据有限元模拟得到的应变以及应力结果，在结果的正交对称轴方向共取点 80 个，将每个点得到的弹性模量求和并取平均值以得到不同拱高下的栅极弹性模量。图 4-4 所示为 8 mm 和 12 mm 拱高时栅极组件的形变量。

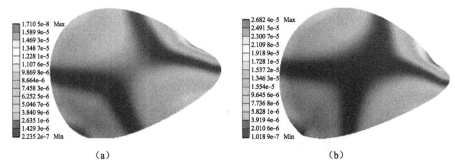

图 4-4　不同拱高下的栅极结构的形变对比（见彩插）

（a）8 mm 拱高下的形变量（m）；（b）12 mm 拱高下的形变量（m）

根据上述有限元分析得到的应变以及应力结果，计算得到不同拱高下，屏栅和加速栅的弹性模量如表 4-4 所示。

表 4-4　不同拱高下的栅极组件等效弹性模量

拱高	屏栅弹性模量/GPa	加速栅弹性模量/GPa
平板	59.65	236.80
4 mm	37.42	155.04
8 mm	27.52	113.35
12 mm	20.79	89.43
16 mm	21.02	87.12

从表 4-4 来看，栅极组件的弹性模量会随着拱高的增加而减小，而当拱高增加到一定程度后，弹性模量变化量也会降低并趋于稳定。

得到等效弹性模量后，需考虑对原有栅极组件结构的密度等效。由于等效是将原有多孔结构处理为平板无孔结构，因此等效后的栅极组件密度与开孔率相关。美国的 Juhlin 对 HiPEP 离子推力器栅极组件密度等效处理，是将栅极组件原有材料密度 ρ，在考虑栅极组件的开孔率 R_A 后，采用等效密度 ρ_{eff} 来替换，如式（4-9）所示。

$$\rho_{eff} = (1 - R_A)\rho \qquad (4-9)$$

根据以上分析，等效后的栅极组件材料属性如表 4-5 所示。

表 4-5　LIPS-200 栅极组件等效后的材料力学特性

部件	材料	几何透过率	等效后的密度/（kg·m⁻³）	等效后的弹性模量/GPa
屏栅	Mo-01	0.69	2 973.00	20.79
加速栅	Mo-01	0.27	7 001.00	89.43

2. 栅极组件有限元模型建立方法

由于栅极组件是通过螺钉与推力器本体连接在一起，并且在开展力学试验时，载荷均是作用于推力器本体从而造成对栅极组件的影响，因此首先需建立起推力器以及其所安装的栅极组件的完整有限元模型。

根据前述分析，栅极组件可以用拱高不变且无孔的结构以及表 4-5 所列材料力学属性进行等效，而对于离子推力器本体，由于结构的复杂性，需进行简化处理。对于标准件的简化，应在其总体数量不变的条件下，对螺钉、螺母、垫片以及支撑部位进行适当的简化。图 4-5 所示为对磁钢套筒以及中间极靴-安装环之间固定螺钉的简化。

（a）　　　　　　　　　　　　　　　　　（b）

图 4-5　LIPS-200 离子推力器标准件简化处理
（a）磁钢固定螺钉的简化；（b）内部支撑螺钉的简化

在完成标准件的简化后，需对推力器各个部件表面进行修复以确保网格的顺利划分。推力器各部件赋值材料属性如表 4-6 所示。将空心阴极材料统一定为不锈钢，磁钢结构的密度属性进行等效处理，磁钢力学属性则按照铝合金（牌号为 2A12）设置，并对简化后有限元模型质量的缺失以质量点（point mass）进行耦合等效。

表 4-6　LIPS-200 离子推力器材料力学属性

部件	材料	密度/（kg·m⁻³）	弹性模量/GPa	泊松比	拉伸屈服强度/MPa
安装环	2A12	2 700	72	0.31	265
磁钢（等效后）	—	4 105	72	0.31	265
极靴	DT4	7 830	81	0.29	170
空心阴极	1Cr18Ni9Ti	7 930	193	0.31	200
标准件	TC-4	4 620	96	0.34	825

推力器模型全部采用四面体和六面体实体单元进行划分，并针对不同部件分别采用不同的单元尺寸和网格划分方法。推力器有限元模型共划分实体单元 28 万左右，如图 4-6（a）所示，其中栅极组件如图 4-6（b）所示。

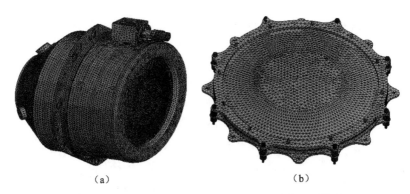

（a）　　　　　　　　　　　　（b）

图 4-6　LIPS-200 离子推力器以及栅极组件有限元模型

（a）推力器有限元模型；（b）栅极组件有限元模型

3. 栅极组件螺栓预应力分析方法

由于在推力器栅极组件的实际装配过程中，标准件都要受到预紧力作用，此预紧力对后续开展模态分析、响应谱分析和谐响应分析均会造成影响，因此需要进行推力器栅极组件的螺栓预紧力分析。

螺栓预紧力与螺帽所受到扭矩、螺杆直径、螺纹升角及摩擦系数等参数相关。模型所用的螺钉主要是 M3 和 M4 标准钛螺钉，预紧力分别为 2 205 N 和 2 887 N。栅极组件的预应力和形变量分析结果如图 4-7 所示。

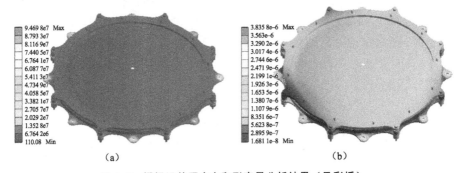

（a）　　　　　　　　　　　　（b）

图 4-7　栅极组件预应力和形变量分析结果（见彩插）

（a）栅极组件预应力分析结果（Pa）；（b）栅极组件预应力引起的形变量结果（m）

从图 4-7 分析结果来看，栅极组件表面 8 个安装螺钉以及 8 个支撑螺钉处的预应力在 20～33 MPa，形变趋势为螺钉沿栅极几何中心向外的位移。预应力分析结果将作为后续模态及冲击响应分析的初始条件。

通过上述材料力学理论以及有限元验证的分析过程，得到了 LIPS-200 离子推力器栅极组件应力分析的结构等效模型，并且建立起了 LIPS-200 离子推力器的结构分析简化模型。根据得到的等效材料属性以及结构分析模型，可开展 LIPS-200 离子推力器的应力以及形变位移分析。

4.1.3　离子推力器力学试验方法

从目前的技术发展情况来看，空间力学环境适应性方面的试验主要包括冲击试验、加速度试验、正弦振动试验和随机振动试验。表 4-7 所示为航天器离子推力器环境试验中的测试项目明细。

对于离子推力器环境试验来说，试验条件是确保地面试验与离子推力器入轨和在轨环境匹配的前提，力学试验条件包括试验室环境、试验中允许的偏差、设备状态、频率、幅值、循环次数、持续时间等。

表 4-7　航天器离子推力器环境试验中的测试项目明细

试验名称	测试项目	实施阶段	备注
力学试验	常温下性能测试	研制阶段、鉴定阶段、验收阶段	在冲击测试、振动测试、加速度测试开展前后实施
	冲击测试		
	振动测试		—
	加速度测试		—

1. 力学试验中的注意事项

力学试验基本参数包括频率、幅值、循环次数和持续时间。

力学试验允许偏差要求如下：

① 加速度：规定值的 ±10%。

② 振动频率：规定值的 ±2%。

③ 随机振动总均方根加速度幅值：±1.0 dB。

④ 冲击响应谱（峰值加速度 $Q=10g$）：6.0 dB（≤3 000 Hz），9.0～-6.0 dB（>3 000 Hz）。

力学试验中用到的主要环境模拟设备包括离心机、振动台和冲击机。其中，离心机的额定负载和最大额定加速度应满足测试条件要求，离心机的转臂长度（由转轴的中心线到试验控制点的距离）应保证推力器任一点所经受的加速度在控制点加速度值的 ±10% 内，离心机的控制系统应将控制点加速度的允许偏差控制在 0～±10% 的范围内。

对于振动台，则要求其工作频率、位移限、速度限和加速度限均满足测试要求，振动台竖直使用时，其最大额定静载荷一般大于离子推力器、试验夹具和台面等的总质量，否则应采用附加柔性悬挂或支撑系统。悬挂、支撑系统的固有频率一般应小于试验下限频率的 1/3，其位移变化量应大于振动台的最大位移。振动台通常配置一面放置离子推力器的水平滑台。水平滑台的最大额定静载荷一般大于离子推力器、试验夹具和水平滑台台面等的总质量。试验时，水平滑台的抗倾覆力矩应大于离子推力器横向振动响应产生的倾覆力矩。水平滑台的频率响应特性应满足测试要求，其第一阶固有频率一般高于试验上限频率。水平滑台安装孔若采用金属套螺栓，螺栓的拧紧深度至少为螺栓直径的 1.5 倍。安装在振动台上的振动控制传感器的轴向灵敏度不低于 30 pC/g，横向灵敏度应不大于轴向灵敏度的 3%。

对于冲击机，要求它的冲击谱幅值、冲击谱频率范围、冲击瞬态波形及台面均匀度均满足测试要求。固有频率一般应大于离子推力器固有频率的 3 倍，试验正交分量应小于试验方向量级的 30%。缓冲装置的脉冲波形应满足测试要求，第二次回跳脉冲加速度小于第一次回跳脉冲加速度值的 2/3。与波形发生器组合后，冲击机应能产生满足试验要求的半正弦和后峰锯齿波。产生的冲击瞬态波形是高频振荡衰减波，且持续时间不大于 20 ms。

为了固定离子推力器，在力学试验中必须使用各类夹具和固定螺栓。试验夹具应能使推力器在规定的方向上承受力学载荷，并满足推力器工作状态的边界条件。且试验前应对夹具进行强度校核，冲击试验夹具应满足各方向的冲击试验要求。力学试验中的连接螺栓一般与离子推力器在航天器上实际安装时的螺栓相同。试验夹具与振动台台面的连接螺栓的强度、刚度、尺寸和个数应保证在整个试验频率范围内使振动输入平坦传递，螺栓的有效长度应减至最短，螺栓材料的极限屈服强度应不小于拧紧力矩产生的拉伸应力的 2 倍。

力学试验中离子推力器安装时，要求推力器与试验夹具的连接应模拟在航天器上的实际连接方式，离子推力器与试验夹具组合体的质心应尽量安装在振动台台面的中心线上，试验中需要的测量导线和试验安全保护设施所使用的附加连接件应可靠地固定在试验设备上。带支架或者减振组件的离子推力器，支架和减振组件应与推力器一起安装在试验设备上。当在冲击试验前安装推力器时，应尽量减小侧向倾覆力矩。

在振动和冲击试验项目中，需要在推力器或试验台上安装力学效应传感器，作为力学试验中施加力学载荷的控制点。当离子推力器直接连接在振动台或冲击台上时，控制点应选在离子推力器与试验夹具或振动台（冲击台）台面连接面的连接螺栓处。控制点应远离干扰源和易出现撞击和噪声较大的位置。

2. 力学试验流程

离子推力器力学试验流程如图 4-8 所示。

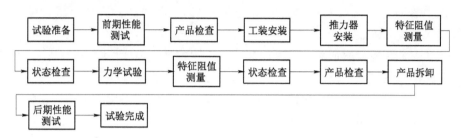

图 4-8 离子推力器力学试验流程

试验开始前应进行如下准备工作：确定试验设备供电、接地正常，离心机、振动台和冲击台等力学测试设备与推力器夹具或工装接触的表面应使用无水乙醇（浓度≥99%）润湿的无纺布进行清洁处理。轻微晃动离子推力器，检查其内部是否有异响。试验前应对试验设备进行预调，以保证试验满足规定的试验条件及允许偏差，预调时一般选用结构响应特性相似的模拟件或质量模拟块，其质量与冲击、振动和加速度试验台台面的质心相对位置应尽量与离子推力器一致。

离子推力器的前期性能测试应在加速度、振动和冲击等传统力学测试项目前开展；后期性能测试应在加速度、振动和冲击等传统力学测试项目之后开展。性能测试设备的带载工作真空度应优于 6.0×10^{-3} Pa，其配套的供电、供气设备要求与热真空试验设备一致。性能测试中的离子推力器供电、供气参数，试验判据等测试时间不少于 3 h。

离子推力器通过试验夹具与试验振动台连接，试验过程中试验夹具的安装由专职力学试验人员实施，试验负责人需确认试验夹具编号及安装方向，应保证试验夹具与推力器安装环接触面无毛刺、油迹，确保夹具与振动台平整安装。试验夹具与振动台连接紧固力矩的依据为测试条件。

在安装离子推力器于试验设备上时，应首先将减振部件（通常为减振垫）装配于推力器上，然后将离子推力器安装于试验夹具上。安装过程中应确保离子推力器带防护配件。在离子推力器与试验夹具安装面上方放置减振部件时，应确保减振部件与安装面接触紧密。推力器在试验台安装完成后，取下保护罩，确认状态无误后进行传感器安装。推力器在第一次安装时，需采取措施对栅极表面及推力器外壳进行包装保护，每次安装前后对防护装置进行检查，不能有破损。

在每一力学试验项目前后，必须对离子推力器试验前后状态确认检查，推力器状态检查完成后方可试验。检查的内容包括：推力器栅极、前外壳镀层防护有效，保证试验台面清洁；测量点传感器位置正确，连接可靠；试验过程中紧固螺钉无松动；减振组件安装正确，无明显缝隙；推力器外观防护装置完整无破损。

在安装和检查完成后，就可按照表 4-7 中力学试验项目顺序开展，试验过程中应根据测试条件设置冲击、振动和加速度试验参数，并根据试验设备的操作规程进行试验，对随机振动试验，试验量值一般从 –12 dB、–9 dB、–6 dB、–3 dB 到 0 逐级加载。加速度试验中，离心机低速试运行应不少于 1 圈，加卸载速率一般设定为不大于 0.5g/s。

离子推力器每完成一个方向的力学试验后需要进行推力器和试验夹具拆卸，推力器拆卸过程、推力器拆卸前应安装所有防护配件，测量传感器拆除时注意保护推力器表面，防止造成污染。拆卸紧固件过程中注意保护推力器，防止操作不当造成推力器表面划伤。依次拆除推力器安装面上的减振部件，缓慢抬起推力器，防止推力器与试验夹具碰撞导致推力器表面、气路接头损伤。推力器拆卸完成后应妥善放置于试验台面上，并确保台面整洁。依次拆除试验夹具上的紧固件，并将试验夹具从试验台缓慢移出，操作过程中注意个人安全的防护，防止夹具掉落造成人员伤害。

力学试验的判据包括：根据前、后期性能测试中获得的离子推力器的电气参数，计算出离子推力器的推力、比冲、功率和效率，并评价上述性能参数能否满足测试方案中的指标要求。

3. 异常情况处理

试验过程中出现以下描述的故障之一不能排除时，应中断试验：试验过程中出现离子推力器及其减振组件上紧固件、试验夹具松动和损伤时，应中断试验；试验过程中出现传感器松动和掉落时，应中断试验；单项试验完成后，进行产品状态和特征阻值检测时，发现离子推力器及其减振组件上紧固件松动和损伤，试验夹具松动和损伤，应中断试验；试验过程中出现设备和仪器故障，应中断试验；试验中出现欠试验而不能达到预期试验目的，应中断试验；试验中出现过试验而有可能造成离子推力器及其减振组件损坏或性能下降，应中断试验；试验过程中和单项试验完成后，推力器关键部组件出现损伤或掉落多余物时，应中断试验。发生试验中断情况后，可酌情采取以下处理措施：

① 由试验设备故障引起的试验中断，若已加载至要求的试验量级，在故障排除后，继续试验，试验时间为试验中断前后试验时间的总和。

②　由试验设备故障引起的试验中断，若离子推力器及其减振组件承受超过测试方案的试验量级时，应立即停机，检查各组件，进行离子推力器表面状态和特征阻值检测。在确认设备故障排除后，根据离子推力器表面状态和特征阻值检测结果判定使用原组件或更换组件。如使用原组件继续试验，试验时间为试验中断前后试验时间的总和。如更换组件，应按照测试要求重新试验，中断前的试验无效。

③　由离子推力器故障引起的试验中断，则推力器在修复或更换后，应按照测试要求重新试验，中断前的试验无效。

4.1.4　离子推力器力学试验与仿真结果的对比分析

1. 离子推力器模态分析以及特征频率扫描试验结果对比

由于目前还没有试验手段单独对栅极组件开展模态分析，一般对离子推力器整体进行模态分析，并得到在不同振动频率下推力器栅极组件的振动特性。表 4-8 给出了推力器前 6 阶模态分析结果以及 x、y 和 z（轴向）三个方向的有效质量百分比。

表 4-8　前 6 阶模态分析结果以及不同方向有效质量百分比

模态	频率/Hz	x 方向	y 方向	z 方向
1	185.23	39%	0	0
2	185.65	0	39%	0
3	319.93	0	14%	1%
4	322.43	14%	0	0
5	361.29	0	0	44%
6	489.36	0	0	8%

前 3 阶模态振型如图 4-9 所示。对于 1～5 阶的栅极组件振型描述为：

①　1～2 阶，由于推力器质量主要集中在底部，因此推力器栅极组件随推力器底部的振动发生 xy 水平面内的轻微晃动。

②　3～5 阶，由于推力器上极靴的振动，引起栅极组件对称边缘部位在 z 向（轴向）发生较大的相对位移，因此需重点关注栅极组件在振动频率大于 320 Hz 时出现的结构变化。

对于工程产品来说，1 阶模态频率即基频是重点关注对象。因此针对 LIPS-200 离子推力器开展了 x、y、z（轴向）三个方向，扫频范围为 10～1 000 Hz，振动幅值为 0.5g 的基频扫描试验。根据试验结果，三个方向中 x 方向（推力器安装面水平方向）最先发生共振，频率为 168.34 Hz。试验过程及 x 方向的基频扫描曲线如图 4-10 所示。

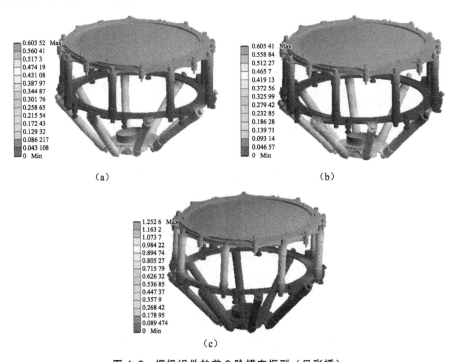

图 4-9　栅极组件的前 3 阶模态振型（见彩插）

（a）1 阶模态振型（m）；（b）2 阶模态振型（m）；（c）3 阶模态振型（m）

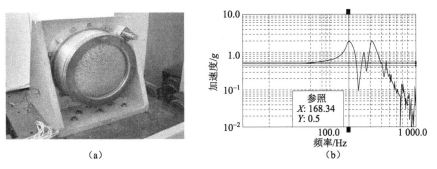

图 4-10　LIPS-200 离子推力器 10～1 000 Hz 频率扫描试验

（a）推力器特征频率扫描试验；（b）基频扫描结果

从试验结果来看，基频共振趋势与 1 阶模态分析趋势一致，并且基频的试验结果与模拟结果相比误差在 10%左右，说明栅极等效后的模型以及有限元分析结果能够较好地反映推力器和栅极组件的振动特性。误差主要由于在推力器有限元模型简化处理过程中，对模型简化后缺失的质量以质量点（point mass）进行耦合等效处理，而质量点的重心位置对模态分析结果会造成较大的影响。由于确定推力器简化部件的重心位置较为困难，而一般对于质量点的重心位置基本是以简化部件的几何中心代替，因此造成模态分析结果存在一定误差。其次网格单元的形状、划分数量以及各部件之间的连接关系均会对模态分析结果带来一定误差。

2. 离子推力器冲击响应分析结果

由于栅极组件的薄壁及多孔结构特点，冲击载荷是可能造成栅极表面破损的重要原因，因此对离子推力器开展冲击响应谱分析。在推力器 z 方向即轴向施加 1 600g 的冲击载荷，栅极组件的应力和形变分析结果如图 4-11 所示。从图示结果趋势来看，并鉴于栅极孔边缘间距的微小尺寸，栅极表面边缘处相对中心处受到应力更大，因此栅极组件的破损会首先在边缘处发生。

从图 4-11（b）的结果来看，栅极组件部分区域的形变达到 0.25 mm 左右，对于孔间距仅有 0.6 mm 的栅极部件，其形变量达到孔间距的约 42%。并且由于加工过程中的不一致性，可能导致实际部分区域的孔间距会小于 0.6 mm，因此建议在推力器栅极组件的安装方式上，可以考虑采取相应的减振优化措施，在安装处增加减振垫或弹簧结构以降低冲击载荷对栅极造成的影响。

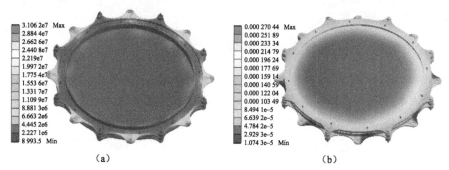

（a）　　　　　　　　　　　　　　　　（b）

图 4-11　冲击载荷下栅极组件 z 方向应力分布及形变量（见彩插）
（a）栅极冲击应力分布（Pa）；（b）冲击组件的冲击变形（m）

4.1.5　总结

通过对 20 cm 口径 LIPS-200 离子推力器栅极组件开展力学特性模拟分析，利用材料力学分析法对栅极组件进行结构等效处理并验证等效后误差，之后对推力器进行模态分析和冲击响应分析，并通过基频扫描试验验证了模态分析结

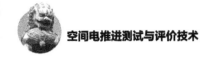
果的正确性，得出以下结论：

① 离子推力器栅极组件通过材料力学等效方式处理后，屏栅弹性模量为 59.65 MPa，等效系数为 0.74，加速栅弹性模量为 236.8 MPa，等效系数为 0.19，并且有限元验证后，最大形变量的误差在 12%左右。

② 栅极组件表面 8 个安装螺钉及 8 个支撑螺钉处的螺栓预应力在 15～20 MPa。

③ 通过推力器整体的模态分析结果，在大于 370 Hz 的振动频率下，栅极组件会出现较大的结构变化，通过 10～1 000 Hz 的基频扫描试验对比，发现推力器整体的基频在 168.34 Hz，仿真结果 190.03 Hz 与试验结果相比误差在 13%左右，栅极等效后的模型以及有限元分析结果能够较好地反映推力器的振动特性。

④ 推力器受到 1 600g 的冲击载荷作用下，栅极组件最大形变量达到约 0.25 mm，并且栅极表面边缘处的应力相对中心处较大，更容易发生破裂。

通过仿真及试验结果可知，在栅极组件与推力器结构的安装处增加减振措施，是可能降低冲击载荷作用下栅极形变的有效方式。

| 4.2　热特性分析与测试评价技术 |

4.2.1　电推力器热特性评价需求

电推力器在轨工作期间，由于运行轨道受到太阳入射角度、推力器光照面、地球红外辐射等一系列外界因素的影响，电推力器在轨将经历不同的冷背景或高温影响，造成推力器温度分布不均匀，导致关键部件由于高温失去工作能力，以及高温带来推力器较大的热形变位移，引起工作性能衰退、关键部件失效等一系列严重后果。

对离子推力器而言，栅极组件作为推力器束流引出的关键部件，由于其薄壁、拱形结构，在受到高温作用时，再结合推力器自身工作时产生的大量热量，引起的热量累积效应，造成栅极出现大的热形变位移，引起推力器栅极间的接触放电短路现象（俗称打火现象），严重时会导致离子推力器供电单元（PPU）的损毁，因此离子推力器栅极组件的热学分析以及热形变分析是推力器热分析和热平衡试验关注的重点。

本章以 30 cm 离子推力器（LIPS-300）为例，重点对栅极组件的温度模拟、热应力及热形变位移分析进行方法介绍，加强读者对于离子推力器关键的栅极组件结构–热形变位移分析的认识，掌握热形变带来的束流引出能力变化和预防方法。

4.2.2　30 cm 离子推力器栅极组件热形变位移分析

1. 30 cm 离子推力器栅极组件

离子推力器在工作过程中，放电室内等离子体会向栅极辐射能量，并且屏栅筒的热量会传导至栅极组件，因此推力器工作时栅极温度较高。同时，由于栅极对离子束流的聚焦特性，其几何中心处温度较高而边缘温度较低，且温度基本沿径向对称。因此，工作中的栅极具有温度较高且分布不均的特点。在边缘具有约束的条件下，温度引起的热形变位移不能得到充分释放，会引起栅极组件出现整体结构屈曲、边缘翘曲等现象。30 cm 离子推力器是我国针对新一代大型桁架式卫星平台所研制的高功率、大比冲离子推力器，对于 30 cm 离子推力器，工作功率远高于 20 cm 离子推力器，栅极承受更为恶劣的温度环境，严重时会导致双栅间短路或者栅极聚焦性能变差，从而影响推力器的整体工作性能以及可靠性。

国外在研制离子推力器栅极组件的初期就开始重视栅极热形变问题。1989年，NASA 刘易斯研究中心的 MacRae 和 Zavesky 针对 30 cm 水银推进剂离子推力器的 900 系列（采用 Ti 材料）和 J 系列（采用 Mo 材料）栅极组件，在 450 W 的放电功率且不引束流状态下，利用 10 只铠装镍铬合金热电偶焊接至栅极表面以进行测温。测温结果为 J 系列屏栅中心区域温度为 400 ℃，边缘为 350 ℃；加速栅中心区域为 320 ℃，边缘为 260 ℃。测温的同时，使用高精度小型步进电动机驱动的探针，探针探头与栅极表面紧密接触并进行实时轮廓扫描，测量由于温度变化引起的栅极结构的微小热形变位移量（精度达到 0.002 5 cm）。测量发现，瞬时温度对栅极热形变位移有很大影响。屏栅在瞬时温度下的最大热形变达到 0.8 mm，双栅间距最大降低至 0.25 mm。而达到稳态温度时，双栅间距降低至 0.5 mm。并且不同的栅极组件安装方式对温度分布影响较小，但对热形变位移的影响较大。对比发现，由于 Ti 热膨胀系数大于 Mo，因此 J 系列栅极的热形变位移明显小于 900 系列栅极。由于石墨或者 C–C 复合材料热膨胀系数小、离子溅射系数低且机械强度相对 Mo 较高，因此自 20 世纪 90 年代中期，美国的 Mueller、Brophy、Haag 以及日本的 Hayakawa、Kitamura 等研究人员开始考虑选用石墨或 C–C 复合材料替换金属材料。目前美国针对 HiPEP 离子推力器（计划用于木星探测）已经成功研制出高强度 C–C 复合材料栅极。

栅极组件热形变分析一般采用结构近似等效的方法，将原有栅极拱形且多孔结构近似等效为均匀平板结构，并对栅极的温度分布以及不同约束条件下的

热应力和热形变位移进行数值计算及有限元模拟对比分析，获得较为简单，能够近似估计栅极热形变位移量的方法，并提出相关的热设计优化建议措施。

2. 30 cm 离子推力器栅极组件表面温度分布模拟方法

推力器在工作过程中，栅极组件带有高压（1 000～1 500 V），并且离子对栅极表面具有轰击溅射作用，因此对栅极组件束流引出区域目前无法利用普通传感器进行测温，仅能测量其边缘处无束流影响区域的温度。在栅极组件表面温度分布未知的条件下，将栅极结构近似为均匀圆形薄板，并且由于其温度分布 $T(t,r)$ 与径向距离 r 之间的对称特性，可以根据一维热传导即 Cauchy 问题的基本解来进行温度预估，一维热传导方程基本解如式（4-10）所示。

$$T(t,r) = \frac{1}{2k\sqrt{\pi t}}\exp\left(-\frac{r^2}{4k^2t}\right)$$

$$k = \sqrt{\lambda/c\rho} \qquad (4-10)$$

式中　λ——热导率，单位为 W/（m·K）；

　　　c——比热容，单位为 J/（kg·℃）；

　　　ρ——材料密度，单位为 kg/m³；

　　　t——温度分布，单位为℃。

若仅考虑达到稳态条件下的栅极组件的表面温度分布状态，将 r 方向定义为栅极中心温度最高处开始至边缘处（范围为 0～0.15 m）。根据试验测量结果，栅极组件达到温度平衡后（其温度平衡时间约为 1 500 s），其边缘处（非束流引出区）温度在 380 ℃左右，根据式（4-10）得到此时栅极中心最高温度为407 ℃，栅极温度分布曲线如图 4-12 所示。

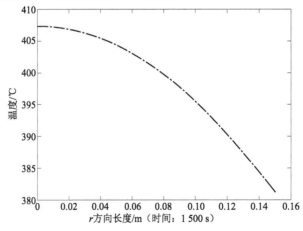

图 4-12　栅极温度分布曲线

由于基本解形式的复杂性，为避免直接利用基本解进行后续热应力推导，一般采用多项式拟合来描述栅极组件表面温度分布的趋势。经验证，将栅极组件的温度分布以二阶多项式拟合为 $T(r) = Ar^2 + Br + C$ 的形式可以较好地满足精度需求，其中 A、B 和 C 均为拟合系数。

3. 边缘无约束下的栅极组件热应力

栅极组件在未固定装配前，均会进行前期热处理，因此首先考虑边缘无约束状态下的栅极组件热应力问题。在这种情况下，若将栅极组件近似处理为均匀圆形平板结构，并根据理想化假设，即栅极在 XY 水平面内可以自由释放长度形变，在 Z 方向不会产生位移，因此仅产生径向位移，即不会造成弯曲。因此采用二维平面应力分析方法进行热应力计算，根据热应力–应变协调方程

$$\nabla^4 \Phi + \alpha E \nabla^2 T = 0 \tag{4-11}$$

式中　　Φ——应力函数；

α——热膨胀系数，单位为 m/K；

E——弹性模量，单位为 GPa；

T——温度分布，单位为 K。

令应力函数 $\Phi = U - V$，并且将边缘无约束栅极热应力问题以应力分布对称于圆形几何中心的二维应力问题处理。根据式（4-11），可以将应力函数 Φ 等价为应力函数 U 和 V 的微分方程组，并且将前述 $T(r)$ 的拟合形式代入，得到应力函数 V

$$V = \int_0^r \frac{\alpha E}{r} \left[\int_0^r rT(r)\,\mathrm{d}r \right] \mathrm{d}r = \frac{A\alpha E}{16} r^4 + \frac{B\alpha E}{9} r^3 + \frac{C\alpha E}{4} r^2 \tag{4-12}$$

同理，根据 $\dfrac{\partial U}{\partial r} = \dfrac{\partial V}{\partial r}$，得到应力函数 U

$$U = \int_0^r \frac{\alpha E}{b} \left[\int_0^b rT(r)\mathrm{d}r \right] \mathrm{d}r = \left(\frac{A\alpha E}{4} b^3 + \frac{B\alpha E}{3} b^2 + \frac{C\alpha E}{2} b \right) r \tag{4-13}$$

式中　　b——栅极直径，单位为 m。

根据极坐标下均匀平板的二维径向热应力分量 f_r 与应力函数 Φ 之间的平衡方程，并结合应力函数 U 和 V 的表述，得到径向热应力分量 f_r：

$$f_r = \frac{1}{r} \frac{\partial(U-V)}{\partial r} + \frac{1}{r^2} \frac{\partial^2(U-V)}{\partial \theta^2} = \frac{A\alpha E}{4}(b^2 - r^2) + \frac{B\alpha E}{3}(b - r) \tag{4-14}$$

同理，根据切向正应力分量 f_θ 与应力函数 Φ 的平衡方程，得到 f_θ：

$$f_\theta = \frac{\partial^2(U-V)}{\partial r^2} = \frac{A\alpha E}{4}(b^2 + r^2) + \frac{B\alpha E}{3}(b + r) + C\alpha E - \alpha E(Ar^2 + Br + C)$$

$$\tag{4-15}$$

综合式（4-12）~式（4-15），可以得到栅极平板在径向以及切向的正应力。为了验证计算结果的正确性，将切向和径向的应力分量进行合成得到合应力 f_i，即 $f_i = \sqrt{f_r^2 - f_r f_\theta + f_\theta^2}$，并开展有限元建模分析验证。以屏栅为例，模型直径为 30 cm，厚度为 0.5 mm，温度载荷中心处为 407 ℃，边缘为 380 ℃，取 $0\sim0.15$ m 半径长度内的 von Mises 应力分布结果与计算得到的合应力结果对比如图 4-13（a）所示，热形变位移结果如图 4-13（b）所示。

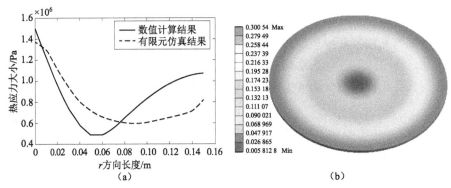

图 4-13　热应力及热形变位移的计算值与有限元模拟值的对比（见彩插）
（a）计算结果与仿真结果比较；（b）热形变位移有限元分析结果

从图 4-13（a）来看，边缘无约束下的栅极结构中心处应力最大，约为 1.5×10^6 Pa，边缘处次之，而中间区域应力则较小。有限元分析结果与理论值二者在模型中心处的应力分布较为接近，边缘处则差距较大，计算值明显大于有限元分析结果。主要原因在于，理论分析模型为二维平面模型，模型厚度为 0，而有限元建模过程中采用的是三维模型，虽然厚度设置很小但对分析结果仍会造成一定影响，并且边缘处热应力会随着模型厚度的增加而趋于减小。同时从图 4-13（b）的结构总热形变位移量来看，造成栅极热形变的主要因素为水平方向拉应力。

4. 边缘约束下的栅极组件热应力

对于结构边缘约束下的栅极组件，当栅极自身具有不均匀的温度分布时，由于热膨胀形成的弯曲、拉伸和剪切应力会引起热形变位移。其中弯曲力矩会造成结构挠度增大，尤其是对边缘约束的圆板形结构，其几何中心处的挠度会大于其他区域。拉伸应力会导致圆板形结构在边缘膨胀，而由于边缘受到约束，因此边缘处的应力将远大于其他区域，且对于约束部件的屈服强度也有较高的要求。最后是热应力产生的剪切位移，会导致整个结构的刚度降低。

边缘固定约束下的栅极组件（剖面）受到的热应力示意图如图 4-14 所示。栅极初始结构近似为均匀平板结构，受热后在应力作用下会变形为拱形。其中拉载荷趋于减小栅极结构在 z 方向的位移，而压载荷趋于增大 z 方向的位移。

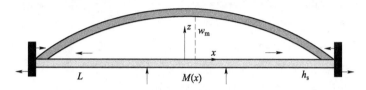

图 4-14　边缘固定约束下栅极组件热应力示意图

　　首先考虑弯曲力矩对平板结构造成的挠度影响。根据弯矩方程，得到拉应力产生的弯曲合力矩函数 $M(x)$ 为

$$M(x) = \int_A wf\mathrm{d}A = \int_0^b \alpha ET(r)h_\mathrm{s}r\mathrm{d}r \qquad (4\text{-}16)$$

式中　w——结构挠度，单位为 m。

　　假设栅极边缘均被固定约束限制，不发生任何转动，因此扭矩 $N=0$。根据挠曲线近似微分方程

$$\frac{\mathrm{d}^2 w}{\mathrm{d}x^2} = -\frac{M(x)}{EI} \qquad (4\text{-}17)$$

若仅考虑最大挠度 w_m，由于栅极的中心处温度最高，此处的挠度也为最大，将前述一维热传导拟合结果代入式（4-17），得到栅极最大挠度 w_m 为

$$w_\mathrm{m} = \frac{ML^2}{8EI} = \frac{ah_\mathrm{s}b^2}{2I}\left(\frac{Ab^4}{4} + \frac{Bb^3}{3} + \frac{Cb^2}{2}\right) \qquad (4\text{-}18)$$

式中　I——惯性矩（截面为矩形时），单位为 mm^4。

　　得到挠度的表达式后，进一步考虑由于拉应力引起的结构最大伸长量。首先近似拉应力导致的伸长量与由挠度引起的伸长量 w 相等。根据 Bleich 等的研究结论，即热应力导致的最大伸长量 ΔL 可表示为

$$\Delta L = \frac{1}{2}\int_0^L \left(\frac{\mathrm{d}w}{\mathrm{d}x}\right)^2 \mathrm{d}x = \frac{\pi^2 w_\mathrm{m}^2}{4L} \qquad (4\text{-}19)$$

式中　L——将栅极近似为平板的长度，单位为 m。

　　考虑由于剪切力引起的剪切位移。栅极边缘固定约束处在受热膨胀的过程中，边缘会受到相向的剪切力作用。假设栅极横截面固定处仅有切向应力而没有正应力，由于将栅极近似处理为板结构后，板屈曲后的剪切位移可近似看作桁架处理，根据剪切 Hooke 定律得到剪切位移 γ 的表达式，即

$$\gamma = \frac{\tau}{G} = \frac{4\alpha T(r)(1+\mu)}{AE} \qquad (4-20)$$

式中　G——剪切模量，单位为 GPa；

　　　E——弹性模量，单位为 GPa；

　　　A——剪切面面积，单位为 m²。

代入屏栅极的相关尺寸参数，得到屏栅中心处的最大挠度 w_m 为 0.975 mm，径向最大伸长量 ΔL 为 0.008 mm。由于实际栅极的整个边缘处与固定安装板之间近似为固定约束，因此忽略剪切位移量影响。

为了验证计算结果的准确性，仍采用有限元手段开展分析。模型为一均匀平板，厚度为 0.5 mm，半径为 150 mm，将其边缘处均进行固定约束，温度载荷仍按前述条件加载，得到 z 方向和 x 方向热形变结果如图 4-15（a）和图 4-15（b）所示。其中 z 方向最大形变量为 1.255 mm，x 方向最大拉伸形变量为 0.010 mm，与理论值基本一致。

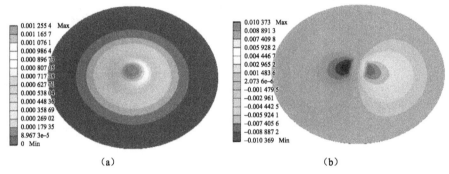

图 4-15　栅极组件在 z 方向与 x 方向的热形变量（见彩插）
（a）z 方向热形变位移（m）；（b）x 方向热形变位移（m）

以上结果均是将栅极组件近似处理为平板均匀结构后得到的，若考虑实际栅极组件是带有一定拱高的结构，其截面为半圆环，且拱高为 15 mm，曲率半径 r_0 为 670 mm，根据截面为半圆环形状的惯性矩 I_Z 为

$$I_Z = h_s(r_0 - h_s)^3(\theta - \sin\theta\cos\theta)/8 \qquad (4-21)$$

式中　θ——半圆环截面的圆心角，单位为（°）。

得到其惯性矩为 1.27×10^5 mm⁴，而上述平板的惯性矩为 1.41×10^5 mm⁴，因此带有拱高结构的栅极由热应力导致的几何中心处最大挠度大于近似为平板结构的栅极组件，主要由于栅极为束流聚焦并加速引出的核心部件，双栅间距一般在 1 mm，在发生较大的热形变位移时，会导致栅极的聚焦性能变差，双栅间距变小并可能造成栅极之间的短路现象，因此对于工作状态下的栅极是不利的因素。

5. 热应力优化方法

对于任何物体来说，由于温度变化所引起的弹性变形或者塑性变形均不可避免。当受到质点位移约束作用时，应力一定会在约束处集中产生，并且若存在外载应力，则热应力会叠加至外载应力，对结构的整体刚度造成更大影响。因此，对于热应力优化只能考虑降低温度或者采取应力释放措施来保持结构的刚度。从工程应用角度出发，为减少边缘受约束时栅极组件的热形变，以下几点措施可能在保持栅极设计尺寸不变的条件下，降低热应力对结构的影响：

① 选择低热膨胀系数的材料，例如以石墨材料取代 Mo 材料。

② 设计足够的位移以吸收结构的热膨胀作用。

③ 降低结构整体的温度梯度，使整体保持较小的温度差。

④ 在结构温差不变的条件下，降低结构整体的温度值。

以下分别验证采取不同的优化措施对热应力以及热形变位移的影响。石墨材料由于热膨胀系数低（$2 \times 10^{-6}/℃$），且其强度会随温度升高而加强，目前国内也已开展相关研究，有望在后续的栅极设计过程中取代 Mo 材料。为验证石墨栅极的热形变，将原有 Mo 栅极替换为石墨材料栅极，开展热形变分析，结果如图 4-16 所示。从结果来看，替换为石墨材料后，栅极中心处的最大挠度降低为 0.456 mm，结构伸长量约降低至 0.004 mm，相比原有 Mo 材料，结构整体热形变量有明显的降低。

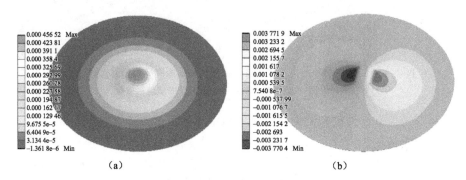

图 4-16　采用石墨材料后的栅极组件热形变位移（见彩插）

（a）z 方向热形变位移；（b）x 方向热形变位移

对于热形变位移吸收装置的设计目前较为困难，主要由于无法保持结构的整体刚度。在固定约束处采用强度较低的软性焊料进行封接可以有限度地降低结构的整体热形变位移。但目前仅通过试验获得了定性的结论，尚没有进行

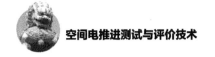
过定量的试验研究。

考虑降低栅极组件的温度梯度对热形变量的影响。以边缘约束下的栅极组件（平板结构）为模型，保持栅极边缘温度仍为 380 ℃，中心处最高温度分别设置为 400 ℃、395 ℃、390 ℃和 385 ℃。采用有限元分析的手段，对栅极组件从中心处至边缘处的挠度进行模拟，结果如图 4-17（a）所示。

其次考虑栅极组件整体温度值降低对热形变量的影响，仍以边缘约束下的栅极组件（平板结构）为模型。保持栅极组件最高点和最低点之间的温度差不变，将栅极组件整体温度分别降低 5 ℃、10 ℃、15 ℃和 20 ℃，对栅极组件从中心处至边缘处的挠度进行模拟，结果如图 4-17（b）所示。

从结果来看，降低结构整体温度要比减小结构的温度梯度对热形变的影响更大，这也说明结构整体的温度分布特性对热形变的作用占有主要地位。因此从工程优化角度考虑，推力器工作过程中，在保持栅极现有固定约束方式不变的条件下，只能通过降低栅极结构的整体温度，或者改变栅极材料来降低热应力引起的形变对结构造成的影响。

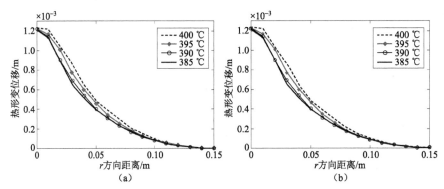

图 4-17　降低栅极中心处温度以及降低结构整体温度后的热形变位移对比

（a）栅极中心温度降低后；（b）栅极整体温度降低后

栅极温度升高的能量来源主要是放电室等离子体辐射、被栅极截获的能量粒子和屏栅筒的热传导引起的。其中等离子体辐射造成的温度升高是不可避免的，对于截获的能量粒子，屏栅截获的主要是离子电流（约为 10^{-2} A 量级），而离子能量较低基本可以忽略，加速栅截获的主要是 CEX（交换电荷离子）电流（在真空设备中约为 10^{-3} A 量级），其能量与放电室壁面温度相当，因此以提高束流近场区域的中和效率来降低相应影响。对于屏栅筒对栅极的热传导作用，可以考虑在屏栅筒与栅极组件之间增加隔热措施（例如陶瓷或者绝热材料等）以降低栅极的整体温度，从而减弱热应力对栅极结构的影响。

6. 小结

通过对 30 cm 离子推力器栅极组件热应力和热形变的计算模拟，得到栅极边缘不约束和约束两种状态下的热应力和热形变，提出了具体的热应力优化措施，并分别进行了分析验证。得出结论：边缘无约束下的平面栅极，其热形变的主要因素为水平方向的拉应力引起的形变，而法线方向形变可以忽略。不均匀受热且边缘约束下的平板栅极，其最大挠度出现在结构的中心处，约为 1.255 mm，水平最大拉伸形变量为 0.010 mm，此时热应力将对栅极结构造成较大影响，并可能导致栅极功能失效。提出了 4 种措施，通过验证分析认为更换热膨胀系数较低的材料，以及降低结构整体温度对减小热应力的危害最为有效。

4.2.3　三栅极组件热形变位移对离子引出过程的影响分析

离子推力器栅极组件的热形变位移会直接造成推力器栅极间的打火短路现象以及束流的聚焦性能变化，对于离子推力器和 PPU 的寿命及可靠性均会造成严重影响。甚至可以认为，在目前阴极寿命已得到突破的情况下，栅极组件直接决定了离子推力器的工作性能和寿命。

在对 NSTAR 离子推力器的长期研究中，认为离子推力器的在轨服务寿命主要是由栅极组件中的加速栅极所决定的，并且离子推力器的冷态工作启动时间由栅极组件决定。栅极组件的设计参数如孔径大小、导流系数以及电场分布等是影响离子加速过程的特性参数，并且栅极间距变化会直接影响到推力器可靠性及服务寿命（根据 NSTAR 离子推力器的试验结果来看，当栅极间距降低至 0.2 mm 以下时，栅间打火短路频次会显著提高）。由于栅极是在设计加工完成后，与推力器进行固定安装，工作过程中由不同温差形成的各栅极热膨胀效应会造成栅极间距的变化。并且若栅极组件采用金属材料，热膨胀效应会使栅极间距变化更为明显，从而导致离子推力器栅极组件出现接触短路、束流聚焦性能变差、电荷交换离子对栅极的轰击溅射概率提高等现象。

NSTAR 离子推力器的性能测试试验中，将推力器功率设置为 2.3 kW 后（NSTAR 的满功率），试验过程中发现加速栅和屏栅在前 5 min 内，在束流引出中心区域发生多次打火短路。通过描绘推力器冷态启动过程中的栅极间距位移变化曲线，发现屏栅热形变位移远大于加速栅，主要由于屏栅开孔率较高（69%），热容量远小于加速栅，导致屏栅温度变化在前期较快，造成大的屏栅热形变位移，使得加速栅和屏栅间距急剧缩小，从而发生双栅间的接触短路现象。而在温度稳定后（约 1 h 以后），加速栅和屏栅的热态间距稳定在 0.3 mm 左右，大于 NSTAR 离子推力器栅极间距的安全界限即 0.2 mm，因此栅间的打

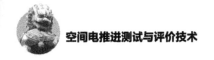
火短路现象基本消除。

对三栅极组件的热形变位移模拟可以采用有限元分析方法，并结合位移-打火频次试验方法，以获得离子推力器栅极间距的安全界限。考虑到对比不同算法间结果的差异性，分别采用 PIC-MCC 数值计算方法以及流体粒子追踪方法，对由于栅极间距变化导致的束流引出过程的变化进行模拟计算，并对计算结果通过性能测试试验进行验证。

1. 三栅极组件有限元分析模型

针对栅极组件这一薄壁、多孔、壳体特殊结构的微位移仿真，由于模型结构非常复杂且无法真实建模，因此对模型需进行相关的简化处理以实现网格顺利划分。模型简化处理原则：

① 删除栅极原有多孔特征，进行均匀化处理，但保留壳体特征不变。

② 对影响网格划分的表面凸起、硬边、带缺陷圆孔等进行修复或填补。

③ 对于约束部件（主要是标准件），在不改变约束面的基础上进行简化处理，使得约束条件与真实情况基本一致。

④ 对于其余部件，均予以保留，且保留其特征。

简化后的三栅极组件有限元分析模型如图 4-18（b）所示。

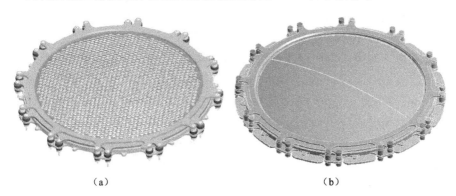

（a）	（b）

图 4-18　三栅极组件原始模型及简化后模型
（a）栅极真实结构；（b）简化后的栅极模型

2. 有限元分析的材料属性设置

由于栅极组件有限元分析模型采用等效处理方法，即将原有多孔带弧度栅极的结构特征等效为无孔带弧度栅极，因此对于屏栅、加速栅和减速栅的材料力学属性均需进行等效处理。等效的同时需考虑拱高影响，等效方法参考了4.1.2 节。在代入相关参数后，得到 30 cm 离子推力器栅极组件等效后的材料力学特性如表 4-9 所示。

表 4-9　30 cm 离子推力器栅极组件等效后的材料力学特性

部件	材料	几何透明度	等效密度/(kg·m^{-3})	等效弹性模量/GPa
屏栅	Mo-01	0.69	2 973.00	20.79
加速栅	Mo-01	0.27	7 001.00	89.43
减速栅	Mo-01	0.48	4 684.75	45.32

对于材料的热导率、表面发射系数、热膨胀系数等参数，根据相关材料手册或试验数据设定，有限元模型中的标准件一般统一设置为 TC-4 材料，材料热力学属性同样按 TC-4 设置。

3. 边界条件

边界条件包括热学边界以及力学约束边界设置，主要设置包括以下几方面。

1）热通量

根据计算得到 30 cm 离子推力器能量沉积分布结果，并以热通量形式给出。由于本次分析为三栅结构，并且加速截获和减速截获电流非常小，因此对减速栅和加速栅未加载沉积能量，而设置屏栅的面热流密度为 2 116.8 W/m^2。

2）温度设置

推力器工作时，由于栅面处于束流引出区，因此无法进行温度测量，栅极温度分析结果不能通过热平衡试验结果进行验证。为尽量确保温度分析结果与真实工作状态下的温度结果一致，对栅极组件边缘安装环设置 292 ℃的温度值（此温度为热平衡试验实测值），以减少分析值与实际值的误差。其次环境温度设置为-70 ℃，以模拟推力器在轨工作的环境温度。

3）辐射面对

根据三栅极组件的实际辐射关系，分别设置屏栅外表面-加速栅内表面、加速栅外表面-减速栅内表面、减速栅外表面-空间环境，共计 3 个辐射面对，其中屏栅外表面-加速栅内表面的辐射面对如图 4-19 所示。

4）模拟时间设置

推力器实际工作时，单次工作时间一般在 3 h 以内，因此三栅极组件的时间-温度变化过程的求解时长设置为 0.1～10 800 s 计算范围，并且迭代步长设置为随迭代次数的增加而增加，以减少运算时间。

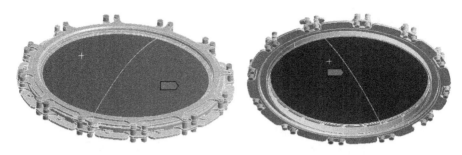

图 4-19　屏栅外表面-加速栅内表面的辐射面对

5）固定约束设置

栅极组件与推力器本体进行螺接装配，因此将安装环上的螺钉作为固定约束部件。

4. 时间-温度场分布及结构位移分析结果

计算得到不同栅极的温度变化曲线如图 4-20（a）所示，10 800 s 后的栅极温度分布如图 4-20（b）所示。

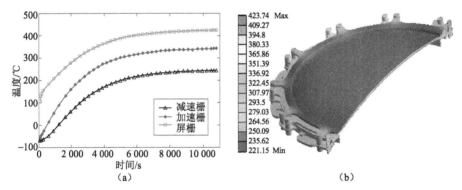

图 4-20　不同栅极温度变化曲线及 10 800 s 后的栅极温度分布（见彩插）
（a）不同栅极的温度变化曲线；（b）10 800 s 后的栅极温度分布

从图 4-20 所示结果可以看出，不同栅极的温度变化速率差距非常大且平衡温度完全不同。其中屏栅温度变化速率最快，加速栅次之，而减速栅温度变化速率最慢。主要原因在于，屏栅直接受到放电室等离子体的辐射效应以及屏栅筒的温度传导效应，而屏栅开孔率高导致热容量最小，当受到热冲击作用时，其温度保持能力最差。而加速栅处在屏栅和减速栅中间，受到的等离子体辐射效应相对屏栅弱许多，且温度传导路径为屏栅筒——屏栅安装环——加速栅安装环，热传导效应相比屏栅弱许多。减速栅由于在最外侧，几乎不会受到等离子体辐射影响，且温度传导路径增加了减速栅安装环，存在减速栅对空间环境的热量辐射，因此推力器工作过程中减速栅升温速率最为缓慢。

从图 4-20（b）温度平衡分析结果来看，屏栅的平衡温度达到 400 ℃左右，而加速栅平衡温度在 320～330 ℃范围内，减速栅平衡温度约为 210 ℃。由于不同栅极达到的平衡温度各不相同，造成三个栅极的热形变存在明显的差异性。由于三个栅极均为边缘螺钉固定约束，因此主要的形变方向为 z 方向形变（垂直栅极表面，且形变方向为等离子体束流引出方向）。图 4-21（a）为三个栅极的 z 方向结构热形变位移变化；图 4-21（b）分别为屏栅与加速栅的 z 方向相对位移，以及加速栅和减速栅的 z 方向相对位移。

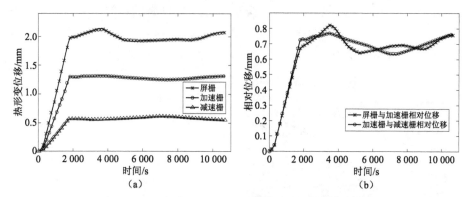

图 4-21 三栅极组件的 z 方向热形变位移以及相对位移
（a）三栅极 z 方向结构位移变化；（b）三栅极间的相对位移

从图 4-21（a）的仿真分析结果可以看出，屏栅由于温度最高，热形变位移随时间变化最为明显，在前 2 000 s 时间段内，屏栅的热形变位移最大变化至约 2 mm；而在此时间段内，加速栅的热形变位移最大约为 1.4 mm；减速栅由于温度分布较低，热形变位移仅约 0.5 mm。

如图 4-21（b）所示，在 2 000～10 800 s 的时间段内，三个栅极的相对位移变化趋于稳定。其中屏栅与加速栅的最大相对位移为 0.8 mm，而加速栅和减速栅的最大相对位移约为 0.7 mm，且最大相对位移均出现在约 3 600 s 处。由于屏栅和加速栅之间的冷态间距仅有约 1 mm，因此在 3 600～4 000 s 范围内，屏栅与加速栅的热态间距最小将缩至 0.2 mm。加速栅和减速栅间的冷态间距为 0.9 mm，因此同样在 3 600～4 000 s 范围内，加速栅与减速栅的热态间距最小也将缩至 0.2 mm。由于屏栅和加速栅分别带 1 450 V 和 -350 V 的高压，减速栅电压为 0，因此当栅极间距过小时，屏栅和加速栅间出现打火短路现象的概率将大幅提升。

5. 三栅极组件热形变位移–打火频次试验

前述仿真结果指出，栅极间距会随由于时间增加引起的温度场变化而出现大幅缩小状况，并且在 3 600～4 000 s 范围内，三个栅极的热态相对间距最小会降低至 0.2 mm，甚至可能更低。

栅极组件的热形变位移–打火频次试验采用双栅进行，未考虑减速栅。分别对屏栅和加速栅的中心区域进行矩形切割，区域大小为 50 mm×80 mm，在切割下的两片栅极上分别加载 1 450 V 和–350 V 的电压，以模拟 5 kW 工况下的真实工作电压。两片栅极的初始间距为 1 mm，分别安装在两台步进电动机上，通过控制电动机位置调节两片栅极的间距，以模拟热态下的栅极间距变化，并统计此时的电源短路次数。试验结果如图 4–22 所示。

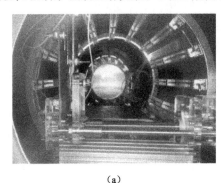
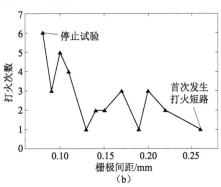

(a) (b)

图 4–22 热形变位移–打火频次试验

(a) 试验过程；(b) 打火频次

如图 4–22 所示，加速栅和屏栅间的首次打火出现在栅极间距为 0.26 mm 处，并随着间距的进一步缩小，打火频次显著提升，待栅极间距缩小至 0.08 mm 时，电源保护次数已经达到 6 次且电源出现故障，因此停止试验。

由此可见，栅极的热态间距变化对栅间发生打火保护事件的概率具有重要影响，从推力器的实际工作情况来看，推力器在 5 kW 模式下稳定工作 1.0～1.5 h 以后，栅极打火短路次数会显著增加。图 4–21（b）的仿真结果显示此时的栅极热态相对间距均已降至 0.2 mm 左右，结果对应至图 4–22 来看，此时的栅极打火短路频次处于显著上升阶段，因此验证了分析得到的栅极热形变位移变化对打火发生频率的影响趋势的正确性。

6. 三栅极间距变化对束流引出过程的影响

由于栅极的束流引出过程直接影响推力器的工作性能（如比冲、推力和效率等），因此需进一步考虑热态间距的变化对推力器束流引出过程造成的影响。

表 4-10 所示为 30 cm 离子推力器的工作参数。表 4-10 中 r_{sc} 为屏栅的栅孔半径，t_{sc} 为屏栅厚度，r_{ac} 为加速栅的栅孔半径，t_{ac} 为加速栅厚度，d_{sa} 为屏栅–加速栅间距，d_{ad} 为加速栅–减速栅间距，V_{acc} 为加速栅电压，V_{sc} 为屏栅电压，V_{del} 为减速栅电压，N_m 为栅极上游的最大离子密度，T_i 为离子温度（近似认为离子温度与放电室温度一致），V_p 为等离子体电势，T_{eo} 为栅极上游区域电子温度（该区域电子主要来源为主阴极发射以及放电室电离产生），T_{ed} 为栅极下游区域电子温度（该区域电子主要来源为中和器发射以及羽流区电离产生）。

表 4-10　30 cm 离子推力器工作参数

参数	数值	参数	数值
r_{sc}/mm	0.95	V_p/V	37
r_{ac}/mm	0.55	T_i/K	600
t_{sc}/mm	0.40	T_{eo}/eV	5.00
t_{ac}/mm	0.50	T_{ed}/eV	1.50
d_{sa}/mm	1.00	N_m/m⁻³	$3.66×10^{17}$
V_{acc}/V	−350	V_{sc}/V	1 450
V_{del}/V	0	d_{ad}/mm	0.90

三栅极组件间距变化对束流引出过程的影响分析，可以采用 PIC 方法模拟。在三栅极组件的 PIC 模型中，电势采用泊松方程求解，如式（4-22）所示。

$$\nabla^2 \phi = -\frac{e}{\varepsilon_0}(n_i - n_e) \tag{4-22}$$

式中　e——电子电量，单位为 C；

　　　ε_0——相对介电常数（近似为真空介电常数），单位为 F/m；

　　　n_i——离子密度，单位为 m⁻³；

　　　n_e——电子密度，单位为 m⁻³。

电场计算方程为

$$\boldsymbol{E} = -\nabla\phi \tag{4-23}$$

离子运动方程根据牛顿–洛伦兹定理进行求解，即

$$m_i \frac{\mathrm{d}\boldsymbol{v}_i}{\mathrm{d}t} = q(\boldsymbol{E} + \boldsymbol{v}_i \times \boldsymbol{B}) \tag{4-24}$$

式中　m_i——离子质量，单位为 kg；

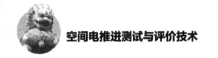

q——离子电荷，单位为 C；

E——离子所在位置处的电场强度，单位为 V/m；

B——离子所在位置处的磁场强度（实际求解过程中，忽略栅极加速区域的磁场影响），单位为 T。

电子密度分布根据玻尔兹曼方程进行求解。其次在碰撞模型中，引入离子与原子的弹性碰撞以及粒子间的电荷交换碰撞，对于碰撞概率 P 可表示为

$$P = 1 - \exp(-n_t v_{inc} \sigma_t \Delta t) \tag{4-25}$$

式中　n_t——带电粒子密度，单位为 m^{-3}；

v_{inc}——带电粒子相对速度，单位为 m/s；

Δt——时间步长，单位为 s；

σ_t——碰撞截面（碰撞截面参考了 Rapp、Hayashi 等给出的结论），单位为 m^2。

对于栅极上游待进入加速计算区域的离子数，根据 Child–Langmuir 定律确定：

$$\Delta N = n_0 \left(\frac{kT_e}{m_i} \right)^{1/2} \pi r_{sc}^2 \exp\left(-\frac{1}{2} \right) dt \tag{4-26}$$

式中　n_0——栅孔位置对应放电室出口离子密度，单位为 $1/m^3$；

k——玻尔兹曼常数，单位为 J/K；

T_e——电子温度，单位为 eV。

进入栅极加速区域的离子初始速度设置为玻姆速度。离子初始位置 z 方向（径向方向）位置为 0，轴向方向即 r 方向的位置取随机数，并假设离子入射角度为圆形发射面，因此离子进入加速计算区域的 r 方向初始位置 r_0 为

$$r_0 = R\sqrt{ran} \tag{4-27}$$

式中　R——计算区域高度，单位为 m；

ran——随机数（一般在 0～1 范围内取值）。

为保证计算结果的准确性，在 PIC–MCC 模型的栅极下游离子密度边界条件设置中引入了试验值，试验计算位置如图 4-23 所示。试验方法为由电动机驱动的法拉第探针在距离栅面 50 mm 的直线上进行扫描测量，由于栅极表面特征可认为是球面结构，因此将栅极边缘处（距离中心位置的轴线距离）143 mm 处与球面栅中心取延长线，并以延长线与 50 mm 外电流探针移动轨迹交点为准。此时探针与中线距离为 157.25 mm，该位置实测的电流密度为 1.17 mA/cm^2。

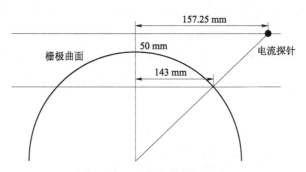

图 4-23　试验计算位置示意图

对于栅面上的平均电流密度值，根据束流 I_b 以及栅极面积 S_{sc} 计算得到，为 6.13 mA/cm²。由于栅极小孔总数为 15 192 个，则根据束流 I_b 得到单个小孔平均电流密度为 2.59×10^{-4} mA/cm²，对应至栅极边缘 143 mm 位置处的电流密度为 4.94×10^{-5} mA/cm²，因此栅极下游边缘区域的等离子体密度设置为 1.0×10^{17}/m³。根据上述参数设置，采用 PIC-MCC 方法得到栅极热形变前，离子束流引出过程的变化情况如图 4-24 所示。

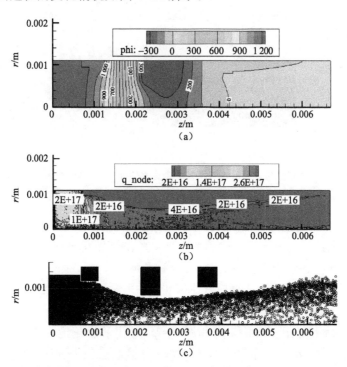

图 4-24　热形变前栅极组件电势分布及离子束流特性（PIC-MCC 方法）（见彩插）
（a）电势分布（V）；（b）离子密度分布（1/m³）（c）离子位置分布（m）

　　计算得到单个加速栅小孔的截获电流 $2.4×10^{-4}$ mA，考虑栅极小孔总数并假设截获电流为均匀分布，得到加速栅总截获电流为 3.65 mA。并且此时的屏栅中心单个小孔电流为 $3.92×10^{-3}$ mA。根据图 4−21（b）计算得到的发生热形变后的栅极间距重新进行计算，得到热形变后的电势分布及离子束流引出过程的变化情况如图 4−25 所示。

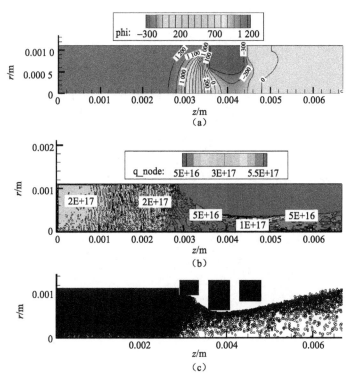

图 4−25　热形变后栅极组件电势分布及离子束流特性（PIC–MCC 方法）（见彩插）
（a）电势分布（V）；（b）离子密度分布（1/m³）；（c）离子位置分布（m）

　　此时的单个加速栅小孔的截获电流为 $4.25×10^{-4}$ mA，在考虑栅极小孔总数并假设截获电流均匀分布后，得到热形变后的加速栅总截获电流为 6.46 mA，同时得到屏栅中心单个小孔电流为 $1.51×10^{-3}$ mA。

　　从图 4−24 和图 4−25 的结果对比来看，由于屏栅和加速栅的间距在热形变作用下缩小至 0.2 mm，导致图 4−25（a）的电势分布相比图 4−24（a）发生较大变化，从而引起图 4−24（b）和图 4−25（b）所示束流密度分布的改变。图 4−24（c）所示离子位置分布较为均匀且聚焦状态较为理想，而图 4−25（c）所示的离子位置分布特点已呈现出过聚焦的趋势，并且热形变前后加速栅截获电流由 3.65 mA 升高至 6.46 mA，且屏栅中心区域的单个小孔的束流引出能力

由 3.92×10^{-3} mA 降低至 1.51×10^{-3} mA。对应至离子推力器的宏观电性能参数表现为，束流随工作时间的延长而逐渐降低，且加速栅截获电流逐渐升高，离子的刻蚀效应加强。从离子推力器的性能测试结果来看，采用 PIC–MCC 方法得到的束流值的变化趋势与试验现象是一致的。

7. 三栅极间距变化对束流引出过程的影响（流体粒子追踪方法）

采用 COMSOL 软件进行束流引出过程的流体粒子追踪模拟。以栅极中心区域的单孔引出区为计算区域，长度为 9.4 mm，高度为 2.5 mm，左边界（离子入口边界）位于屏栅上游放电室内，右边界位于减速栅下游区域并扩展 5 mm，并在加速栅上设置域点探针用于测量轰击至加速栅表面的相对离子数，整个计算区域如图 4–26 所示。

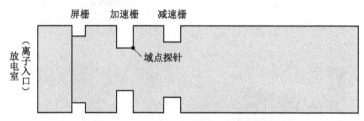

图 4–26　栅极流体粒子追踪方法计算区域

根据表 4–10 完成模型边界条件（电势、温度等）设置，并设置带电粒子属性均为一价 Xe 离子，忽略二价 Xe 离子影响。离子入口边界的等离子体初始位置设置为均匀分布，初始动能设置为 37 eV，离子初始运动方向设置为正方向，即离子入口至羽流区方向。在 3 个栅极壁面设置冻结条件，并忽略二次电子发射效应。计算区域的上边界与下边界（除去栅极壁面）设置为反射边界，即相邻的栅极孔中引出的粒子进入计算区域。

栅极上游密度设置为 $3.66\times10^{17}/m^3$，并引入离子等效数，即设置单次释放离子数为 5 000 个，求解时间区间为 $1\times10^{-8}\sim1$ s，在各时间步长内，当入口释放的离子数与栅极吸收离子数之和相等时，认为栅极的束流离子引出达到平衡。计算得到未发生热形变位移前的栅极组件电场分布以及离子束流引出情况如图 4–27 所示。

根据图 4–27（b）的计算结果，出口离子速度 v_t 在 $4.0\times10^4\sim4.3\times10^4$ m/s，根据比冲的计算公式，即

$$I_{sp}=\frac{v_t}{g} \tag{4-28}$$

式中　g——重力加速度，单位为 m/s²。

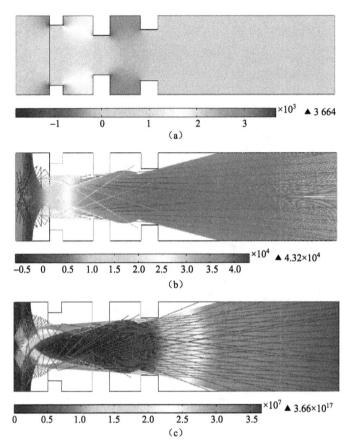

图 4-27　热形变前的栅极组件电场分布及离子束流特性（流体粒子追踪方法）（见彩插）
（a）电场强度（V/m）；（b）离子速度（m/s）；（c）离子密度（1/m³）

由此计算得到 30 cm 栅极的比冲作用在 4 000～4 300 s 范围内，与推力器 5 kW 模式下的比冲设计值（4 000 s）基本一致。其次根据图 4-27（c），加速栅孔区域的离子数密度在 1×10^{16}～1×10^{17}/m³ 范围内，且离子束流处于正常聚焦状态。

栅极组件发生热形变位移变化（三个栅极间的相对位移均降至 0.2 mm）后的电场分布以及离子束流引出情况如图 4-28 所示。

从图 4-28 所示结果可以看出，发生热形变后的比冲值有小幅度降低，加速栅孔区域的离子数密度基本在 1×10^{17}/m³ 量级，离子束流已处于过聚焦状态。对于栅极发生热形变前后两种状态下，轰击至加速栅表面的等效离子数如图 4-29 所示。

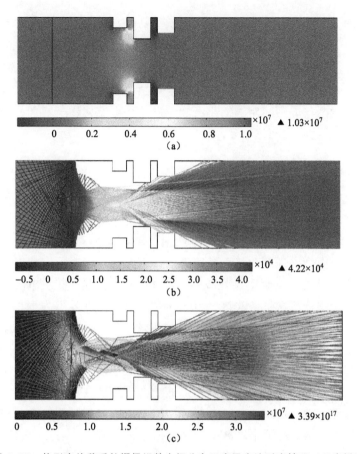

图 4-28　热形变位移后的栅极组件电场分布及离子束流引出情况（见彩插）
（a）电场强度（V/m）；（b）离子速度（m/s）；（c）离子密度（1/m³）

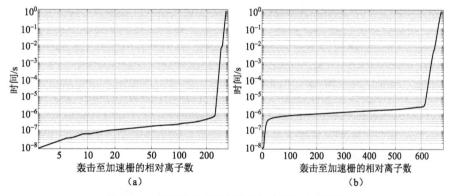

图 4-29　采用流体方法得到的加速栅轰击离子数
（a）热形变前的加速栅轰击离子数；（b）热形变后的加速栅轰击离子数

根据图 4-29 所示加速栅表面轰击离子数的分析结果，热形变前加速栅轰击离子数为 280（相对于加速栅单孔 5 000 的总离子释放数），热形变后则增加至 720，考虑上游离子密度并假设所有轰击离子均为一价离子，计算得到加速栅热形变前的截获电流为 3.3 mA，热形变后的截获电流为 8.4 mA。计算结果显示，随着加速栅与屏栅间距的缩小，加速栅截获电流将逐渐增大，分析结果与 PIC-MCC 方法得到的结论一致。

8. 性能测试试验与结果比对

为了验证 PIC-MCC 方法以及流体粒子追踪方法得到的栅极热形变对离子引出过程影响的准确性，对 30 cm 离子推力器进行了性能测试，测试共进行约 3.5 h（12 600 s），试验结果如图 4-30 所示。其中推力器在冷态启动过程中，大约在前 600 s 内会出现多次打火短路现象，之后进入相对稳定状态。在工作至 4 000 s 左右，打火短路频次显著增多，同时伴随着加速栅截获电流以及减速栅截获电流的大幅升高。在经过 20～30 min 的打火短路频次高发时间段后，又会进入相对稳定的工作状态，但此时的加速栅和减速栅截获电流已升高至 3 倍左右。

根据图 4-30（a）的结果，若以前 1 h 内的加速电流稳定值作为热形变位移前的截获电流值，此时加速栅截获电流为 4 mA。以发生多次打火短路现象后（约 1.5 h 后）的加速电流稳定值作为加速栅发生热形变位移后的截获电流值，此时加速栅电流为 13 mA。试验结果与 PIC-MCC 方法及流体粒子追踪方法的计算结果基本一致。对于采用数值计算模拟方法得到的热形变后的加速截获电流为 8.4 mA 与试验结果的差距，认为主要原因在于，分析过程中将栅极热态间距缩小至 0.2 mm，而实际工作过程中，栅极热态间距可能比 0.2 mm 更小。

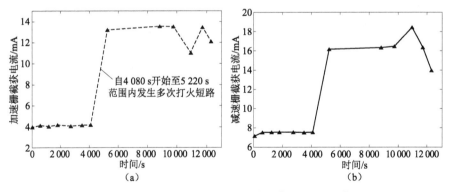

图 4-30　3.5 h 内的加速栅与减速栅结果电流测试值

（a）加速栅截获电流；（b）减速栅截获电流

对于出现图 4-30 所示的试验现象，经分析认为，在前 0.5～1 h 时间范围内，三个栅极的温度均处于变化状态，此时的栅极相对位移尚未达到最大值（如图 4-21 热形变位移所示），因此加速栅截获电流较小且打火短路现象发生概率较低。在约 1 h 之后，根据图 4-21 的仿真结果，此时栅极相对位移达到最大，栅极间距已缩小至 0.26 mm 的栅极安全距离以下，因此打火现象频发且加速栅截获电流显著增加。由于打火的过程实际上存在着热量传导和能量释放效应，因此在栅极发生多次打火短路后，三栅极的相对温度差变小，且表面温度分布变得较为均匀，此时的栅极热态间距也处于相对稳定状态，因此在经过打火短路频次高发时间段后，栅极进入相对稳定的工作状态，即图 4-30（a）中所示 1.5～3.5 h 时间段内加速栅截获电流变化状态。

9. 结论

本节采用有限元分析方法得到三栅极组件随时间变化的温度场分布以及热形变位移变化，并通过位移–打火频次试验获得 30 cm 离子推力器栅极间距的安全界限，采用 PIC–MCC 方法和流体模拟方法，并结合性能测试试验结果，对由于栅极热态间距变化导致的束流引出过程变化进行了研究，得到如下结论：

① 瞬态温度场分析结果显示，屏栅温度变化速率最快且平衡温度最高，加速栅次之，而减速栅温度变化速率最慢且平衡温度最低。

② 屏栅与加速栅的最大热形变相对位移为 0.8 mm，加速栅和减速栅的最大热形变相对位移约为 0.7 mm，且最大相对位移均在约 3 600 s 处出现，此时三个栅极的间距均缩小至 0.2 mm，导致屏栅和减速栅之间出现打火短路现象的概率大幅提升。

③ 位移–打火频次试验结果显示，加速栅和屏栅间的首次打火出现在间距为 0.26 mm 处，并随着间距的缩小，打火频次显著提升，可认为 0.26 mm 是 30 cm 离子推力器栅极组件热态间距变化的安全界限。

④ PIC–MCC 方法模拟结果显示，离子束流随工作时间延长而逐渐降低，同时加速栅截获电流逐渐升高，模拟得到的束流变化趋势与性能试验结果一致。

⑤ 流体模拟结果显示，热形变前离子束流处于正常聚焦状态，且加速栅截获为 3.3 mA；热形变后离子束流处于过聚焦状态，加速栅截获为 8.4 mA。

⑥ 性能测试试验结果显示，前 1 h 内，加速栅截获电流基本稳定在 4 mA 左右，待栅极组件工作至 4 000 s 左右时，打火频次显著增多，同时加速栅截获电流升高至 13 mA 左右。试验结果与有限元仿真得出的 3 600 s 后，屏栅和减速栅之间发生打火短路现象的概率将大幅提升的结论相符合，并且热形变前后，加速栅截获电流的变化情况与采用仿真分析方法的结果基本一致。

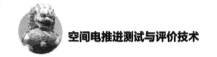

4.2.4 离子推力器热真空试验方法

离子推力器在空间环境中运行时,直接受到太阳辐照和阴影区的低温影响,恶劣的高低温环境对离子推力器的影响较大。因此,有必要对离子推力器在热真空环境下开展点火、持续运行等适应性试验,以提高推力器的寿命和可靠性。从目前的技术发展情况来看,热真空试验条件包括对试验室环境、空间模拟室压力、温度、温度变化速率、循环次数和冷热浸持续时间、试验中允许的偏差等做出规定。

1. 热真空试验中的注意事项

热真空试验基本参数包括压力、温度、温度变化速率、循环次数和冷热浸持续时间。热真空试验条件允许偏差要求如下:

① 温度:高温为(T_0^{+4})℃,低温为(T_{-4}^0)℃。

② 真空度:≥133 Pa,±10%;133~0.133 Pa,±25%;≤0.133 Pa,±80%。

③ 试验持续时间:0~10%。

热真空试验设备的构成示意图如图 4-31 所示,试验过程中带载真空度应优于 $6.0×10^{-3}$ Pa。

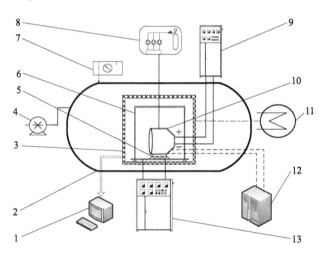

图 4-31 热真空试验设备构成示意图

1—控制与数据采集/处理系统;2—真空容器;3—热沉;4—真空抽气系统;5—试验件支架(平台);
6—热模拟器;7—复压系统;8—离子推力器供气系统;9—离子推力器供电系统;
10—试验件(离子推力器);11—测量与检测系统;12—低温制冷系统;13—热模拟器电源系统

离子推力器的供气设备应确保其与真空设备穿舱法兰连接的管路之间配

置隔膜阀或波纹管阀。为保证供气纯度，等径或非等径管路应采用电抛光不锈钢管，若实际要求必须采用焊接连接，则管路连接焊点处内壁的粗糙度应优于 1 μm。供气设备流率控制精度应不低于设定值的±2%，响应速度不低于 1 s。

热真空试验中离子推力器上使用的温度测量仪器应保证温度测点数目、温度测点位置满足试验要求。温度测量应单点接地，接地电阻不大于 1 Ω。

热真空试验中热沉上使用的温度测量仪器的测量范围为−200～200 ℃，热沉测温传感器的测温误差优于±1 ℃。

真空容器的压力测量仪器的测量范围：电阻真空规为 10^{-1}～10^5 Pa，电离真空规为 10^{-5}～10^{-1} Pa，且要求其采样时间不大于 10 s。真空容器内压力测点应至少有 2 处，若离子推力器安装在热真空设备的副舱中，则副舱中至少有 1 处压力测点。

离子推力器安装入热真空设备中时，应在不低于 10 万级的洁净环境中进行，对洁净度和污染控制有特殊要求时应满足具体试验方案，且离子推力器安装应牢固可靠，对于大质量的离子推力器，悬挂或支撑装置应具有足够的承载能力。

热真空试验中使用的测温传感器布置时应确保全部测温传感器固定在热沉壁板上，对于管板式热沉传感器应固定在两管之间。热沉和支撑结构上布置测温点。试验过程中测温传感器至少为 2 个：1 个选在离子推力器安装法兰处或离子推力器与控温装置接触的机械接口，1 个位于离子推力器前外壳前端。控温参考点和测温参考点的选择应依据试验方案的要求进行。

试验前对真空室、悬挂或支撑装置及测量电缆上沾染的多余物进行清洁。离子推力器应当预先进行清洁处理，中和器、栅极等污染敏感部件应采用专用的防护配件加以隔离。污染控制的一般要求及方法按照 QJ 2321—1992 标准执行。

2. 热真空试验流程

离子推力器热真空试验流程如图 4-32 所示。

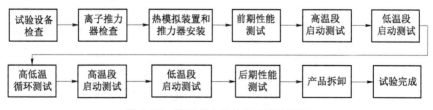

图 4-32 离子推力器热真空试验流程

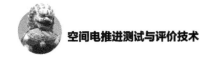

热真空试验前应对试验设备进行检查，检查项目包括试验设备各分系统，必要时提前进行系统调试；检查测温和加热电缆绝缘及导通；检查悬挂或支撑推力器的装置；检查测试设备或仪器接地。

热模拟器和离子推力器安装过程中应拆除离子推力器上的所有防护配件，并在完成连接离子推力器测试电缆后检查各电极的绝缘性能和导通。

前期性能测试开展前离子推力器应在优于 1.0×10^{-2} Pa 的真空环境中静置至少 24 h。在高低温循环测试前离子推力器在常温下至少开展 3 h 的性能测试。前期性能测试期间，热模拟器、热沉均不运行。

在热真空试验的首末两个高温循环中，在温度保持完成后，应进行不少于 3 次的离子推力器启动试验，每次启动中离子推力器的放电室供电和供气参数设置与性能测试保持一致，启动后离子推力器放电室至少运行 5 min，每次启动之间离子推力器至少关机冷却 0.5 h。且推力器开始启动试验后，热模拟器不控温。

在热真空试验的首末两个低温循环中，在温度保持完成后，应进行不少于 3 次的离子推力器启动试验，每次启动中离子推力器的放电室供电和供气参数设置与性能测试保持一致，启动后离子推力器放电室至少运行 5 min，每次启动之间离子推力器至少关机冷却 0.5 h。

高低温循环测试次数依照具体试验方案执行，单个高低温循环试验步骤和温度变化如图 4-33 所示。试验中应注意以下几点：

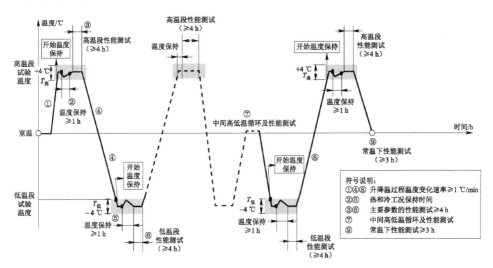

图 4-33　升降温循环过程示意图

① 常温下离子推力器按照具体试验方案进行管路和关键部组件预处理

操作。

②　预处理结束后进行常温下的离子推力器束流引出操作，开展至少 3 h 的性能测试，测试按照具体试验方案进行。

③　性能测试结束后，离子推力器应关机冷却至少 0.5 h，然后进行升降温循环操作，操作过程如图 4–33 所示，升降温过程无先后次序。升降温过程（图 4–33 中的①、④和⑦步）完成后，应进行至少 1 h 的温度保持操作（图 4–33 中的②和⑤步），期间控温点温度变化范围应符合图 4–33①步的要求。

④　控温结束后，离子推力器进行束流引出操作，按照具体试验方案开展至少 4 h 的性能测试，性能测试过程中不控温。

⑤　一次升温过程及离子推力器运行测试（图 4–33 中的①～③步）和一次低温降温过程及离子推力器运行测试（图 4–33 中的⑤～⑦步）组成一个高低温循环，离子推力器的热真空试验至少应完成两次高低温循环。

⑥　最后一次高低温循环完成后，离子推力器关机，待控温点温度恢复到规定的环境温度范围内，开展常温下至少 3 h 的性能测试，测试按照具体试验方案进行。

⑦　性能测试结束后，离子推力器关机，在优于 6.0×10^{-3} Pa 的真空度条件下冷却至少 4 h 后，可进行复压操作。

后期性能测试在高低温循环后开展，离子推力器在常温下分别开展至少 3 h 的性能测试。后期性能测试期间，热模拟器、热沉均不运行。

热真空试验过程中高、低温段启动阶段的空心阴极、中和器点火时间应满足具体试验方案要求，各阶段性能测试后分别计算出的离子推力器的推力、比冲、功率和效率，上述性能参数应满足具体试验方案中的指标要求。

3. 异常情况处理

试验过程中若出现下列故障应中断试验：

①　热真空试验设备带载真空度长时间高于 6.0×10^{-3} Pa。

②　热沉温度过高，不能满足离子推力器最低试验温度的要求。

③　温度保持过程中控温参考点的温度偏差不能满足试验要求。

④　热模拟器出现故障，不能满足离子推力器达到最高试验温度的要求。

⑤　热沉或热模拟器的升降温速率不能满足试验要求。

⑥　热沉内的冷媒传输管路出现泄漏。

⑦　温度测控系统出现不稳定现象或受到严重干扰，无法进行温度测量与控制。

⑧　离子推力器的接插件、电缆、内部电极在冷、热环境下工作时绝缘失

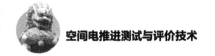

效导致的故障。

⑨ 离子推力器内部绝缘部组件在冷、热环境下工作时绝缘失效导致的故障。

⑩ 离子推力器管路泄漏、堵塞、安装异常等引起的推力器工作不稳定或电气参数异常。

⑪ 测试仪器出现故障或干扰，无法进行离子推力器性能测试。

试验中断后应分情况进行处理，其中由于试验设备故障引起的中断，如需打开热真空试验设备，应严格按照试验设备操作规程进行操作，并终止试验。由于试验设备或测试仪器故障或干扰引起的中断，若中断期内真空设备真空度始终优于 6.0×10^{-3} Pa，可待故障排除后继续试验；若故障长时间不能排除或直接影响到产品安全、试验目的、试验的完整性和有效性，应终止试验。由于离子推力器组件的故障或异常导致的试验中断，若故障和异常导致推力器无法在具体试验方案规定的工况和偏差条件以内稳定工作，直接或间接影响到试验的主要目的、试验的完整性和有效性，应终止试验。试验终止后，待故障或干扰排除后，应按照要求重新开展所有试验项目。

当出现部分情况仍可继续试验时，如果试验设备或测试设备虽出现故障，在采取补救措施后能及时纠正，且中断期内真空设备带载真空度始终优于 6.0×10^{-3} Pa，继续试验应从中断前所在的具体试验方案规定的试验步骤开始，中断前该步骤的累积时间和操作归零。

参 考 文 献

[1] 刘文一, 杨涓, 等. 电子回旋共振推力器 C/C 复合材料栅极的力学性能[J]. 推进技术, 2007, 28 (6): 692–696.

[2] J Mueller, J Brophy, D Brown. Endurance Testing and Fabrication of Advanced 15–cm and 30–cm Carbon–Carbon Composite Grids [R]. AIAA. 1995–2660, 1995.

[3] T Haag, G Soulas. Performance of 8 cm Pyrolytic–Graphite Ion Thruster Optics [R]. AIAA. 2002–4335, 2002.

[4] T Haag, G Soulas. Performance and Vibration of 30 cm Pyrolytic Ion Thruster Optics [R]. AIAA. 2003–4557, 2003.

[5] N Meckel, J Polaha. Structural Analysis of Pyrolytic Graphite Optics for the HiPEP Ion Thruster [R]. AIAA. 2004–3629, 2004.

[6] 浦广益. ANSYS Workbench 基础教程与实例详解[M]. 北京: 中国水利水电

出版社, 2013.

[7] 李会勋，胡迎春，张建中. 利用 ANSYS 模拟螺栓预紧力的研究[J]. 山东科技大学学报（自然科学版），2005, 25（1）: 37-40.

[8] 祖炳锋，付光琦，徐玉梁，等. 车用柴油机缸孔在缸盖螺栓预紧力下变形的数值模拟与试验研究[J]. 内燃机工程，2010，31（2）: 98-104.

[9] 黄侨，胡健琛，等. 考虑减振装置弹簧刚度的斜拉索等效索长及索力测量[J]. 东南大学学报（自然科学版），2012，42（4）: 724-728.

[10] 苏荣华，彭晨宇. 振动筛橡胶弹簧非线性刚度实验及仿真研究[J]. 应用基础与工程科学学报，2011，19（6）: 986-993.

[11] B Hassani, E Hinton. A Review of Homogenization and Topology Optimization I-Homogenization Theory for Media with Periodic Structrues[J]. Computers and Structures, 1999, 69 (9): 707-717.

[12] B Hassani, E Hinton. A Review of Homogenization and Topology Optimization II-Analytical and Numerical Solution of Homogenization Equations[J]. Computers and Structures, 1999, 69 (9): 719-738.

[13] B Hassani, E Hinton. A Review of Homogenization and Topology Optimization III-Topology Optimization Using Optimality Criteria[J]. Computers and Structures, 1999, 69 (9): 739-756.

[14] 孙明明，张天平，王亮. 30 cm 口径离子推力器热特性模拟分析[J]. 真空与低温，2014，20（3）: 158-162.

[15] 孙明明，张天平，陈娟娟，等. LIPS-200 离子推力器热特性模拟分析研究[J]. 强激光与粒子束，2014, 26（8）: 084002.

[16] 温正，钟凌伟，王一白，等. 离子推力器加速栅极离子运动规律的数值研究[J]. 强激光与粒子束，2011, 24（10）: 1640-1645.

[17] G MacRae, R Zavesky, Gooder. Structural and Thermal Response of 30 cm Diamter Ion Thruster Optics[R]. AIAA paper, 1989-2719.

[18] J Brophy, J Mueller D Brown. Carbon-Carbon Ion Engine Grids with Non-Circular Apertures[R]. AIAA paper, 1995-2662.

[19] T Haag. Mechanical Design of Carbon Ion Optics[R]. AIAA paper, 2005-4408.

[20] Y Hayakawa, S Kitamura, K Miyazaki. Endurance Test of C/C Grids for 14-cm Xenon Ion Thrusters[R]. AIAA paper, 2002-3958.

[21] N Meckel, J Polaha. Structural Analysis of Pyrolytic Graphite Optics for the HiPEP Ion Thruster[R]. AIAA paper, 2004-3629.

[22] 曹钢，王桂珍，任晓荣. 一维热传导方程的基本解[J]. 山东轻工业学院学报，2005，19（4）：77–80.

[23] 郑茂繁. 离子发动机栅极组件的热应力分析[J]. 真空与低温，2006，12（1）：33–36.

[24] B Gatewood. Thermal Stresses with Applications to Airplanes, Missiles, Turbines and Nuclear Reactors[M]. New York: McGraw–Hill Book Inc, 1957.

[25] 孙训方，方孝淑，等. 材料力学（第3版）[M]. 北京: 高等教育出版社，2012.

[26] 刘文一，杨涓，等. 电子回旋共振推力器 C/C 复合材料栅极的力学性能[J]. 推进技术，2007，28（6）：692–696.

[27] 贾艳辉，张天平，郑茂繁，等. 离子推力器栅极系统电子反流阈值的数值分析[J]. 推进技术，2012，33（6）：991–996.

[28] Zhong Lingweia, Liu Yua, Li Juan, et al. Numerical Simulation of Characteristics of CEX Ions in Ion Thruster Optical System [J]. Chinese Journal of Aeronautics, 2010, 23: 15–21.

[29] 李忠明，贾艳辉，李小平，等. 本底真空对推力器加速栅截获 CEX 离子电流[J]. 真空科学与技术学报，2013，33（5）：444–448.

[30] G Soula, M Frandina. Ion Engine Grid Gap Measurement[R]. AIAA 2004–3961.

[31] 孙明明，张天平，王亮. 20 cm 口径离子推力器栅极组件结构性能分析[J]. 推进技术，2016，37（7）：1393–1400.

[32] 陈茂林，夏广庆，毛根旺. 多模式离子推力器栅极系统三维粒子模拟仿真[J]. 物理学报，2014，63（18）：182901.

[33] 孙明明，张天平，王亮. 30 cm 离子推力器栅极组件热形变位移分析[J]. 推进技术，2016，37（3）：583–592.

[34] 孙明明，张天平，陈娟娟. LIPS–200 环形会切磁场离子推力器热模型计算分析[J]. 推进技术，2015，36（8）：1274–1280.

[35] N Meckel, J Polaha. Structural Analysis of Pyrolytic–Graphite Optics for the HiPEP Ion Thruster[R]. AIAA 2004–3629.

[36] D Goebel, K Jameson, R Watkins, et al. Cathode and Keeper Plasma Measurements Using an Ultra–Fast Miniature Scanning Probe[R]. AIAA 2004–3430.

[37] 李娟,楚豫川,曹勇. 离子推力器羽流场模拟以及 Mo^+CEX 沉积分析[J]. 推进技术，2012，33（1）：131–138.

[38] A Wells, M Harrison, Eden. Experimental Studies of Ion Extraction Ion Loss and Energy Balance in a SERT II Type Ion Thruster[R]. AIAA 1970−1091.

[39] J Miller, S Pullins, Levandier D, et al. Xenon Charge Cross Section for Electrostatic Thruster Models[J]. Journal of Applied Physics, 2002, 91(3): 984−991.

[40] I Katz, J Anderson, J Polk, et al. One Dimensional Hollow Cathode Model[J]. Journal of Propulsion and Power, 2003, 19(4): 595−600.

[41] D Rapp, P Englander. Total Cross Section for Ionization and Attachment in Gases by Electron Impact I positive Ionization[J]. The Journal of Chemical Physics, 1965, 43(5): 1464−1479.

[42] M Hayashi. Determination of Electron−Xenon Total Excitation Cross-Section[J]. Journal of Physics D: Applied Physics, 1983, 16(1): 581−589.

[43] I Mikellides, I Katz, M Mandell. A 1−D Model of The Hall−Effect Thruster with an Exhaust Region[R]. AIAA 2001−3505.

[44] 孙安邦, 毛根旺, 陈茂林, 等. 离子推力器羽流特性的粒子模拟[J]. 强激光与粒子束, 2010, 22 (2): 401−405.

[45] 孙明明, 张天平, 郭伟龙, 等. 离子推力器工作性能参数控制模型[J]. 强激光与粒子束, 2017, 29 (4): 044003.

第 5 章

电推力器关键部组件测试与评价技术

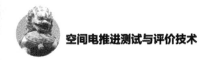

| 5.1 空心阴极测试与评价技术 |

空心阴极是离子推力器和霍尔推力器推进剂气体电离和束流中和所必需的电子源，作为推力器的串联组件，空心阴极故障属推力器单点失效，其放电特性对推力器的性能和稳定性有重要影响。同时，作为离子推力器和霍尔推力器的关键组件，空心阴极具有单点失效的特性，其寿命和可靠性需要重点关注。随着空间电推进技术在航天任务中的应用日趋广泛，空心阴极产品技术成熟度逐渐提高。为保障电推力器性能和寿命，空心阴极必须具备数万小时的稳定工作能力，测试评价是空心阴极性能和寿命评价的重要手段。本节针对空心阴极地面测试评价装置、测试内容和测试方法等进行重点介绍。

5.1.1 空心阴极的结构及工作原理

空心阴极是一种依靠气体放电而工作的真空电子器件，具有寿命长、发射电流大、放电效率高、体积小、质量小、结构紧凑、抗振动能力强等特点，能够适应空间应用对电子源器件的多方面技术要求。

空心阴极结构示意图如图 5-1 所示，主要由阴极体组件和触持极组件两部分构成。阴极体组件包括发射体、阴极管、阴极顶、轴向热屏（隔热环）、加热器（陶瓷骨架、陶瓷外套、加热丝、加热丝引线）等零件，触持极组件包括触持极顶、触持极管、径向热屏、绝缘器等零件。发射体、阴极顶、触持极顶等结构尺寸选择是空心阴极结构设计的核心内容，多个结构尺寸耦合作用共同决定了空心阴极的工作性能；加热器、轴向和径向热屏等是空心阴极热设计的核心内容，多种材料的选择和结构设计共同决定了空心阴极的工作效率。空心阴极结构尺寸紧凑，其零部件结构尺寸较小，主承力结构多为高强合金材料，其抗力学载荷能力主要取决于脆性非金属材料的失效强度以及多种合金材料、绝缘非金属材料的连接强度。

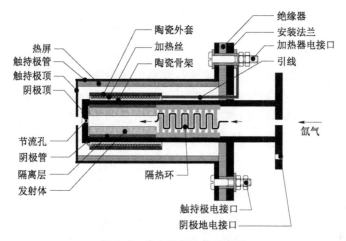

图 5-1　空心阴极结构示意图

　　空心阴极工作的基本原理：在一定的真空条件下，由阴极管下游段通入推进剂气体（氙气或其他惰性气体），受阴极顶中心小孔节流作用，在空心阴极内部形成较高的中性气体密度，气体压力可达（$1\sim2$）$\times10^3$ Pa。启动加热器预热发射体（通常为六硼化镧、Ba-W 等）至电子发射温度，电子获取足够的能量逸出发射体表面势垒至发射体区，当发射体区的电子密度足够大时，少部分电子（约几微安）能够穿过阴极顶节流孔到达阴极顶与触持极顶之间间隙。此时，在触持极顶和阴极顶之间施加高电压脉冲，电子在真空电场作用下加速与氙原子碰撞，在阴极顶和触持极顶之间形成气体击穿放电，放电区域通过节流孔迅速扩展至整个发射体区，并在发射体内表面形成阴极鞘层，发射体表面强电场的存在诱使发射体表面电子发射增强。发射体发射的热电子进入发射体区参与推进剂气体原子的逐级电离，形成稠密的发射体区放电等离子体，发射体的电子发射和发射体区等离子体对发射体表面的轰击构成了放电电流。发射体区的离子在阴极鞘层电势差加速作用下轰击发射体，发射体区的亚稳态原子也会轰击发射体，通过离子和亚稳态原子能量的沉积维持发射体工作温度，此时，关

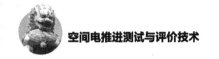

闭加热电源和点火电源，空心阴极进入稳态自持放电状态。随后，依靠外部与发射体区等离子体电势差，在外部电源作用下引出所需电子电流。

5.1.2 性能测试装置

空心阴极测试系统主要包括真空设备、供气单元、试验电源和测控单元等。本节将详细叙述空心阴极性能测试试验装置的技术要求，各单元的技术指标与特性。试验装置不仅可用于空心阴极性能研究、关键技术参数的测量，也可用于空心阴极寿命试验。

1. 真空设备

真空设备包括真空舱、抽气系统和真空电控系统等。空心阴极测试用真空舱，一般长度大于 30 cm，直径大于 20 cm，本底真空度优于 5×10^{-4} Pa（N_2）。抽气系统建议采用分子泵或低温泵为主泵，以实现无油真空，避免油性物质对空心阴极造成污染。空心阴极工作时，真空舱内的真空度一般应优于 2×10^{-2} Pa（N_2）。

2. 供气单元

在空心阴极试验中，供气单元不仅要为空心阴极提供可调可控的推进剂气体流率（电推进通常用高纯氙气（Xe）作为推进剂气体，下文采用氙气描述），而且要保证为空心阴极提供的氙气有足够的纯度。针对上述要求，空心阴极供气单元需要专门设计，典型构成如图 5-2 所示。

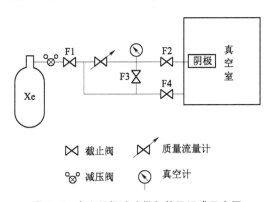

图 5-2 空心阴极试验供气单元组成示意图

影响氙气纯度的因素主要有两个方面，一是气瓶中气源的纯度，二是气体经过供气管路时受到的污染程度。在空心阴极试验研究中，可在空心阴极气体入口前端设置气体纯化器，以解决气体污染问题，但是长期应用中纯化器重置困难，因此在长期应用和试验中不建议采用。气体质量流量控制器后的管路中，绝对压强只有数千帕，相对大气压处于负压状态。供气管路对工作气体污染有两种途径，一是大气向管路中的渗漏，二是管路内壁吸附气体的解吸附。下文将介绍控制这两种污染来源的方法。

为了控制供气单元管路材料出气（含漏气）对氙气的污染，供气单元设计、使用过程中要遵循以下原则：供气系统管路采用电解抛光不锈钢；阀门（减压阀除外）均采用金属密封结构，所有阀门的外漏指标均低于 $1×10^{-11}$ Pa·m³/s；所有接头采用超高真空系统专用的 VCR 金属密封接头。试验前对供气管路进行烘烤出气，在供气管路外缠绕加热带，加热带可将供气管路加热到 250 ℃以上。

在供气管路中，可增加旁抽支路，以增大管路流导，提高管路的真空排气和出气的效率。在每次更换气瓶后，关闭气瓶出口阀门，将减压阀、质量流量计调至直通状态，打开 F1、F2、F3、F4，开动真空室真空机组，对管路进行不少于 24 h 的排气、真空烘烤出气。24 h 后，利用电阻计监测管路内的压力，当压力小于 1 Pa 时，关闭 F3、F4，将减压阀、质量流量计调至工作状态，向管路中通入一定流量的高纯氙气，对管路进行冲洗。

完成上述管路净化工作后，利用管路上安装的电阻真空计，测量管路的漏气（含出气）指标。测量前，将减压阀、质量流量调至直通状态，关闭气瓶出口阀门和 F2、F4，对管路进行保压，采用测量压升率的办法，测量管路的漏气（含出气）指标，一般要小于 $5×10^{-9}$ Pa·m³/s。

在每次真空室放气前，关闭 F2、F4 和质量流量计。在每次阴极试验前，真空室真空度达到 $1×10^{-3}$ Pa 时，首先仅仅打开 F2，对质量流量计到阴极这部分管路进行排气，利用电阻计对排气效果进行监测，建议当电阻计指示小于 1 Pa，真空室压力低于 $5×10^{-4}$ Pa 时，开始空心阴极试验。

3. 试验电源

试验中所用电源包括加热电源、点火电源、触持电源和阳极电源等，加热电源、触持电源和阳极电源通常为稳流稳压电源，额定电流电压需要覆盖空心阴极设计或验证指标。在阴极点火前，触持电源和阳极电源输出为开路电压，点火成功转入稳态工作后，阳极电源和触持电源均工作在稳流模式。加热电源工作在稳流模式，电源本身具有良好的消浪涌电路，可以抑制加热丝的冷电阻效应。点火电源为高压脉冲电源，其脉冲高度、脉冲宽度、电输出能需要符合空心阴极对点火电源的要求。研究电源参数对空心阴极点火性能的影响时，也可选用脉冲高度、宽度、电流输出能力可调的脉冲电源。

4. 测控单元

测控单元通常包括测量和控制模块。电参数通过示波器、万用表或数据采集模块进行测量。控制模块通过中控计算机完成，各电源、阀门等也可通过手动控制完成。测控单元控制程序如图 5-3 所示，控制单元的主要功能如下：

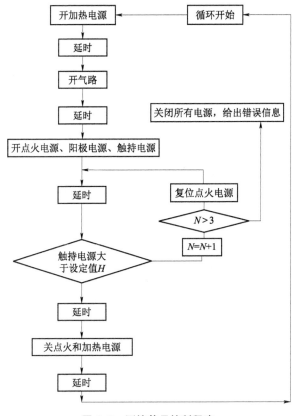

图 5-3　测控单元控制程序

① 自动监测电流、电压、推进剂流量。如果上述参数超限，系统自动报警，并按照预先设置的程序自动采取相应措施（如关闭所有电源阴极）。

② 判断是否点火成功。

5. 阴极温度测量

温度是热阴极的一个重要参量。确定阴极的使用规范、优化阴极的工作点、评估阴极的寿命都需要对阴极温度进行测量。

准确测定阴极温度比较困难，准确测定气体放电空心阴极的温度就更加困难。困难包括：温度比较高，所采用的次级标准必须经过校准；由于阴极热容通常很小，传感器直接接触阴极，会引起热场变化；直接接触测量很难排除等离子体的干扰。根据经验，测温的不准确度在±25 ℃。

尽管阴极绝对温度的测量比较困难，但在阴极研究中，测量阴极温度的变化趋势则是比较容易的。通常研究温度与性能之间的关系和影响温度变化的因素，只需要测量温度变化的趋势即可。下面对常用的几种测温方法进行介绍。

1）热偶测温

目前广泛应用的各种高温测量方法中，热偶的测温精度最高（可小于0.15%）。因此，可以采用热偶的测温结果对其他测温方法所得结果进行校准。

采用铂铑 10-铂热电偶，测温范围为 0～1 600 ℃，可在空心阴极既不供气也不放电情况下使用。如图 5-4 所示，测量时将热偶插入阴极内部，空心阴极加热器将阴极逐渐升温，采用热偶测量阴极温度，同时计算加热丝电阻。用光学高温计透过真空室玻璃窗测量阴极顶温度，用热偶测量结果校准其他两种测温方法所得数据。

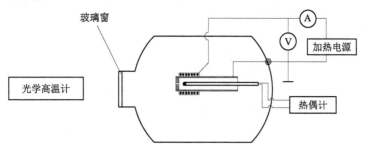

图 5-4　温度测量校准方法示意图

2）光学高温计测温

热偶测温尽管方便，但不适用于空心阴极放电过程中的测温，可应用光学高温计测量空心阴极放电过程中阴极顶温度。测温时，为了避免空心阴极放电产生的蓝光影响测量精度，采用滤光片，仅仅允许红光穿过滤光片，测量红光的亮度温度。

光学高温计测量到的是亮度温度，而真实温度的确定需要通过计算获得，计算公式如下：

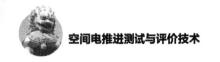

$$\frac{1}{T} = \frac{1}{T_L} + 1.05 \lg \varepsilon(\lambda, T) \qquad (5\text{--}1)$$

式中　T——真实温度，单位为 K；

　　　T_L——亮度温度，单位为 K；

　　　λ——穿过滤光片的光波长，单位为 m；

　　　$\varepsilon(\lambda, T)$——光谱辐射系数。

显然，被测物体的光谱辐射系数对真实温度的计算有重要影响。实际上，材料的光谱辐射系数与材料的种类、表面状态、温度相关，要准确确定材料的光谱辐射系数较为困难。光学高温计的测量准确度还受到光学高温计和被测物体的吸光媒质的影响，真空室的玻璃窗是最主要的吸光媒质，因此对光学高温计的测量准确度有重要影响。对这些因素进行准确定量也存在一定困难，因此在具体实施时，可使用铂铑热偶对光学高温计量的测温结果进行校正。

5.1.3　点火启动特性测试与评价技术

航天器位置保持使命要求离子或霍尔推力器能反复启动，推力器启动中最主要的过程是空心阴极点火，点火过程中，空心阴极的温度、电场、等离子体参数都发生着急剧的变化。选择优化的空心阴极设计参数、点火参数不仅能保证成功点火，也是延长空心阴极寿命的需要。本节通过空心阴极点火过程的物理分析与试验研究，介绍影响空心阴极点火性能的主要参数及参数的优化测试验证方法。

1. 点火启动特性测试装置

空心阴极点火启动特性测试一般采用三极管装置，电路如图 5–5 所示，其中触持极（点火极）与空心阴极组件集成为一体，阳极为平板钼片，尺寸可以根据实际选取。阴极本体直接固定在真空室舱壁上，真空室接地，所有电源的负端接地，供气管路与真空室、阴极本体之间不采取绝缘措施。阳极与真空室之间采用陶瓷绝缘。

试验开始前，首先将真空室本底抽到 5×10^{-4} Pa；然后启动加热电源，以 4 A 电流加热阴极，保持 30 min，对阴极进行出气处理，从而释放阴极组件在暴露大气期间吸附的气体。之后，通过供气系统为阴极供气，同时调节加热电流使阴极激活，发射体恢复电子发射活性。此后，启动触持极电源、阳极电源，使阴极实现点火，并将电子流引向阳极。最后，关断触持极电源、加热电源，空心阴极进入工作状态。

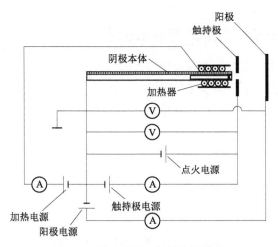

图 5-5　空心阴极三极管装置原理

2. 点火启动特性测试与评价

空心阴极点火启动特性测试与评价中，主要测试空心阴极启动所需的预热功率和预热时间。在空心阴极结构设计和材料选用一定的情况下，预热功率越小、预热时间越短，阴极加热器的寿命、可靠度相应越高。由于加热电源通常工作在稳流模式，因此通常更多关注预热电流。

在空心阴极研制阶段，为了确定空心阴极产品的预热电流，需要开展预热电流摸底试验。完成后，按照空心阴极设计工况预置阳极电源、触持电源的输出电流和电压，同时为空心阴极按照设计条件提供工作气体流率，以小于设计预热电流值设置加热电源输出电流（通常比额定预热电流值小约 3 A），试验显示通常加热 3 min 后温度逐渐趋于平衡。启动点火电源，直到阴极点着。若在同一电流下空心阴极点火不成功，则每隔 5 min，加热电流按一定步长增加，直至点火成功，点火成功后，5 s 内关闭加热电源，维持空心阴极放电一定时长，随后关闭所有电源，冷却 30 min。至少重复上述试验过程不少于 5 次，以确定空心阴极点火条件。

通常对空心阴极点火启动时长设定有要求，工程研制中需要对空心阴极点火启动时长进行验证确认。测试时，按照空心阴极设计工况预置阳极电源、触持电源的输出电流和电压、推进剂流率，加热电流以额定值加载，3 min 后开点火电源，从启动加热电源到触持极电源或阳极电源进入预设恒流工作模式即空心阴极点火启动时长。通过循环老练试验获取空心阴极多次点火启动时长的平均值及标准差，也作为考核空心阴极点火特性的重要技术指标。

5.1.4 稳态放电特性测试与评价技术

空心阴极点火成功后，便进入稳态工作模式。在该过程中，由于空心阴极工作点选取供气和供电等不同，空心阴极的稳态工作参数会存在较大差异。空心阴极研制中，需要研究影响空心阴极稳态工作参数的因素。由于目前没有精确的理论设计计算方法或模型，通常还是依靠试验进行评价，根据试验结果，确定适应用户要求的优化的空心阴极设计参数、稳态工作参数，以提高空心阴极的工作效率。

1. 稳态放电特性测试装置

空心阴极稳态放电特性测试所采用的装置经历了从早期简单平板阳极到后期更接近实际应用的复杂推力器模拟器发展历程，国内外空心阴极放电性能测试所用放电装置主要分为以下六类：无磁场平板阳极、有磁场平板阳极、无磁场圆筒阳极、有磁场圆筒阳极、放电室模拟器、真实推力器。使用平板阳极或圆筒阳极测试空心阴极放电性能加入磁场主要有三方面的目的：其一，模拟霍尔推力器或离子推力器工作时空心阴极附近区域磁场环境，尤其是阴极顶节流孔中心或触持极顶通孔中心位置的磁场强度；其二，约束电子运动路径，提高推进剂利用率；其三，磁场的存在有利于改善空心阴极放电稳定性，减缓阳极和空心阴极结构烧蚀。

无磁场平板阳极放电装置是使用最早，也是一直延续使用至今的放电装置。表 5-1 列举了采用平板阳极放电装置开展试验的案例，研究机构包括美国列维斯研究中心（US:NASA/LeRC）、格林研究中心（US:NASA/GRC）、密歇根大学（US:MU），意大利比萨大学（ITA:PU），英国南安普顿大学（UK:SU）等，使用该放电装置的空心阴极发射电流多在 15 A 以下，通常触持极顶距离平板阳极间距在 2~10 cm，距离 4~8 cm 最多。一般而言，可通过增大空心阴极发射电流和空心阴极触持极顶与平板阳极间距，以减缓高密度等离子体对空心阴极本身的溅射损伤。除 NASA/JPL 在阴极触持极管外部套装了电磁螺线管外，其他研究机构均使用无磁场放电装置。

表 5-1 放电装置：平板阳极

时间	机构	发射电流/A	阳极位形		备注
			形状	间距/cm	
1969 年	US:NASA/LeRC	0.6~3.0	ϕ14 cm 平板	3	无磁场
1970 年	UK:RAE	0.1~2.5	ϕ6.3 cm 平板	1.8	无磁场

续表

时间	机构	发射电流 /A	阳极位形 形状	阳极位形 间距/cm	备注
1973 年	US:NASA/LeRC	2～15	ϕ7.5 cm 平板	1.9	无磁场
1975 年	US:NASA/LeRC	0.1～0.5	ϕ3.5 cm 平板	2.5	无磁场
1976 年	UK:RAE	1.25	ϕ6 cm 平板	2	无磁场
1994 年	US:NASA/LeRC	0.75～12.00	ϕ20.3 cm 平板	6	无磁场
1998 年	US:NASA/LeRC	12	ϕ20.3 cm 平板	6	无磁场
2000 年	US:NASA/GRC	12	ϕ20.3 cm 平板	6	无磁场
1998 年	UK:DERA	～30	ϕ11.4 cm 平板	6	无磁场
1999 年	US:MU&NASA/GRC	～0.25	ϕ4.8 cm 平板	6	无磁场
2002 年	JAP:JAXA	7～10	ϕ30 cm 平板	8	无磁场
2004 年	US:NASA/JPL	6～12	平板	6～7	无磁场
2005 年	US:NASA/GRC	1.0～3.5	平板	6	无磁场
2006 年	US:NASA/JPL	25.0～27.5	ϕ15 cm 平板	8.5	有磁场
2015 年	ITA:PU	1～18	平板	7	无磁场
2015 年	UK:SU	5～45	平板	10	无磁场
2012 年	UK:SU	25～180	平板	10	无磁场
2015 年	JAP:TU	40～100	平板	3	无磁场

圆筒阳极也是一种常见放电装置，使用圆筒阳极与平板阳极最大的差别在于空心阴极与阳极之间等离子体电势分布不同，进而导致电子温度和等离子体密度空间分布、离子扩散路径等存在较大差异。表 5-2 列举了使用圆筒阳极放电装置开展试验研究的案例，研究机构包括美国科罗拉多州立大学（US:CSU）、喷气推进实验室（US:NASA/JPL）、格林研究中心（US：NASA/GRC）等。空心阴极发射电流多在 15～50 A，阳极筒直径为 5～20 cm，长度为 7～15 cm。其中，美国 NASA/JPL 研制的离子推力器中，空心阴极大多使用有磁场圆筒阳极（直径为 5 cm，长度为 10 cm）放电装置进行性能测试，其额定发射电流均在 20 A 左右。

表 5-2　放电装置：圆筒阳极

时间	机构	发射电流/A	阳极形状	阴极位置	备注
1990 年	US:CSU	5～60	$\phi6.4\ \mathrm{cm}\times L10\ \mathrm{cm}$	内	无磁场
1991 年	US:NASA/LeRC	5～28	$\phi19\ \mathrm{cm}\times L15\ \mathrm{cm}$	内	无磁场
1997 年	US:CSU	～30	$\phi6\ \mathrm{cm}\times L11.5\ \mathrm{cm}$	内	无磁场
2000 年	US:MU	0.5～6.0	$\phi6.35\ \mathrm{cm}\times L7.6\ \mathrm{cm}$	内 2 cm	无磁场
2002 年	US:NASA/GRC	6～18	$\phi7\ \mathrm{cm}$	内	无磁场
2004 年	US:NASA/JPL	10～25	$\phi5\ \mathrm{cm}\times L12\ \mathrm{cm}$	内	有磁场
2004 年	US:NASA/MSFC&JPL	25	$\phi8.9\ \mathrm{cm}$	内 1.3 cm	无磁场
2005 年	US:NASA/JPL	8～26	$\phi5\ \mathrm{cm}\times L12\ \mathrm{cm}$	内	有磁场
2005 年	US:NASA/GRC	10～60	$\phi25\ \mathrm{cm}$	外	无磁场
2007 年	US:NASA/JPL	6～18	$\phi5\ \mathrm{cm}\times L10\ \mathrm{cm}$	内	有磁场
2005 年	US:NASA/JPL	10～100	圆筒	外	无磁场
2011 年	US:NASA/JPL	～250	圆筒	外	有磁场
2012 年	US:NASA/JPL	25～300	圆筒	外	有磁场
2012 年	US:NASA/JPL	10～100	圆筒	外	有磁场
2013 年	US:NASA/JPL	20～130	圆筒	3 cm	有磁场
2013 年	US:NASA/GRC	50～100	$\phi20\ \mathrm{cm}$ 圆筒	外 20 cm	有磁场
2014 年	US:NASA/JPL	25～300	圆筒	外	有磁场
2014 年	US:NASA/JPL	20～140	圆筒	3 cm	有磁场

　　表 5-3 列举了使用放电室模拟器装置开展试验的案例，研究机构主要包括美国科罗拉多州立大学（US:CSU）、喷气推进实验室（US:NASA/JPL）、格林研究中心（US：NASA/GRC），日本宇宙航空研究开发机构（JAP:JAXA）等，使用该放电装置进行性能测试的均为离子推力器主放电阴极，发射电流为 4～40 A。美国 NASA/JPL 和 CSU 最早使用了无栅极组件、下游敞开的离子推力器放电室模拟器装置进行试验，其主要目的是模拟放电阴极工作的磁场和阳极结构，在随后的放电阴极性能测试和寿命验证中，美国 NASA/JPL 和日本 JAXA 在放电室模拟器下游增加了不透明的挡板或只有少量孔的低透明度栅极组件，使放电室模拟器在较小的阳极流率条件下就能维持内部中性气体密度与离子推力器实际工况近似。

表 5-3　放电装置：放电室模拟器

时间	机构	发射电流/A	放电装置	备注
2004 年	US:NASA/JPL	5～35	NSTAR 锥段（分段）	有磁场，无栅
2005 年	US:NASA/JPL	8～26	NSTAR 锥段（分段）	有磁场，无栅
2006 年	US:NASA/JPL	25.0～27.5	NSTAR 锥段（分段）	有磁场，无栅
2002 年	US:NASA/GRC	10～22	NSTAR 放电室	有磁场，无栅
2005 年	US:CSU	10～25	NSTAR 放电室	有磁场，无栅
2005 年	US:NASA/GRC	10～22	NSTAR 放电室	有磁场，无栅
2005 年	US:NASA/JPL	15～40	NSTAR 放电室	有磁场，无栅
2005 年	US:NASA/JPL	6～13	NSTAR 放电室	有磁场，无栅
2005 年	US:NASA/JPL	8～26	NSTAR 放电室	有磁场，无栅
2007 年	US:NASA/JPL	13～25	NSTAR 放电室	有磁场，无栅
2008 年	US:NASA/JPL	18	NSTAR 放电室	有磁场，无栅
2011 年	US:CSU	7.5～15.0	NSTAR 放电室	有磁场，无栅
2008 年	JAP:JAXA	15	35 cm 放电室	有磁场，挡板栅
2010 年	JAP:JAXA	15	35 cm 放电室	有磁场，挡板栅
2006 年	US:NASA/JPL	4～15	XIPS-25 放电室	有磁场，挡板
2008 年	US:NASA/JPL	8.3～18.0	XIPS-25 放电室	有磁场，挡板
2009 年	US:NASA/JPL	18～21	XIPS-25 放电室	有磁场，挡板

　　表 5-4 所示为直接使用完整的离子推力器系统开展空心阴极放电性能试验的研究案例，研究机构包括美国密歇根大学（US:MU）和喷气推力器实验室（US:NASA/JPL）。与推力器联试是测试空心阴极与放电室耦合特性和匹配性的最佳技术方案，空心阴极放电环境与实际工作环境完全一致。但是使用离子推力器或霍尔推力器开展空心阴极放电性能测试试验，需在大型真空环模设备中进行，试验成本高、周期长，难以满足有一定批量的空心阴极产品筛选任务要求。

表 5-4　放电装置：离子推力器

时间	机构	发射电流/A	放电装置	文献
2003 年	US:MU	6	NSTAR-FMT2 离子推力器	[22]
2004 年	US:MU	8～13	NSTAR-FMT2 离子推力器	[23]
2006 年	US:MU	4～13	NSTAR-FMT2 离子推力器	[60]

续表

时间	机构	发射电流	放电装置	文献
2005 年	US:NASA/JPL	5～15	NSTAR-NKO1 离子推力器	[52]
2005 年	US:MU	3.4～10.5	NEXT-LM4 离子推力器	[32]

部分霍尔推力器用空心阴极包含在表 5-1～表 5-2 中，中低功率霍尔推力器使用的空心阴极发射电流通常在几百毫安到几安，多使用无磁场平板阳极进行测试试验；大功率和超大功率霍尔推力器使用的空心阴极发射电流通常在几十安到上百安，多使用有磁场圆筒阳极进行试验。

综上可知，不同规格和应用领域的空心阴极产品稳态放电特性测试试验所用试验装置有所区别：

① 发射电流≤15 A 的空心阴极放电性能测试多使用无磁场平板阳极简单放电装置；15 A＜发射电流＜50 A 的空心阴极放电性能测试多使用无磁场或有磁场圆筒阳极放电装置；发射电流≥50 A 的空心阴极放电性能测试多使用有磁场圆筒阳极放电装置。一般情况下，较低发射电流空心阴极多为节流型空心阴极，电子电流密度较小，为使阳极能够收集到恒定的电子电流维持放电过程稳定，期望原初电子到达阳极前的运动路径尽可能短，阳极距离空心阴极的间距一般较小；空心阴极发射电流增大，期望电子到达阳极前的运动路径尽可能长，以通过增加电子与离子的碰撞概率进而提高电离率。

② 早期离子推力器和霍尔推力器的空心阴极（包括离子推力器、中和器、空心阴极）性能试验一般不加区分均使用无磁场平板阳极放电装置，无法反映空心阴极在推力器复杂放电环境条件下的耦合放电特性。目前，离子推力器用空心阴极放电性能测试多采用离子推力器放电室模拟器放电装置，霍尔推力器小发射电流空心阴极放电性能测试使用无磁场平板阳极，中高发射电流空心阴极放电性能测试使用有磁场圆筒阳极放电装置，空心阴极附近区域磁场强度与推力器工作时的磁场强度一致。

2. 稳态放电特性测试与评价

空心阴极稳态放电特性在空心阴极点火启动完成后进行。测试时，将阳极电源设置为稳流模式，通常认为电流输出值即阴极放电电流。触持电源也设置为稳流模式，其电流输出一般较小。试验中，通过真空舱玻璃观察窗和阳极中心孔，用光学高温计测量阴极顶温度，由于阴极顶与发射体非常接近，且两者均为高导热率材料，阴极顶温度可反映发射体温度。试验中，通常在一定范围内调节空心阴极放电电流、气体流率，并测试这些工作参数对阳极电压、触持电压、阴极温度的影响，以综合评价空心阴极稳态放电性能。

　　图 5-6 所示为空心阴极在较宽的工况参数范围（放电电流为 1～10 A，推进剂流率为 0.1～0.5 mg/s）阴极顶温度随放电电流和推进剂流率的变化图例，图中所示温度为通过光学高温计获得的未修正的亮度温度。横向对比可知，当放电电流小于 5 A 时，空心阴极阴极顶温度随着流率的增加，基本呈现先升高后降低的趋势；当放电电流大于 5 A 时，空心阴极阴极顶温度随流率的增加而升高。纵向对比可知，相同推进剂流率条件下，空心阴极阴极顶温度随放电电流的增大而单调升高。

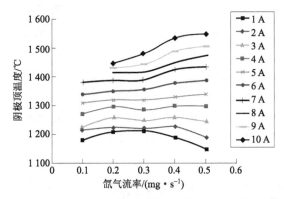

图 5-6　空心阴极阴极顶亮度温度随放电电流和推进剂流率的变化图例

　　空心阴极发射体温度随放电电流增大而单调升高的规律是国内外建模仿真和试验验证能够达成共识的规律，而空心阴极工作在高于或低于最佳发射电流状态时发射体温度随推进剂流率的变化规律却不尽相同。

　　图 5-7 中研究了在额定发射电流下，空心阴极放电电压与推进剂流率的变

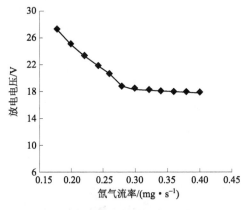

图 5-7　放电电压随推进剂流率变化的典型图例

化关系。随着供给流率增加，阳极电压呈下降趋势。但是，这种变化趋势并不单调。当流率小于拐点数值时，流率变化对放电电压影响明显；反之，流率对放电电压的影响不明显。

从试验现象上看，在流率较小的情况下，空心阴极下游出现明亮的等离子体羽流区。通常把这种工作模式称为空心阴极的羽状工作模式。出现这种模式主要是因为阴极气体供给小于额定值，电子在阴极下游的电离碰撞概率降低，处于激发态的原子大量退激。阴极工作在羽状模式时，通常阳极电压较高（＞20 V），阳极电压出现较大幅度（＞5 V）较高频率（1 MHz）的波动。阴极工作在羽状模式时，由于放电电压高，特别是当电压波动的峰值高于阴极材料溅射的阈值电压时，会加速空心阴极发射体、阴极顶和触持极的损耗，导致空心阴极性能衰退，工作寿命缩短。

在流率较大的情况下，空心阴极下游的等离子体羽流明显收缩为一点，光辐射的强度也明显降低。通常把这种工作模式称为空心阴极的点状工作模式。出现这种模式主要是因为电子在阴极下游有较高的碰撞概率，一方面阴极下游能维持较高密度的等离子体，电子能很容易通过扩散到达阳极；另一方面，退激原子数量少，不通过光辐射向外损失能量，使阴极下游的电子传输效率提高。点状模式的特征是流率大，电压小（8～20 V），电压波动小，对减缓空心阴极衰退、提高空心阴极寿命有利。

图 5-8 所示为放电电压随放电电流的变化关系图例。当电流为 2～5 A 时，随发射电流增加，放电电压减小，这主要是因为随着发射电流增加，电子在空心阴极内部与中性原子碰撞概率增加，空心阴极内等离子体密度增加，回轰发射体表面的离子流增加，发射体表面鞘层厚度减小。电流超过 5 A 时，随着发射电流增加，放电电压升高，这主要是因为随着发射电流增加，阴极顶小孔位降增加。

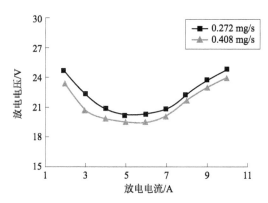

图 5-8　放电电压随放电电流的变化关系图例

5.1.5　寿命试验与评价技术

由于空心阴极可以不依赖推力器整机而单独开展验证试验，因此可以提高样本数量，降低寿命考核成本。空心阴极寿命考核测试类型可以分为空心阴极加热器开关次数考核试验、空心阴极开关点火试验、空心阴极持续放电寿命试验。

1. 空心阴极加热器开关次数考核试验

空心阴极加热器开关次数考核试验通常是验证加热丝满足航天器或推力器要求的开关次数的能力，试验内容包括：加热器开关循环试验中加热功率、热电阻以及阴极顶附近温度的重复性；加热器开关循环试验后冷电阻变化；不同加热器之间参数重复性；加热器热循环开关寿命和可靠性研究。

加热器开关次数验证通常选择多个试验样本，在空心阴极试验用真空装置在本底真空下开展，在额定加热电流下，按照空心阴极点火时间为施加加热时长，之后关闭加热一定时间后，重新打开加热电源，为完成一个试验施加周期。电源冷却过程中记录加热电压、加热电流、加热次数等。通常按照加热丝开关次数设计寿命的 2 倍进行考核，或直至加热丝失效。

验证显示，导致加热器失效的主要因素包括工作温度、加热电压、外导体缺陷和热循环等。

2. 空心阴极开关点火试验

空心阴极开关点火试验通常是验证空心阴极长期在规定时间内成功点火的可靠性和点火次数寿命，同时验证点火可靠性随加热丝损耗的退化关系。一般采用图 5-5 所示接电装置，按照空心阴极对应的标准点火流程进行点火，点火成功后，根据验证需要，维持放电一至数分钟后，关机冷却，待恢复室温或认为不对下次点火时间造成影响后，重新启动点火程序，以此为周期进行。

3. 空心阴极持续放电寿命试验

空心阴极持续放电寿命试验通常采用 5.3.1 节所述试验装置开展，在空心阴极点火成功后，按照一定工况持续工作，过程中统计触持电压、阳极电压及电压振荡随时间的退化关系，进而对寿命做出评价。一般考核时长为阴极设计寿命或工程应用要求的 1.5 倍，或直至达到失效判据为止。

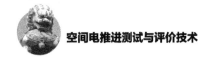

|5.2 栅极组件测试技术|

5.2.1 栅极组件的结构与工作原理

离子推力器栅极组件的作用是为放电室中的推进剂离子提供加速场，使其加速后高速喷出，从而通过反作用力形成推力。

栅极组件由两片或三片开有数千至上万个小孔的导电栅片组成，最典型的栅极组件双栅极，小孔分布一般为正三角形分布。两片栅极由于其各自所扮演的角色及作用不同，分别被称为屏栅极和加速栅极，上游的栅极叫屏栅，其电压 ϕ_s 比放电室等离子体电压 ϕ_0 稍微低一些（通常为阳极电压），用来阻挡等离子体中的电子；下游的栅极叫加速栅，其电压 ϕ_a 较低（负电压），可以为放电室中推进剂电离产生的离子提供加速场。两栅的小孔一一对应，并且对中或者依照特定补偿系数设计有一定偏移，被聚焦加速并产生推力的离子束流将从这些小孔中引出。

图 5-9 所示为栅极组件几何参数示意图。d_s 和 d_a 分别表示屏栅极与加速栅极的孔径，t_s 和 t_a 分别表示屏栅极与加速栅极的厚度，l_g 是栅极间距，$l_e = \sqrt{(l_g + t_s)^2 + \left(\dfrac{d_s}{2}\right)^2}$ 是有效加速长度。

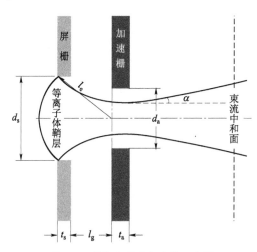

图 5-9 栅极组件几何参数示意图

在屏栅极的上游，由于放电室等离子体中的电子较离子有较高的迁移率，电子将先于离子到达屏栅而在栅前产生一个负电位鞘层，这个负电位吸引离子而排斥电子，使到达屏栅的离子流密度增大，而电子流密度减小，最后当达到屏栅极的电子流密度等于离子流密度时，就在屏栅极上游表面形成一层电位稍低于等离子体电位的等离子体鞘层（简称鞘层），该鞘层的电位比屏栅电位略高一些，为 3～5 V。栅极组件就是利用加速电压将离子从这个鞘层引出，所以也将这个鞘层叫作离子发射面。引出离子束的聚焦特性就取决于鞘层的形状与位置，鞘层的形状与位置又取决于加速电压，所以引出离子束的聚焦也要通过选择适当的加速电压来调节。加速栅极的作用就是与屏栅极一起，形成一个强加速场引出离子束流，同时阻止下游中和器发射的电子向放电室反流。

离子聚焦发生在离子加速区，该区分为两个部分：鞘层至屏栅孔之间和两栅之间。在整个加速区中，离子基本受电力线的约束。在鞘层附近，离子速度较小，趋向于垂直电位面运动，对决定离子的运动轨道起到关键的作用。离子初始运动方向主要取决于鞘层形状。只靠等离子体与屏栅极间电位差（等于等离子体悬浮电位差）加速聚焦离子是不够的，还要经过屏栅极对地的更大电位差加速和聚焦离子，使其获得更高的速度。离子通过双栅孔后，虽然还要通过减速场，但不会有大的发散。如图 5-9 所示，理想的情况是鞘层发射的离子全部通过加速场，不被加速栅极孔边缘截获，同时不产生过聚焦，即离子束交叉现象。另外应注意，对整个栅极开孔区域而言，引出的束流密度应尽量均匀。

5.2.2　主要几何参数及其测量方法

1. 孔径测量方法

栅极孔径是指栅极上小圆孔的直径，可在激光三维轮廓仪上检测栅极孔径，测量时光学放大倍数不低于 64 倍。栅极孔径检测建议采用抽检方法，图 5-10、图 5-11、图 5-12 分别为 20 cm、30 cm、40 cm 栅极的抽样检测区示意图，抽检区域为 9 个圆形区，用字母 A～I 表示。在每个抽检区任意抽检多个孔。

栅极孔径检测步骤如下：

① 启动激光三维轮廓仪及测试软件系统，将光照模式设置为背光模式。

② 将被测栅极放置于检测工装上，并放置在激光三维轮廓仪移动平台上。

③ 在抽检区内抽检栅极孔径，聚焦清晰后用仪器测量软件自动测量孔径，记录测试数据。

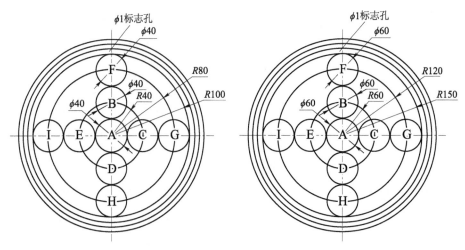

图 5-10　栅极孔径抽检区域位置示意图　　　图 5-11　栅极孔径抽检区域位置示意图

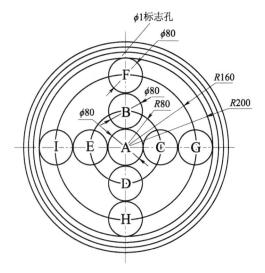

图 5-12　栅极孔径抽检区域位置示意图

④ 完成检测后，栅极装入专用包装箱，激光三维轮廓仪关机。

金属钼栅极栅孔加工一般采用电化学腐蚀成孔工艺，栅极成孔后，栅极孔口处最大直径减去孔壁中间最小孔径差值，得到的差值与栅极壁厚的比值定义为栅极成孔侧蚀量。

栅极成孔侧蚀量检测方法示意图如图 5-13 所示，图中 D 为孔口最大孔径尺寸，采用光学三维轮廓仪的正光模式检测；d 为孔

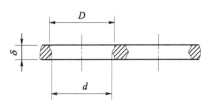

图 5-13　栅极成孔侧蚀量检测方法示意图

壁中部最小孔径尺寸，采用光学三维轮廓仪的背光模式检测；δ 为栅极的厚度，用千分尺检测。

栅极成孔侧蚀量用字母 C 表示，按式（5-2）计算。

$$C = \frac{D - d}{\delta} \tag{5-2}$$

式中　C——栅极成孔侧蚀量，单位为 mm；

　　　D——孔口最大孔径尺寸，单位为 mm；

　　　d——孔壁中部最小孔径尺寸，单位为 mm；

　　　δ——栅极厚度，单位为 mm。

检测采用抽检方法，每个抽检区域内抽检一对相邻小孔检测，以其中最大的侧蚀量作为该栅极侧蚀量的检测结果。

2. 拱高测试方法

拱高是指栅极球面部分的高度，定义为栅极球面中心点（最高点）与栅极边缘环形平面（检测基准面）之间高度的差值。

拱高检测步骤如下：

① 检测准备。如图 5-14 所示，将栅极放置在检测专用工装上，并用顶紧螺钉使栅极边缘环形平面部分紧贴检测工装，顶紧点应选择在环形平面径向的中间位置。

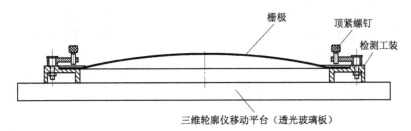

图 5-14　栅极检测工装示意图

② 确定栅极中心孔。如图 5-15 所示，数字 1～6 为 6 个均布的半径方向（其中 1 号经过栅极标志孔）。首先在栅孔区选择 1 号、4 号方向最靠边的两排孔，分别检测确定两端孔的中心位置；然后以 4 个孔中心点画出交叉连线，以此连线的交点确定出栅极中心孔。

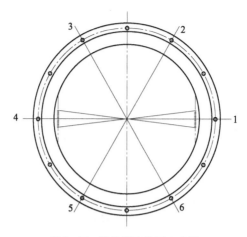

图 5-15 栅极拱高检测示意图

③ 检测拱高。首先检测中心孔处栅极外侧表面的高度值（Z 坐标值）；然后在栅极环形平面的中部选择 4 个圆周均布的点测试高度值（Z 坐标值），以 4 个点的高度平均值为测试基准平面高度值。拱高值按式（5-3）计算，为中点处的高度值减去基准面高度值：

$$h = z_{中心} - z_{基准} \tag{5-3}$$

式中　h——拱高，单位为 mm；

　　　$z_{中心}$——栅极中心处外侧表面的高度值（Z 坐标值），单位为 mm；

　　　$z_{基准}$——测试基准平面高度值（环面 Z 坐标值），单位为 mm。

3. 栅极间距测试方法

栅极间距是指相邻栅极之间的间距，可用台阶轴式专用塞规来检测栅极间距，图 5-16 所示为栅极间距检测方法示意图。

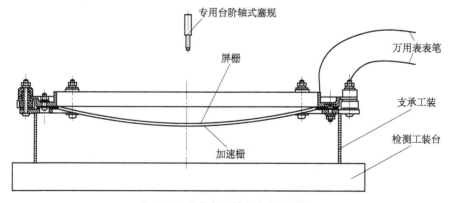

图 5-16 栅极间距检测方法示意图

栅极间距检测方法及要求如下：

① 采用一组长度不同的台阶轴式专用塞规检测栅极间距，塞规材料为导电金属材料。在被测栅极间距设计值为 0.8～1.0 mm 时，该组塞规的检测段长度范围为 0.80～2.00 mm，每隔 0.01 mm 为一个规格。塞规台阶轴的直径根据栅极组件的栅孔尺寸确定，检测段直径大于加速栅极孔径，小于屏栅极孔径；手柄段直径比屏栅极孔径大 0.5～0.8 mm。

② 检测时将专用塞规插入屏栅极孔中，通过专用塞规的前端面是否接触到加速栅极来判断被测栅极组件的栅极间距。图 5-17 所示为检测栅极间距时塞规与栅极的几何关系，δ 表示栅极间距，L 表示塞规检测段长度，t 表示屏栅极厚度，如果塞规前端面接触加速栅极，则

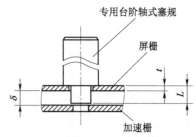

图 5-17　检测栅极间距时塞规与栅极的几何关系

$\delta \leqslant L-t$；如果塞规前端面未接触加速栅极，则 $\delta > L-t$。通过多个长度的塞规检测，给出检测点处的测量结果。

③ 检测时采用万用表检测屏栅极与加速栅极是否电导通来判断专用塞规的前端是否接触加速栅极。万用表设置为电阻检测的蜂鸣挡，如果专用塞规的前端面接触到加速栅极，则两个栅极通过专用塞规短路，万用表蜂鸣；如果专用塞规的前端面未接触到加速栅极，则两个栅极不能通过专用塞规短路，处于绝缘状态，万用表不蜂鸣。

5.2.3　主要性能参数及其测试方法

1. 导流系数测试方法

鞘层发射的离子流经过双栅区域抽取为束流，因受空间电荷限制而遵守二分之三次方定律。单孔束流密度为

$$j_b' = \frac{4}{9}\varepsilon_0 \sqrt{\frac{2e}{m_i}} \frac{V_t^{3/2}}{l_e^2} \qquad (5-4)$$

式中　ε_0——真空介电常数，数值为 8.854 2 × 10^{-12} F/m；

　　　e——电子电荷，单位为 C；

　　　m_i——离子质量，单位为 kg；

　　　V_t——总加速电压，单位为 V；

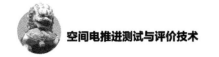

l_e——有效加速长度，单位为 m。

假定通过屏栅孔的离子流是均匀的，则单孔束流密度乘以 $\pi d_s^2/4$，可以得到单孔束流：

$$I_b' = \frac{\pi d_s^2}{4} j_b' = \frac{\pi}{9}\varepsilon_0\sqrt{\frac{2e}{m_i}} \cdot \frac{V_t^{3/2} d_s^2}{l_e^2} \qquad (5\text{--}5)$$

为了更方便表示栅极组件产生离子束流的特性，定义 $P = I_b'/V_t^{3/2}$ 为单孔导流系数，其表达式为

$$P = \frac{\pi}{9}\varepsilon_0\sqrt{\frac{2e}{m_i}}\left(\frac{d_s}{l_e}\right)^2 \qquad (5\text{--}6)$$

导流系数只是栅极组件几何参数的函数，表征栅极组件结构所能通导束流的能力。在实际设计时，使用归一化的导流系数更为方便。如果束离子全部由单荷离子构成，且屏栅孔径与加速栅孔径相同，则定义单孔归一化导流系数为

$$K = \frac{I_b'}{V_t^{3/2}}\left(\frac{l_e}{d_s}\right)^2 = \frac{\pi\varepsilon_0}{9}\sqrt{\frac{2e}{m_i}} \qquad (5\text{--}7)$$

式（5-7）是在假定鞘层发射的离子全部通过双栅离子光学系统的条件下推得的，计算出的 K 值实际是最大归一化导流系数 K_{max} 值。考虑到离子束的准直性，归一化导流系数的实用值一般取理论极限值 K_{max} 的 30%～50%。当加速栅极出现明显的离子截获时，所对应的归一化导流系数值为设计的使用上限值。

栅极组件的导流系数可以通过栅极的设计工作电压、引出束流以及栅极的几何结构尺寸来计算。

2. 离子透明度测试方法

离子推力器栅极组件的束流引出效率对于离子推力器的性能有重要影响，该引出效率对于评估放电室和栅极组件的优化设计也具有重要意义。若知道单位时间内从栅极组件喷出的推进剂离子量与注入放电室内的推进剂总量间的比例关系，就能直接了解束流引出效率。因此，提出了栅极组件的有效离子透明度的概念，其反映了推力器放电室中推进剂的电离化率和栅极组件的引出能力。通过离子透明度测量，可以评估栅极组件性能。通常采用测量相关电流数据求得有效透明度的方法来间接反映。

离子透明度可定义为单位时间内经由栅极组件离开放电室的 Xe^+ 数目与放

电室内产生的 Xe$^+$总数的比值。显然，该比值等效于电流比。由于栅极组件的静电聚焦作用，有效透明度 $\boldsymbol{\Phi}_a$ 要高于屏栅的物理透明度 $\boldsymbol{\Phi}_A$（即栅孔面积占屏栅有效面积之比）。在束流引出状态下，一部分 Xe$^+$撞击在屏栅上游表面后被中和，试验中发现在屏栅和主阴极之间附加直流偏置电源可以在不改变放电电压的情况下提高 Xe$^+$的束流密度，并阻止放电室内部电子向屏栅上游表面运动，因此可将屏栅上的碰撞电流看作偏置电压的函数。图 5-18 给出了典型试验测得的束电流和偏置电压的关系曲线。

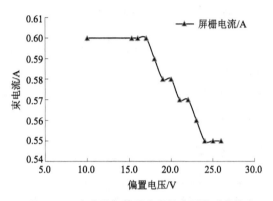

图 5-18　束电流与偏置电压的典型关系曲线

离子推力器工作状态下，离子透明度测量电路示意图如图 5-19 所示，在

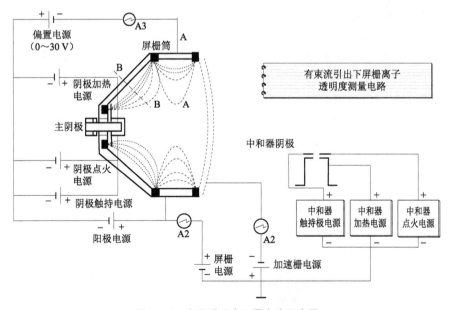

图 5-19　离子透明度测量电路示意图

主阴极和屏栅之间加载高于设备地 10～25 V 的正偏压，以阻止放电室等离子体中的电子撞在屏栅表面或逃逸出放电室，从而更精确地测量离子电流。由此可知，偏置回路的电流即屏栅表面的离子碰撞电流，束电流即栅极组件引出的离子电流，两者之和与束电流的比值即栅极组件的有效透明度。

由图 5-19 可知，当偏置电压在 10～20 V 之间时，束电流达到饱和。偏置回路中的电流即 Xe$^+$ 撞击屏栅产生的电流 I_s，撞击在加速栅上游表面的 Xe$^+$ 产生的电流（即加速电流）I_a 可以通过在加速栅供电回路中串接电流表测得。最后根据下式计算出离子光学系统的有效透明度 Φ_a：

$$\Phi_a = \frac{I_b}{I_b + I_s + I_a} \qquad (5\text{-}8)$$

式中　　I_b——束电流，单位为 A；

I_s——Xe$^+$ 撞击屏栅产生的电流，单位为 A；

I_a——加速栅电流，单位为 A。

3. 电子反流极限电压测试方法

电子反流是离子推力器栅极组件的一类失效模式，是指放电室外中和器发射的用以中和束流离子的电子，穿过栅极小孔，反流到放电室，造成离子推力器不能正常工作的失效模式，主要是由于加速栅极小孔孔壁被腐蚀，小孔孔径增大导致孔中心负电压无法阻止中和器电子反流，或由于栅极电压设计偏低，使加速栅小孔区电势低于中和器电子势能，引起电子反流。

图 5-20 所示为栅极小孔区域轴向的电势分布，黑色实线表示经过屏栅极和加速栅极实体的电势，黑色虚线表示经过孔中心的电势分布。屏栅极一般为上千伏的正电压，加速栅极电压一般为几百伏的负电压，加速栅极下游电势逐渐上升至零电位。这种设计使在加速栅极轴向位置束流中心线附近形成一个马鞍形的电势分布（如图 5-20 中虚线所示）。鞍形中心位置处的电压被称为"鞍点电压"，该电压一方面对放电室中的离子起到聚焦加速作用，另一方面形成一个负的势垒，阻止下游中和器发射的电子反流到放电室中。

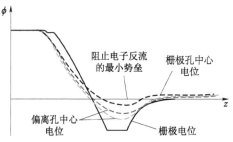

图 5-20　栅极小孔区域轴向电势分布

鞍点电压的大小，决定了它阻止下游束流等离子体中的电子反流到放电室的能力。要阻止电子反流，必须为加速栅极提供足够的负电压，使它能阻止束流等离子体中的电子反流。理想情况下，加速栅极的电压应该低于电子反流极限电压，但要尽量接近这个值。这样是为了使下游交换电荷离子对加速栅的溅射腐蚀达到最小，从而尽可能延长栅极的寿命。遗憾的是，随着加速栅极长期工作的磨损，电子反流极限电压会发生变化。这就需要找到一个确定加速栅电压的折中的办法。影响反流极限电压的因素有很多，包括栅极孔的尺寸、束流大小和栅极间距等，离子束中的等离子体流场环境也是影响反流极限电压的一个重要因素。

一般情况下，离子推力器发生电子反流失效的过程如下：

① CEX 离子溅射刻蚀作用逐渐扩大加速栅极的小孔孔径。

② 逐渐扩大的栅极孔径使得孔中心阻止电子反流的负电势垒，即鞍点电压绝对值逐渐减小。

③ 过小的负电势垒不能阻止加速栅极下游麦克斯韦分布尾部的高能电子反流到放电室内时，离子推力器出现电子反流现象，当反流电流与束流达到一定比例时，将使离子推力器无法正常工作而失效。

本书所述的电子反流极限电压是指引起电子反流的加速栅电压临界值，当减小加速栅电压到该临界值时，由于电子反流造成束流增加，称这时的加速栅电压就是电子反流极限电压。

离子推力器电子反流极限电压测试，是评价离子推力器栅极组件加速栅电子反流失效模式寿命裕度的重要参数。在寿命试验过程中，定期开展电子反流极限电压的测试，是掌握栅极组件性能退化的主要方法，可有效掌握栅极组件的加速栅电压安全裕度，便于开展整个离子推力器的寿命预估，是寿命试验过程中重要的测试项目之一。

测量方法为：使离子推力器由室温启动并工作在额定工况下不断调整加速栅极电压绝对值，测出束电流变化拐点所对应的加速栅电压值。即以加速栅极电压额定值为起始点，连续缓慢减小电压值（绝对电压值），束电流值会随之增加。观测束电流值，当束电流值增加且增加值大于或等于 1%束流值时，此时的加速栅极电压值即电子反流极限电压。

离子推力器电子反流极限电压测试流程如图 5-21 所示。

4. 加速栅极的截获电流及其腐蚀测量方法

离子对加速栅极的溅射腐蚀会减小推力器的使用寿命。这些离子通常分为两类，一类是放电室产生的、引出时偏离束流的离子，它们会直接碰撞到加速

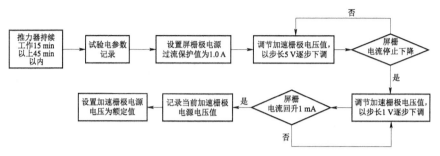

图 5-21　离子推力器电子反流极限电压测试流程

栅极；另一类是产生于加速栅极附近的交换电荷离子，这些离子的能量比较低，会被加速栅的负电位吸引，从而轰击到加速栅极。如果栅极组件设计合理，工作条件适当，第一类离子对加速栅极的轰击可以忽略。对加速栅极造成溅射腐蚀的主要是第二类离子，由于离子推力器放电室推进剂电离率不可能达到100%，中性原子从栅极孔扩散到束流区无法避免，加速栅极附近的中性原子与离子碰撞是不可避免的，碰撞产生的交换电荷离子对加速栅的轰击不可能完全消除。但是，良好的栅极组件设计可以降低加速极的工作电压，降低交换电荷离子对加速栅极的轰击，理想值是能够使加速栅极的截获电流降低到引出束流的 5‰以内。

　　加速栅极的腐蚀主要是由中和面上下游产生的交换电荷离子对加速栅轰击造成的。中和面上游产生的交换电荷离子对加速栅的下游表面和孔壁都会造成溅射腐蚀，而中和面下游产生的交换电荷离子只腐蚀下游表面。试验验证结果显示，加速栅下游表面被轰击溅射出很多凹坑和凹槽，而孔径的增大量却很小（见图 5-22）。

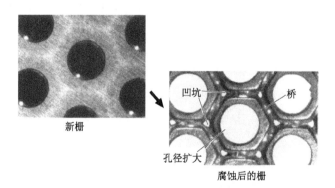

图 5-22　典型的加速栅极溅射腐蚀位置

加速栅单孔区域的体积腐蚀率（$\dot{V}_{accel}$）可表示为

$$\dot{V}'_{\text{accel}} = (\dot{V}'^{\text{up}}_{\text{w}} + \dot{V}'^{\text{up}}_{\text{p-g}}) + \dot{V}'^{\text{dwn}}_{\text{p-g}} \qquad (5-9)$$

式中　$\dot{V}'_{\text{w}}$，$\dot{V}'_{\text{p-g}}$——小孔区域的孔壁体积腐蚀率和凹坑、凹槽体积腐蚀率；上标"up"和"dwn"分别表示产生于中和面上游和下游的交换电荷离子。

式（5-9）中的变量可以表示为

$$\dot{V}'^{\text{up}}_{\text{w}} + \dot{V}'^{\text{up}}_{\text{p-g}} = \frac{J'^{\text{up}}_{\text{i}}}{e \cdot \rho_{\text{a}}} \cdot \frac{m^{\text{a}}_{\text{amu}}}{N_{\text{A}}} \cdot Y \cdot f^{\text{h}}_{\text{corr}} \qquad (5-10)$$

$$\dot{V}'^{\text{dwn}}_{\text{p-g}} = \frac{J'^{\text{dwn}}_{\text{i}}}{e \cdot \rho_{\text{a}}} \cdot \frac{m^{\text{a}}_{\text{amu}}}{N_{\text{A}}} \cdot Y \cdot f^{\text{p-g}}_{\text{corr}} \qquad (5-11)$$

式中　J'_{i}——每孔的截获电流，单位为 A；

$m^{\text{a}}_{\text{amu}}$——加速栅极材料的原子质量，单位为 kg；

ρ_{a}——加速栅极的质量密度，单位为 kg/m³；

N_{A}——阿伏加德罗常数；

Y——氙离子垂直入射时的栅极溅射产额；

f_{corr}——溅射产额的修正因子，该修正因子用来计算非垂直入射的溅射产额，入射离子能量的变化、溅射物质的再沉积以及其他溅射现象都会影响溅射腐蚀体积的测量。

式（5-10）和式（5-11）中带上标的参数表示每孔的参数值。上述等式去掉上标后，就代表整个加速栅极的体积腐蚀率。

通过式（5-9）、式（5-10），试验中测量加速栅截获电流，可以对其腐蚀量进行预测，进而对栅极组件的寿命做出评价。

参 考 文 献

[1] 郭宁，顾佐，邱家稳，等. 空心阴极在空间技术中的应用 [J]. 真空，2005，42 (5)：32-35.

[2] G A Csiky. Langmuir Probe Measurements in A Discharge from A Hollow Cathode [J]. Journal of Spacecraft and Rockets, 1970, 7 (4): 474-475.

[3] C M Philip. A Study of Hollow Cathode Discharge Characteristics [J]. AIAA Journal, 1971, 9 (11): 2191-2196.

[4] M J Mirtich. Investigation of Hollow Cathode Performance for 30-cm Thrusters [C]. American Institute of Aeronautics and Astronautics, Electric Propulsion Conference, 10th, Lake Tahoe, Nev; United States; 31 Oct.-2 Nov.

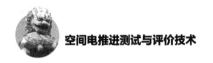
1973. 9 pp. 1973.

[5] E G Wintucky. A 20000–hour Endurance Test of a Structurally and Thermally Integrated 5–cm Diameter ion Thruster main Cathode [R]. NASA TM X–71660/ AIAA 1975–368.

[6] D G Fearn. Thruster Component Life-testing under Cyclic and Steady-state Conditions [C]. American Institute of Aeronautics and Astronautics, International Electric Propulsion Conference, Key Biscayne, Fla ; United States; 14–17 Nov. 1976. 15 pp. 1976.

[7] D S Siegfried, P J Wilbur. A Phenomenological Model Describing Orificed, Hollow Cathode Operation [C]. International Electric Propulsion Conference, 15th, Las Vegas, Nev ; United States; 21–23 Apr. 1981. AIAA 12 pp. 1981.

[8] D S Siegfried, P J Wilbur. A Model for Mercury Orificed Hollow Cathodes: Theory and Experiment [C]. International Electric Propulsion Conference, 16th, New Orleans, LA; United States; 17–19 Nov. 1982. AIAA 11 pp. 1982.

[9] H R Kaufman, R S Robinson. Electric thruster research [R]. NASA–CR–165603.

[10] V J Friedly, P J Wilbur. High Current Hollow Cathode Phenomena [J]. Journal of Propulsion and Power, 1992, 8(3): 635–643.

[11] T R Verlley, M J Patterson. Microanalysis of Extended-Test Xenon Hollow Cathodes [R]. NASA–TM–I04532/ AlAA 1991–2123.

[12] T R Verhey. Extended Test of a Xenon Hollow Cathode for a Space Plasma Contactor [R]. NASA CR–195402.

[13] T R Verhey. Destructive Evaluation of a Xenon Hollow Cathode After a 28,000 Hour Life Test [R]. AIAA 1998–3482.

[14] T R Verhey. Scenario for Hollow Cathode End-of-Life [R]. NASA/CR 2000– 209420.

[15] I Kameyama. Effects of Neutral Density on Energetic Ions Produced Near High-Current Hollow Cathodes [R]. NASA CR–204154.

[16] D G Fearn, S W Patterson. Characterisation of the High Current Hollow Cathode for the T6 Ion Thruster [C]. AIAA/ASME/SAE/ASEE Joint Propulsion Conference & Exhibit, 34th, Cleveland, OH, July 13–15, 1998, 13.

[17] M T Domonkos, A D Gallimore, G J Williams, et al. Low-Current Hollow Cathode Evaluation [C]. AIAA/ASME/SAE/ASEE Joint Propulsion Conference and Exhibit, 35th, Los Angeles, CA, June 20–24, 1999, 25.

[18] G J Williams, T B Smith, M T Domonkos, et al. Laser-Induced Fluorescence

Characterization of Ions Emitted from Hollow Cathodes [J]. IEEE Transactions on Plasma Science, 2000, 28 (5): 1664–1675.

[19] G J Williams, S D Kovaleski. Near-Field Plasma Characteristics of a 15 A Hollow Cathode via Laser Diagnostics [R]. AIAA 2002–2192.

[20] J E Foster, M J Patterson. Characterization of Downstream Ion Energy Distributions From a High Current Hollow Cathode in a Ring Cusp Discharge Chamber [R]. NASA/TM—2003–212589/ AIAA–2003–4865.

[21] Y Hayakawa, S Kitamura, K Miyazaki, et al. Wear Test of a Hollow Cathode for 35–cm Xenon Ion Thrusters [C]. 38th AIAA/ASME/SAE/ASEE Joint Propulsion Conference and Exhibit, Indianapolis, IN, July 7–10, 2002, Reston, VA, American Institute of Aeronautics and Astronautics, Inc., 6 p.

[22] D A Herman, D S McFarlane, A D Gallimore. Discharge Plasma Parameters of a 30–cm Ion Thruster Measured without Beam Extraction using a High-Speed Probe Positioning System [C]. IEPC 2003–0069.

[23] D A Herman, A D Gallimore. Near Discharge Cathode Assembly Plasma Potential Measurements in a 30–cm NSTARtype Ion Engine amidst Beam Extraction [C]. 40th AIAA/ASME/SAE/ASEE Joint Propulsion Conference and Exhibit; Fort Lauderdale, FL; July 11–14, 2004.

[24] E C Fossum, J D Sommerville, L B King. Characterization of Near Field Plasma Environment of a Hollow Cathode Assembly [C]. 40th AIAA/ASME/ SAE/ASEE Joint Propulsion Conference and Exhibit; Fort Lauderdale, FL; July 11–14, 2004.

[25] D M Goebel, I Katz, J Polk. Extending Hollow Cathode Life for Electric Propulsion in Long-Term Missions [R]. Space 2004 Conference and Exhibit; San Diego, CA; USA; 28–30 Sept. 2004. pp. 1–12. 2004.

[26] D M Goebel, K K Jameson, R M Watkins. Hollow Cathode and Keeper-Region Plasma Measurements Using Ultra-Fast Miniature Scanning Probes [R]. AIAA 2004–3430.

[27] J A Vaughn, T A Schneider, J E Polk, et al. NEXIS Reservoir Cathode 2000 Hour Proof-of-Concept Test [C]. 40th AIAA/ASME/SAE/ASEE Joint Propulsion Conference and Exhibit; Fort Lauderdale, FL; July 11–14, 2004.

[28] J Polk, C Marrese, B Thornber, et al. Temperature Distributions in Hollow Cathode Emitters [C]. 40th AIAA/ASME/SAE/ASEE Joint Propulsion Conference and Exhibit; Fort Lauderdale, FL; July 11–14, 2004.

[29] H McEwen，H Kamhawi，D Manzella，et al. Development of a Hollow Cathode Assembly for the High Voltage Hall Accelerator [C]. 41st AIAA/ASME/ SAE/ASEE Joint Propulsion Conference & Exhibit; Tucson, AZ; USA; 10–13 July 2005. pp. 1–13. 2005.

[30] R H Martin，J D Williams. Direct Measurements of Plasma Properties nearby a Hollow Cathode Using a High Speed Electrostatic Probe [C]. 42nd AIAA/ ASME/SAE/ASEE Joint Propulsion Conference & Exhibit. 2006.

[31] J E Foster，M J Patterson. Downstream Ion Energy Distributions in a Hollow Cathode Ring Cusp Discharge [J]. Journal of Propulsion and Power，2005,21 （1）：144–151.

[32] D A Herman，A D Gallimore. Discharge Chamber Plasma Potential Mapping of a 40–cm NEXT-type Ion Engine [C]. 41st AIAA/ASME/ SAE/ASEE Joint Propulsion Conference & Exhibit; Tucson, AZ; USA; 10–13 July 2005. pp. 1–21. 2005.

[33] I G Mikellides，I Katz，D M Goebel，et al. Theoretical Model of a Hollow Cathode Insert Plasma [C]. 40th AIAA/ASME/SAE/ASEE Joint Propulsion Conference and Exhibit; Fort Lauderdale, FL; July 11–14, 2004.

[34] I G Mikellides，I Katz，D M Goebel. Numerical Simulation of the Hollow Cathode Discharge Plasma Dynamics [C]. Princeton：29th International Electric Propulsion Conference，2005.

[35] R Albertoni, D Pedrini, F Paganucci, et al. A Reduced-Order Model for Thermionic Hollow Cathodes [J]. IEEE Transactions on Plasma Science, 2013, 41(7)：1731–1745.

[36] R Albertoni, D Pedrini, F Paganucci, et al. Experimental Characterization of a LaB6 Hollow Cathode for Low-Power Hall Effect Thrusters [C]. Cologne: Space Propulsion, 2014.

[37] D M Goebel, I Katz. Fundamentals of Electric Propulsion: Ion and Hall Thrusters [M]. New York，USA: Wiley, 2008.

[38] A Salhi, P J Turchi. A First-Principles Model for Orificed Hollow Cathode Operation [C]. AIAA, SAE, ASME, and ASEE, Joint Propulsion Conference and Exhibit, 28th, Nashville, TN, July 6–8, 1992. 11 p.

[39] M T Domonkos. A Particle and Energy Balance Model of the Orificed Hollow Cathode [C]. 38th AIAA/ASME/SAE/ASEE Joint Propulsion Conference and Exhibit, Indianapolis, IN, July 7–10, 2002, Reston, VA, American Institute of

Aeronautics and Astronautics, Inc., 21 p.

[40] I Katz, J R Anderson, J E Polk, et al. One-Dimensional Hollow Cathode Model [J]. Journal of Propulsion And Power,2003,19(4):595–600.

[41] D Pedrini，R Albertoniy，F Paganucci. Theoretical Model of a Lanthanum Hexaboride Hollow Cathode [C]. IEPC–2013–111.

[42] O Korkmaz, M Celik. Global Numerical Model for the Assessment of the Effect of Geometry and Operation Conditions on Insert and Orifice Region Plasmas of a Thermionic Hollow Cathode Electron Source [J]. Plasma Phys, 2014, 54(10): 838–850.

[43] D Pedrini, R Albertoni, F Paganucci, et al. Modeling of LaB6 Hollow Cathode Performance and Life Time [C]. Beijing: 64th IAC ,2014.

[44] E G Wintucky. High Voltage Pulse Ignition of Mercury Discharge Hollow Cathodes [C]. American Institute of Aeronautics and Astronautics, Electric Propulsion Conference, 10th, Lake Tahoe, Nev ; United States; Oct. 31–Nov. 2 1973. 10 pp. 1973.

[45] E G Wintucky，R P Gruber.Pulse Ignition Characterization of Mercury Ion Thruster Hollow Cathode Using An Improved Pulse Ignitor [C]. American Institute of Aeronautics and Astronautics and Deutsche Gesellschaft fuer Luft–und Raumfahrt, International Electric Propulsion Conference, 13th, San Diego, Calif ; United States; 25–27 Apr. 1978. AIAA 19 pp. 1978.

[46] S W Patterson，M Jugroot，D G Fearn. Discharge Initiation in the T6 Thruster Hollow Cathode [C]. AIAA/ASME/SAE/ASEE Joint Propulsion Conference and Exhibit, 36th, Huntsville, AL, July 16–19, 2000, 11 p.

[47] W G Tighe，K Chien，D M Goebel, et al. Hollow Cathode Ignition and Life Model [C]. 41st AIAA/ASME/SAE/ASEE Joint Propulsion Conference & Exhibit; Tucson, AZ; USA; 10–13 July 2005. pp. 1–11. 2005.

[48] W G Tighe，K Chien，D M Goebel, et al. Hollow Cathode Ignition Studies and Model Development [C]. IEPC–2005–314.

[49] W G Tighe，K Chien，D M Goebel, et al. Hollow Cathode Emission and Ignition Studies at L–3 ETI [C]. IEPC–2007–023.

[50] B Rubin, J D Williams. Hollow Cathode Conditioning and Discharge Initiation Studies [C]. International Conference on Pulsed Power and Plasma Science, June 20, 2007.

[51] D M Goebel，K Jameson，I Katz, et al. Energetic Ion Production and Electrode

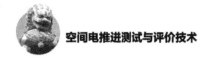
Erosion in Hollow Cathode Discharges [C]. IEPC–2005–266.

[52] A Sengupta. Experimental Investigation of Discharge Plasma Magnetic Confinement in an NSTAR Ion Thruster [C]. 41st AIAA/ASME/SAE/ASEE Joint Propulsion Conference & Exhibit; Tucson, AZ; USA; 10–13 July 2005. pp. 1–30. 2005.

[53] J W John, T S Verhey, D T Jacobson, et al. High Current Cathode Development for 50 kW Class Hall Thrusters [C]. 41st AIAA/ASME/SAE/ASEE Joint Propulsion Conference & Exhibit; Tucson, AZ; USA; 10–13 July 2005. pp. 1–11. 2005.

[54] K K Jameson, D M Goebel, R M Watkins. Hollow Cathode and Keeper-Region Plasma Measurements [C]. 41st AIAA/ASME/SAE/ASEE Joint Propulsion Conference & Exhibit; Tucson, AZ; USA; 10–13 July 2005. pp. 1–10. 2005.

[55] K K Jameson, D M Goebel, R M Watkins. Hollow Cathode and Thruster Discharge Chamber Plasma Measurements Using High-Speed Scanning Probes [C]. IEPC–2005–269.

[56] D M Goebel, R M Watkins. LaB6 Hollow Cathodes for Ion and Hall Thrusters [C]. 41st AIAA/ASME/SAE/ASEE Joint Propulsion Conference & Exhibit; Tucson, AZ; USA; 10–13 July 2005. pp. 1–9. 2005.

[57] J L Noord, H Kamhawi, H K McEwen. Characterization of a High Current, Long Life Hollow Cathode [R]. NASA/TM—2006–214095.

[58] J E Polk, D M Goebel, R Watkins, et al. Characterization of Hollow Cathode Performance and Thermal Behavior [C]. 42nd AIAA/ASME/SAE/ ASEE Joint Propulsion Conference & Exhibit, 2006.

[59] I G Mikellides, I Katz, K K Jameson, et al. Driving Processes in the Orifice and Near-Plume Regions of a Hollow Cathode [C]. 42nd AIAA/ASME/SAE/ ASEE Joint Propulsion Conference & Exhibit, 2006.

[60] A D Gallimore, J L Rovey, D A Herman. Erosion Processes of the Discharge Cathode Assembly of Ring-Cusp Gridded Ion Thrusters [C]. 37th AIAA Plasmadynamics and Lasers Conference; San Francisco, CA; USA; 5–8 June 2006. 2006.

[61] K K Jameson, D M Goebel, I Mikellides, et al. Local Neutral Density and Plasma Parameter Measurements in a Hollow Cathode Plume [C]. 42nd AIAA/ASME/SAE/ASEE Joint Propulsion Conference & Exhibit, 2006.

[62] J N Przybylowski, J E Polk, J E Shepherd, et al. Effects of Varied Propellant

Compositions on the Ion Energy Distributions in Hollow Cathodes [C].
IEPC-2007-174.

[63] D M Goebel, K K Jameson, I Katz, et al. Potential fluctuations and energetic
ion production in hollow cathode discharges [J]. Physics of Plasmas, 2007,
14（103508）: 1-15.

[64] I G Mikellides, I Katz, D M Goebel, et al. Assessments of Hollow Cathode
Wear in the Xenon Ion Propulsion System (XIPS©) by Numerical Analyses
and Wear Tests [C]. AIAA 2008-5208/ 44th AIAA/ASME/SAE/ ASEE Joint
Propulsion Conference & Exhibit.

[65] Y Ohkawa, Y Hayakawa, H Yoshida, et al. Life Test of a Graphite-Orificed
Hollow Cathode [C]. AIAA 2008-4817/ 44th AIAA/ASME/ SAE/ASEE Joint
Propulsion Conference & Exhibit.

[66] Y Ohkawa, Y Hayakawa, H Yoshida, et al. Current Statuses of Graphite
Hollow Cathode Life Tests [C]. AIAA 2010-6945/ 46th AIAA/ASME/
SAE/ASEE Joint Propulsion Conference & Exhibit.

[67] J N Przybylowski, J E Polk, J E Shepherd. Spatially Mapping the Ion Energy
Distributions in Hollow Cathode Discharges [C]. AIAA 2008-5206/ 44th
AIAA/ASME/SAE/ASEE Joint Propulsion Conference & Exhibit.

[68] D M Goebel, J E Polk, I G Mikellides. Ion Thruster Performance Impacts Due
to Cathode Wear [C]. AIAA 2009-4920/45th AIAA/ASME/SAE/ASEE Joint
Propulsion Conference & Exhibit.

[69] D M Goebel, I G Mikellides, J E Polk, et al. Keeper Wear Mechanisms in the
XIPS© 25-cm Neutralizer Cathode Assembly [C]. IEPC-2009-153.

[70] D J Warner, R D Branam, W A Hargus. Ignition and Plume Characteristics of
Low-Current Cerium and Lanthanum Hexaboride Hollow Cathodes [J].
Journal of Propulsion and Power, 2010, 26（1）: 130-134.

[71] C C Farnell, J D Williams. Comparison of hollow cathode discharge plasma
configurations [J]. Plasma Sources Science and Technology, 2011,
20(025006): 1-18.

[72] D M Goebel, E Chu. High Current Lanthanum Hexaboride Hollow Cathodes
for High Power Hall Thrusters [C]. IEPC-2011-053.

[73] M Coletti, S B Gabriel. Insert Temperature Measurements of a 180A Hollow
Cathode for the HiPER Project [C]. AIAA 2012-4081/ 48th AIAA/ASME/
SAE/ASEE Joint Propulsion Conference & Exhibit.

[74] D M Goebel，E Chu. High Current Lanthanum Hexaboride Hollow Cathode for 20-to-100 kW Class Hall Thrusters [C]. AIAA 2012-4079/48th AIAA/ASME/ SAE/ASEE Joint Propulsion Conference & Exhibit.

[75] E Chu，D M Goebel. High-Current Lanthanum Hexaboride Hollow Cathode for 10-to-50-kW Hall Thrusters [J]. IEEE Transactions on Plasma Science，2012,40（9）: 2133-2144.

[76] B A Jorns，I G Mikellidesy，D M Goebel. Temporal Fluctuations in a 100-A LaB6 Hollow Cathode [C]. IEPC-2013-385.

[77] R E Thomas，H Kamhawi，G J Williams. High Current Hollow Cathode Plasma Plume Measurements [C]. NASA/TM-2014-218401/ IEPC 2013-076.

[78] D M Goebel，E Chu. High-Current Lanthanum Hexaboride Hollow Cathode for High-Power Hall Thrusters [J]. Journal of Propulsion and Power，2014,30（1）: 35-40.

[79] B A Jorns，I G Mikellidesy，D M Goebel. Investigation of Energetic Ions in a 100-A Hollow Cathode [C]. AIAA 2014-3826/50th AIAA/ASME/SAE/ASEE Joint Propulsion Conference.

[80] S Yokota，K Kojima，T Kimura，et al. 100 A Class Hollow Cathode [C]. IEPC-2015-192/ISTS-2015-b-192.

[81] D Pedrini，R Albertoni，F Paganucci，et al. Development of a LaB6 Cathode for High-Power Hall Thrusters [C]. IEPC-2015-47/ISTS-2015-b-47.

[82] D Frollani，M Coletti，S B Gabriel. Flexible LaB6 Hollow Cathode for Lab Tests [C]. IEPC-2015-46/ISTS-2015-b-46.

[83] D M Goebel, K Jameson, I Katz, et al. Energetic Ion Production and Keeper Erosion in Hollow Cathode Discharges [C]. IEPC-2005-266.

[84] 李娟，顾左，江豪成，等. 氙离子火箭发动机补偿栅极设计[J]. 真空与低温，2005，11（1）: 29-33.

[85] 王蒙，顾左，徐金灵. 离子推力器有效透明度的地面测量方法研究[J]. 真空与低温，2013， 19（2）: 95-99.

[86] J D Williams, D Goebel, P Wilbur. Analytical Model for Electron Back-streaming in Ion Thrusters [R]. In 39th AIAA/ASME/SAE/ASEE Joint Propulsion Conference and Exhibit, AIAA 03-4560, Huntsville, Alabama, July 2003.

[87] J H Whealton, D A Kirkman, R J Raridon. Electrostatic Ion Thruster Optics Calculations [R]. AIAA-92-3830/ AIAA, SAE, ASME, and ASEE, Joint

Propulsion Conference and Exhibit, 28th, Nashville, TN, July 6–8, 1992. 9 p. Research sponsored by NASA.

[88] X Peng, W M Ruyten, D Keefer. Further Study of the Effect of the Downstream Plasma Condition on Accelerator Grid Erosion in an Ion Thruster [R]. AIAA–92–3829/AIAA, SAE, ASME, and ASEE, Joint Propulsion Conference and Exhibit, 28th, Nashville, TN, July 6–8, 1992. 5 p. Research supported by Boeing Defense & Space Group.

[89] X Peng, W M Ruyten, D Keefer. Charge-Exchange Grid Erosion Study for Ground-Based and Space-Based Operations of Ion Thrusters [R]. IEPC–93–173, September 1993.

[90] Y Arakawa, M Nakano. An Efficient Three-Dimensional Optics Code for Ion Thruster Research [R]. AIAA–96–3198/AIAA, ASME, SAE, and ASEE, Joint Propulsion Conference and Exhibit, 32nd, Lake Buena Vista, FL, July 1–3, 1996, 8.

第 6 章

电推进羽流效应测试与评价技术

6.1 羽流等离子体模型与数值计算方法

6.1.1 电推进羽流的组成成分

电推进羽流是由离子、电子和原子组成的等离子体，这些基本粒子在羽流中所占比例、运动规律以及对羽流与卫星相互作用的影响程度不同，描述它们状态也有所不同。

1. 束流离子

在电推进羽流中，大部分推进剂被电离后在放电通道内电场的加速作用下获得较高的速度（一般为 20 000～40 000 m/s），向后喷出形成推力，这部分高速运动离子是羽流的主要组成部分。其运动轨迹呈发射状，由于速度很高，受到在羽流场中电磁力的作用影响可以忽略。试验测试数据结果表明，大部分束流离子都集中在扩散角为 0°～75°的范围内。

2. 中性原子

在放电通道中，虽然推进剂的电离率很高，但是没有完全被电离，仍然有小部分中性推进剂直接从推进器喷口向外扩散开来。这部分中性推进剂的能量等于放电通道的壁面温度，它们由于不带电荷并不会受到周围电磁场的作用，将以热运动形式向喷口外扩散，其扩散的速度大小远小于束流离子。

3. 电荷交换离子

在电推进羽流中，电荷交换离子是由高速束流离子与中性原子发生电荷交换碰撞产生的，中性原子失去电子变为离子，即电荷交换离子。由于发生电荷交换碰撞的粒子之间动量变化很小，所以得到的电荷交换离子以碰撞前中性原子的速度运动。推进剂为 Xe 的电推进器羽流中发生电荷交换碰撞过程的电荷变化如：

$$Xe_{slow} + Xe_{fast}^+ \rightarrow Xe_{slow}^+ + Xe_{fast} \tag{6-1}$$

CEX 离子是电推进羽流与航天器相互作用中最为显著的影响因素。由羽流中 CEX 的生成过程可知，CEX 离子是由羽流场中性推进剂失去一个电子转化过来的。而羽流场中性原子都是以热运动形式向外扩散，速度数值相对比较低，这就造成中性原子发生电荷交换碰撞后转化为 CEX 离子的速度也比较低。因此，CEX 离子受到羽流中电磁场的作用力后会加速运动，其运动效果直接导致羽流形态的变化，是造成电推进羽流对航天器产生作用最为重要的诱因。

4. 电子

羽流中的电子主要来源于电推进器的中和器，它们是保持羽流等离子体准中性的重要元素。电子具有速度大、质量小、自适应能力强等特点，在处理方法上一般采用流体进行模拟。电子的分布会影响到羽流的电磁场的分布，一般将羽流中的电子按照服从玻尔兹曼分布处理。

6.1.2　电推进羽流的动力学模型

1. 等离子体的德拜长度

电推进羽流为包含中性原子、电子与离子的高速稀薄发散等离子体，分子平均自由程很大，其最重要的一个特性就是电荷屏蔽现象。在等离子体中考察任一个带电粒子，由于它的静电场作用，在其附近会吸引异号电荷的粒子，同时排斥同号电荷的粒子，从而在其周围会出现净的异号"电荷云"（见图 6-1），这样就削弱了这个带电粒子对远处其他带电粒子的作用，这就是电

荷屏蔽现象。可用德拜长度 λ_D 来衡量等离子体的这种屏蔽作用的空间特征尺度，其表达式为

$$\lambda_D = \sqrt{\frac{\varepsilon_0 k T_{e0}}{e^2 n_e}} \tag{6-2}$$

式中　ε_0——真空介电常数，单位为 F/m；

　　　k——玻尔兹曼常数，单位为 J/K；

　　　T_e——电子温度，单位为 eV；

　　　n_e——电子密度，单位为 m^{-3}；

　　　e——单位电荷，单位为 C。

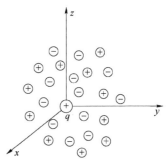

电荷屏蔽效应能保持等离子体在空间尺度 $L \gg \lambda_D$ 范围内为电中性，称为准电中性。在空间尺度 $L < \lambda_D$ 的区域内，正负电荷的数目不相等，中性条件不满足，等离子体概念不满足。只有在

图 6-1　电荷屏蔽现象

大于德拜长度的空间尺度上，中性条件才满足，因此德拜长度 λ_D 是等离子体的一个重要特征参量，它可作为等离子体空间宏观尺度的量度。

2. 羽流的电磁场计算模型

由于电推进器羽流场中等离子体的分子平均自由程远远大于其德拜长度，所以推进器的羽流场在整体上呈中性，但在小尺度上显电磁性。带电粒子的运动会引起局部电荷集中产生电场，同时会产生电流，形成磁场。等离子体中的电磁场是由麦克斯韦方程组确定的，即

$$\begin{cases} \nabla \times \boldsymbol{E} = -\dfrac{\partial \boldsymbol{B}}{\partial t} \\[2mm] \nabla \times \boldsymbol{B} = \dfrac{1}{c^2}\dfrac{\partial \boldsymbol{E}}{\partial t} + \mu_0 J \\[2mm] \nabla \cdot \boldsymbol{E} = -\dfrac{\rho}{\varepsilon_0} \\[2mm] \nabla \cdot \boldsymbol{B} = 0 \end{cases} \tag{6-3}$$

式中　E——电场强度，单位为 V/m；

　　　B——磁感应强度，单位为 T；

　　　μ_0——真空磁导率，单位为 N/A^2；

　　　ε_0——真空介电常数，单位为 F/m；

　　　J——电流密度，单位为 A/m^2；

c——光速，单位为 m/s，$c = \sqrt{\mu_0 \varepsilon_0}$。

一般情况下，等离子体中粒子的相互作用产生的电磁场对总的电磁场影响明显。但对于电推进羽流，等离子体中粒子之间相互作用产生的磁场影响较小，几乎可以忽略。因此，在计算过程中只需计算电推进器羽流粒子运动产生的电势，得到最终的电势分布。因此麦克斯韦方程组简化为

$$\begin{cases} \nabla \times \boldsymbol{E} = 0 \\ \nabla \times \boldsymbol{B} = 0 \\ \nabla \cdot \boldsymbol{E} = -\dfrac{\rho}{\varepsilon_0} \\ \nabla \cdot \boldsymbol{B} = 0 \end{cases} \qquad （6-4）$$

因此，当忽略羽流环境中的磁场后，描述羽流电磁场分布的麦克斯韦方程组就退化为对式（6-4）所示泊松方程的求解：

$$\nabla^2 \phi = \nabla \cdot \boldsymbol{E} = -\frac{\rho}{\varepsilon_0} \qquad （6-5）$$

式中　ϕ——电势，单位为 V；

　　　ρ——电荷密度，单位为 A/m²，

$$\rho = e(n_e - n_i)$$

　　　n_e——电子数密度，单位为 m⁻³；

　　　n_i——离子数密度，单位为 m⁻³。

3. 电子分布模型

在电推进羽流粒子中，主要有电子、中性氙原子与氙离子。由于电子的自由程很大，认为电子运动表现为无碰撞流，采用液体方程来模拟。在忽略磁场作用时，电子的动量方程可简化为

$$E n_e e = -\nabla p \qquad （6-6）$$

式中　E——电场强度，单位为 N/C；

　　　n_e——电子的电荷密度，单位为 m⁻³；

　　　e——电子电荷，单位为 C；

　　　p——压强，单位为 Pa。

理想状态气体方程为

$$p = n_e k T_e \qquad （6-7）$$

式中　k——玻尔兹曼常数，单位为 J/K；

　　　T_e——电子温度，单位为 eV。

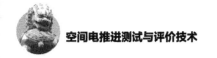

由于温度对于结果的影响不大，因此，在模型中假设电子温度恒定，则由式（6-6）和式（6-7），可以得到电子分布的玻尔兹曼方程为

$$n_{\mathrm{e}} = n_{\mathrm{ref}}\exp\left(\frac{e\phi}{kT_{\mathrm{e}}}\right) \tag{6-8}$$

式中　n_{ref}——零电势参考点处的电子数密度，单位为 m^{-3}；

　　　ϕ——电势，单位为 V。

4. 羽流粒子之间的碰撞模型

电推进等离子体羽流中的中性原子与离子采用粒子模型来模拟，两者之间的碰撞过程主要分为两类：中性原子之间的弹性碰撞、离子与中性原子之间的电荷交换碰撞。中性氙原子之间的弹性碰撞采用可变径硬球模型（Variable Hard Sphere, VHS）处理。VHS 模型是由 Bird 提出的一种唯象论模型，能够反映真实分子碰撞截面随相对速度而改变，并遵循硬球分子模型散射规律，这样就保证了黏性系数随温度的变化与实际气体中的一致性，这对于保证流场模拟的准确性十分重要，在经典分子运动论中没有一种分子模型可以做到这点。在 VHS 模型中，把分子当成弹性的硬球，其碰撞截面用公式可表示为

$$\sigma\left(\mathrm{Xe}, \mathrm{Xe}\right) = \frac{2.12\times10^{-18}}{c_{\mathrm{r}}}m^2 \tag{6-9}$$

式中　σ——碰撞截面，单位为 m^2；

　　　m——发生碰撞的两个中性原子的质量，单位为 kg；

　　　c_{r}——分子之间的相对速度，单位为 m/s。

在 VHS 模型中，中性原子之间的碰撞过程不受外力的作用，整个碰撞体系必然满足动量守恒和能量守恒，我们可以根据守恒关系计算两个中性原子发生碰撞后的速度，可用公式表示为

$$\begin{cases} m_1 v_1^* + m_2 v_2^* = m_1 v_1 + m_2 v_2 \\ \dfrac{1}{2}m_1 v_1^{*2} + \dfrac{1}{2}m_2 v_2^{*2} = \dfrac{1}{2}m_1 v_1^2 + \dfrac{1}{2}m_2 v_2^2 \end{cases} \tag{6-10}$$

式中　m_1, m_2——发生碰撞的两个中性原子的质量，单位为 kg；

　　　v_1, v_2——碰撞前二者的速度，单位为 m/s；

　　　v_1^*, v_2^*——碰撞后二者的速度，单位为 m/s。

中性氙原子与氙离子之间发生电荷交换碰撞，碰撞生成的 CEX 离子是电推进羽流场中非常重要的一种粒子，它对羽流场的整体特性具有重要影响。由电荷交换产生的 CEX 离子的生成产额率是羽流中束流离子的密度与中性原子

的密度的函数，其计算公式为

$$\dot{N}_{cex}(x) = v_i n_i(x) n_n(x) \sigma_{cex}(v_i) \tag{6-11}$$

式中　$\dot{N}_{cex}(x)$——CEX 离子的生成产额率；

　　　v_i——离子的速度，单位为 m/s；

　　　$n_i(x)$——离子束流的密度，单位为 m^{-3}；

　　　$n_n(x)$——中性原子的密度，单位为 m^{-3}；

　　　$\sigma_{cex}(v_i)$——CEX 碰撞截面，单位为 m^2。

中性氙原子与氙离子之间发生电荷交换碰撞的碰撞截面 $\sigma_{cex}(v_i)$ 计算公式根据碰撞理论得出，即

$$\sigma_{cex}(v_i) = (k_1 ln v_i + k_2)^2 \tag{6-12}$$

式中　k_1, k_2——碰撞截面常数，$k_1 = -0.8821 \times 10^{-10}$，$k_2 = 15.1216 \times 10^{-10}$；

　　　v_i——离子与中性原子的相对速度，可用离子的速度代替。

电推进羽流中发生电荷交换碰撞的两类粒子（高速束流离子和中性原子）的速率相差较大，可忽略两者在碰撞前后各自的动量改变。而发生电荷交换碰撞生成的 CEX 离子是由碰撞前的中性原子在碰撞过程中失去电子后转变的，因此，一般认为，CEX 离子的初始速度只有自身的热运动速度。大量的 CEX 离子的初始速度符合理想气体分子速度的分布规律——麦克斯韦速度分布（Maxwell Speed Distribution）。麦克斯韦速度分布描述了处于热动平衡态下的大量分子，分子热运动速度和速率整体上的统计分布规律，是由麦克斯韦（James Clerk Maxwell）于 1859 年在概率论基础上导出的，用公式表示为

$$f(v) = \left(\frac{m}{2\pi kT}\right)^{\frac{3}{2}} \exp\left(-\frac{mv^2}{2kT}\right) \tag{6-13}$$

式中　v——分子的速度，单位为 m/s；

　　　m——分子的质量，单位为 kg；

　　　k——玻尔兹曼常数，单位为 J/K；

　　　T——分子的温度，单位为 ℃；

　　　$f(v)$——速度为 v 的分子的分布。

而 CEX 离子的初始速度包含热运动速度（忽略其漂移速度），故 CEX 离子的初始速度符合麦克斯韦速度分布律，其大小由式（6-14）给出：

$$v = \sqrt{2kT/m} \tag{6-14}$$

式中　v——CEX 离子的初始速率，单位为 m/s；

　　　T——CEX 离子的温度，单位为 eV；

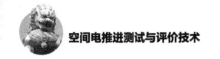

k——玻尔兹曼常数，单位为 J/K；

m——CEX 离子的质量，单位为 kg。

6.1.3 粒子运动的相关数值模拟方法

采用粒子模拟方法对电推进羽流粒子运动进行求解的思路是：首先用一定的方法对羽流成千上万的真实粒子进行处理，得到能够代表真实粒子并且可被计算机硬件计算条件承受的相对少数的模拟粒子；然后将这些模拟粒子的运动情况进行程序化操作，对羽流各种模拟粒子分别编号，计算每个模拟粒子在羽流电场的作用下或者受到别的模拟粒子的碰撞而导致的运动改变。在数值模拟的每个时间步长，不断更新各个模拟粒子的速度和位置参数。这些模拟粒子的统计运动分布可以代表真实羽流粒子的运动情况，即在整个计算区域中，各种模拟粒子的数量和分布达到动态平衡时，数值模拟得到的羽流分布即可代表真实的羽流分布。

利用计算机编程实现对羽流粒子的数值模拟，数值模拟结果的准确度取决于所选用的数值模拟方法。数值模拟方法的选取应考虑两个因素：一是所选用的数值模拟方法能够程序化，并且要保证编写的程序能够在现有的计算机硬件条件和内存容量的基础上运行；二是选取的数值模拟方法对羽流粒子动力学模拟的数值求解误差在较小的范围内，数值求解误差会直接导致数值模拟结果偏离试验数据结果，因此，选择合适的数值模拟方法对于电推进羽流模拟至关重要。以下将介绍电推进羽流粒子运动相关的数值求解方法。

1. 粒子网格数值模拟方法

数值模拟求解羽流粒子的运动即确定每个时间步长各个粒子的速度和位置这两个变量的值。在对电推进羽流粒子运动的数值模拟研究中，通常采用粒子网格（Particle In Cell，PIC）算法，它是由 F. H. Harlow 等提出的，能较为准确地计算出羽流粒子位置的空间分布，是一种成熟的算法。根据羽流粒子的位置空间分布，还可以进一步确定羽流场中粒子的空间分布和电势分布。

对于电推进羽流的等离子体密度达到量级，当采用 PIC 方法模拟每一个粒子的运动情况时，需要记录大量粒子的位置参数，这对于计算机的硬件配置要求很高，很不实用。在实际的运用中，普遍选用超粒子模拟的思想，对真实模拟离子进行简化。把周围的粒子视为集中到某一位置处的大粒子，只对这些具有代表性的大粒子运用 PIC 方法进行数值模拟。

在 PIC 方法中，网格长度与时间步长的选取会影响到计算结果的精确性。在模拟计算中，单位时间步长内，速率最大的羽流粒子运动位移不能超过单元网格边长，同时要求网格长度不得大于等离子体的德拜长度。根据模拟的羽流粒子的速度可得到 PIC 单元网格大小，由式（6–15）给出：

$$v\Delta t \leqslant \Delta x \qquad (6\text{–}15)$$

式中　v——羽流粒子运动的最大速度，单位为 m/s；

　　　Δt——时间，单位为 s；

　　　Δx——网格长度，单位为 m。

将 PIC 算法应用于求解羽流电场中粒子的运动情况时，其数值模拟的迭代过程为：在计算区域中首先给定羽流粒子的初始位置和速度，在每个时间步长分别计算该粒子受到的电场力大小和碰撞发生与否，根据电场力作用到这段时间确定的步长速度而改变，并在下一时间步长更新该粒子的位置和速度。至此，完成一个计算周期该粒子在 PIC 网格中的位置和速度改变。

2. PIC 电荷分配

在 PIC 方法中，需要通过羽流离子和电子运动位置计算出它们的数密度分布，进而才能得到羽流场的电荷密度分布。下面以羽流中的离子为例，介绍用 PIC 方法确定离子电荷密度分布的数值模拟过程。首先，确定包含离子位置的 PIC 单元网格，将离子携带的电量在该离子所在网格的网格节点上按权重比例分配，具体方法如图 6–2 所示。

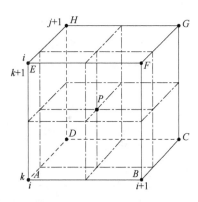

图 6–2　电荷分配示意图

P 点为离子所在网格的位置，P 对网格的 H 节点的电量贡献为 q_H，即 P 与 H 对角点 B 构成的空间的体积与单个网格的体积的比乘以 P 点离子的电量，见式（6–16）。类似的，用同样的方法可求出其他离子在自身所在网格的各个节点上的电量分配。最后统计出每个网格节点上的离子电量总和，即可得到羽流中离子在 PIC 网格节点的分布。

$$q_H = q\frac{V_H}{V} = \frac{(x_{i+1} - x_{\mathrm{P}})(y_{\mathrm{P}} - y_j)(z_{\mathrm{P}} - z_k)}{(x_{i+1} - x_i)(y_{j+1} - y_j)(z_{k+1} - z_k)} \qquad (6\text{–}16)$$

3. 运动方程的数值求解

羽流中的离子会受到羽流电场的作用而改变运动状态。假设电量为 q 的离子，其在电场中所受的力 F 为

$$F = qE \qquad (6\text{--}17)$$

离子运动速度 v 的大小通过求解牛顿第二定律方程得到，即

$$m\frac{\mathrm{d}v}{\mathrm{d}x} = F \qquad (6\text{--}18)$$

在对牛顿第二定律方程进行数值求解前，需要知道离子所受的电场力。而离子的电场力是根据其所在位置处的电场强度乘以离子电量得到的。在 PIC 方法中，我们已经能够利用权重方法得到计算区域的电势分布，计算区域中的电场强度即电势梯度。所以，利用权重法能够求得每个 PIC 单元网格节点的电场强度。将之前电荷分配方法逆向运用，能够得到计算区域任意位置处的电场强度的数值解，这就解决了求解离子所受电场力的问题。

在 PIC 方法中，每个模拟离子的运动都要通过求解牛顿第二定律方程得出，当模拟离子数量很大时，可能需要上万步的迭代过程才能达到离子的动态平衡状态。因此需要在满足精度的前提下，提高数值求解牛顿第二定律方程的收敛速度。蛙跳法是一种常用的数值求解方法，如图 6-3 所示，离子的运动方程可用式（6-19）给出的两个一阶的微分方程描述。根据有限差分的方法，对离子速度计算可转化为

$$\begin{cases} m\dfrac{v^{n+1/2} - v^{n-1/2}}{\Delta t} = F^n \\[3mm] \dfrac{x^{n+1} - x^n}{\Delta t} = v^{n+1/2} \end{cases} \qquad (6\text{--}19)$$

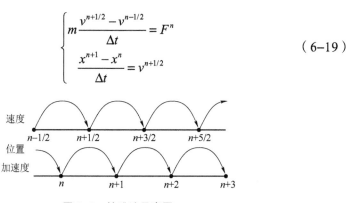

图 6-3　蛙跳法示意图

6.1.4　粒子碰撞数值模拟方法

PIC 方法能很好地模拟电推进羽流中的离子和电子在电场作用下的运动情况，但是忽略了羽流运动过程中离子之间的相互作用和离子与原子之间的相互作用。羽流中的粒子碰撞可分为离子之间的碰撞、中性原子之间的碰撞、离子与中性原子之间的电荷交换碰撞等。电推进羽流中粒子之间的碰撞不仅是影响羽流粒子运动状态改变的重要因素，而且羽流中高速束流离子与中性原子发生

碰撞还可能生成 CEX 离子,因此对判断羽流中粒子之间碰撞发生与否的数值方法的选取还要特别适合电推进器羽流粒子的碰撞数学模型。目前,对于研究电推进器羽流碰撞问题的数值模拟方法,较为成熟的有蒙特卡洛碰撞(Monte Carlo Collision,MCC)算法和直接蒙特卡洛碰撞(Direct Monte Carlo Collision,DSMC)算法。

MCC 算法是数值模拟计算 CEX 离子最常用的一种方法,许多文献都是利用此算法模拟 CEX 离子的产生。对数值模拟得到的羽流分布与试验结果比较,发现 MCC 方法能够准确且快速地模拟 CEX 离子的产生和运动。

对于羽流粒子中性原子的碰撞与运动采用 DSMC 算法,以准确模拟羽流中性原子的运动和在计算区域中的分布情况。DSMC 算法不仅有利于精准得到羽流整体分布特征,而且影响 CEX 离子产生的准确性。根据前人的经验,与 MCC 算法相比,DSMC 算法虽然需要占用更大的计算内存和更多的耗时,但是其计算结果更为精准。因此,中性原子碰撞数值解法通常选取 DSMC 算法。

1. MCC 算法

在 PIC 方法中,利用 MCC 算法判断电推进羽流中离子与中性原子之间的电荷交换碰撞发生与否的原理是:在计算区域中,对每个离子是否发生碰撞情况逐一进行判断。在各个单元网格中,根据中性原子与离子数密度分布及它们的碰撞截面,计算离子与原子碰撞频率。每个时间步长内,如果某个离子与中性原子发生碰撞的概率与离子的最大碰撞概率之比大于一个随机数,则认为这个离子在这个时间步长内产生碰撞。这样就将 MCC 模块完全地添加到 PIC 算法中。

MCC 算法忽略了新产生的 CEX 离子对羽流中性原子分布的影响,即羽流中 CEX 离子相对于中性原子而言很少。这种方法只适用于碰撞过程对于中性原子的分布影响不大的情况,对于电推进羽流而言,其中性原子数密度远远大于束流离子数密度,MCC 算法是适用的。

2. DSMC 算法

DSMC 方法是流体物理模拟方法的一种数值方法,适用于仿真稀薄气体的流动问题,常被用于仿真处理分子之间的碰撞问题。

DSMC 方法通过随机抽样选取模拟粒子,采用概率论而不是决定论的方法计算仿真分子间碰撞,因而能够大大减少数值模拟时间。在数值模拟处理过程中,DSMC 方法中的网格划分具有很大的灵活性,只要便于在网格中进行碰撞计算和统计宏观物理量就行。但是,DSMC 方法只处理发生在同一网格内的粒子碰撞，因此，网格长度必须小于仿真模拟的分子平均自由程。

在计算区域中划分好网格后，要模拟中性原子的碰撞和运动情况，关键在于对分子之间碰撞的数值处理。DSMC 方法中对碰撞对的抽样计算如下：

由分子动力论可知，分子处于平衡态下的平均碰撞频率，由公式表示为

$$v = n\bar{\sigma}_T \bar{g} \qquad (6-20)$$

式中　v——分子平均碰撞频率；

　　　n——碰撞次数；

　　　$\bar{\sigma}_T$——模拟粒子碰撞截面平均值，单位为 m^2；

　　　$\bar{g}$——模拟粒子相对速度平均值，单位为 m/s。

两个模拟粒子在 Δt 时间间隔内的碰撞概率 P_{col}，由公式表示为

$$P_{col} = W_i \sigma_T g \Delta t / V_c \qquad (6-21)$$

式中　P_{col}——碰撞概率；

　　　W_i——一个模拟粒子代表的真实粒子数；

　　　σ_T——模拟粒子碰撞截面，单位为 m^2；

　　　g——模拟粒子相对速度，单位为 m/s；

　　　Δt——时间间隔，单位为 s；

　　　V_c——网格的体积。

单元网格内碰撞对发生的可能碰撞 P_{col}，还可由公式表示为

$$P_{col} = \frac{\sigma_T g}{(\sigma_T g)_{max}} \qquad (6-22)$$

式中　P_{col}——碰撞概率；

　　　σ_T——模拟粒子碰撞截面，单位为 m^2；

　　　g——模拟粒子相对速度，单位为 m/s；

　　　$(\sigma_T g)_{max}$——σ_T 与 g 乘积的最大值。

通过 $v = n\bar{\sigma}_T \bar{g}$ 得到每个时间步长 Δt 内每个网格单元中碰撞对总数，可由公式表示为

$$N_t = \frac{1}{2} N_m n \bar{\sigma}_T \bar{g} \Delta t \qquad (6-23)$$

式中　N_t——网格单元中碰撞对总数；

　　　N_m——碰撞总数；

　　　n——碰撞次数；

　　　$\bar{\sigma}_T$——模拟粒子碰撞截面平均值，单位为 m^2；

　　　$\bar{g}$——模拟粒子相对速度平均值，单位为 m/s；

Δt ——时间间隔，单位为 s。

但是用上式进行碰撞对总数的求解不但不利于编程实现，而且比较费时。Bird 提出了一种无时间计数器法，事先假设时间间隔 Δt 内网格内碰撞分子总数可由公式表示为

$$N_t = \frac{1}{2} N_m n (\sigma_T g)_{max} \Delta t \qquad （6-24）$$

式中　N_t ——网格单元中碰撞对总数；

　　　N_m ——碰撞总数；

　　　n ——碰撞次数；

　　　$(\sigma_T g)_{max}$ —— σ_T 与 g 乘积的最大值；

　　　Δt ——时间间隔，单位为 s。

电推进羽流的中性原子进行数值模拟时，最终得到中性原子在计算区域中达到动态平衡时的数密度分布。

6.2　羽流等离子体诊断测量技术

电推进羽流区中等离子体诊断方法可以分为接触式和非接触式两种类型。接触式诊断方法包含朗缪尔探针法（LP）、阻滞势分析仪（RPA）、法拉第筒及阻抗法等；非接触式诊断方法包含光谱法和激光诊断法等，非接触法对等离子的干扰比较小，通常应用在小范围或非均匀等离子体的精确诊断。

密歇根大学的 King L B 用探针与光谱法对 SPT-100 电推力羽流进行了诊断，研究了羽流中离子碰撞情况。Walker 博士使用各种法拉第筒研究了背压力对 HET 电推进羽流以及性能的影响，例如背压力越大，电荷交换碰撞形成的低能离子越多等。麻省理工学院的 Azziz Y 设计朗缪尔探针、法拉第筒、阻滞势分析仪对电推力器进行研究。莫斯科航空学院的 Kim V 对 SPT-70 电推进羽流研究中使用阻滞势分析仪、朗缪尔探针进行诊断，获得 50 cm 处不同工况压力下的羽流性能，其测试结果表明 SPT-70 和 SPT-100 羽流分布特性相似。奥斯陆大学的 Bekkeng 和 Jacobsen 等开发了一套朗缪尔多探针自动诊断系统 M-NLP，该系统重点在电子密度的测量上面，可根据实际要求调整角度并进行自动数据处理，探针电流范围为 1 nA～1 μA，系统采样频率为 9 kHz。Armament Laboratory(ATL/SAI)开发使用石英晶体微量天平（QCM），掌握空间推力器羽

流与航天器性能的相互影响。国外的很多工业机构也对电推力器进行了研究，并且开发了试验设备，其中就包括朗缪尔探针、阻滞势分析仪、法拉第筒和石英晶体微量天平等。

电推力产生的羽流由等离子体组成。为了准确获取该羽流中等离子体的电子温度、电子（离子）密度、束发散角、离子能量分布，以及粒子沉积与溅射等特性，需要设计一系列传感器来对其进行准确测量，如朗缪尔探针、阻滞势分析仪、法拉第筒和石英晶体微量天平等。下面主要介绍电推力诊断传感器设计原理，从而为传感器的设计提供理论依据。

6.2.1 电推进羽流 LP 探针诊断

LP，又称静电探针（Electrostatic Probe）或等离子体探针（Plasma Probe），是由 I. Langmuir 和 H. Mott-Smith 于 1924 年提出的一种用于等离子体密度、电子温度、等离子体电位、悬浮电位和电子能量分布函数测量的工具。

朗缪尔探针数据解释的理论相当复杂，不过在简单的假设条件下，可以对探针伏安特性曲线做出简明的解释，简化模型的前提包括：

① 被测等离子体为静止的、均匀的，满足准中性条件，即 $n_e \approx n_i$，空间不存在强磁场。

② 被测等离子体为稀薄等离子体，且探针周围的空间电荷鞘层为薄鞘层结构，即探针尺寸远小于电子和离子的平均自由程，但远大于鞘层厚度，可由公式表示为

$$\lambda_D \ll r_p \ll (\lambda_{ei}, \ \lambda_{ee}, \ \lambda_{ii}, \ \lambda_{en}, \ \lambda_{in}) \qquad (6-25)$$

式中　λ_D——德拜长度，单位为 m；

　　　r_p——探针半径，单位为 m；

　　　λ_{ei}——电子、离子平均自由程，单位为 m；

　　　λ_{ee}——电子、电子平均自由程，单位为 m；

　　　λ_{ii}——离子、离子平均自由程，单位为 m；

　　　λ_{en}——电子、中性原子平均自由程，单位为 m；

　　　λ_{in}——离子、中性原子平均自由程，单位为 m。

如果是多探针系统，还要求鞘层厚度 S 小于探针间距 d_p，即 $S < d_p$。

③ 空间电荷鞘层以外的等离子体不受探针干扰，电子和离子的速度服从麦克斯韦速度分布。

④ 电子和离子打到探针表面后被完全吸收，不产生次级电子发射，也不与探针材料发生反应。

朗缪尔探针有平面、柱形和球形等类型。其中，球形探针对入射带电粒子的影响最小，柱形探针的末端效应很小，可较好地监测等离子体空间电位的变化，且柱形探针形状简单、加工方便。

不同密度和能量的等离子体对探针的要求不同。一般而言，探针工作部分的形状可分为柱面形、球面形和平面形，如图 6-4 所示。

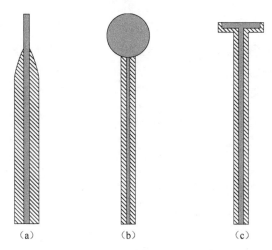

（a）　　　　　　　（b）　　　　　　　（c）

图 6-4　常见的朗缪尔探针工作部分形状

（a）柱面形；（b）球面形；（c）平面形

在电推进羽流等离子体诊断中，束流等离子体参数一般采用柱形朗缪尔探针，返流区交换电荷等离子体参数诊断主要采用球形朗缪尔探针。

探针材料通常选取结构强度高、耐溅蚀和耐化学反应的钛、钨、石墨等，为了抑制 GEO 环境下高能粒子撞击 LP 表面引起的光电流，探头表面采用镀金工艺，LP 通常采用陶瓷封接，陶瓷底座具有高绝缘强度、高介电强度、高抗压强度及耐高温、耐腐蚀特点，能够实现良好绝缘，减小过程中的漏电流损耗。

1. LP 单探针的基本原理

探针实际上就是伸入等离子体中的一根很小的电极。图 6-5 所示为常用的 LP 结构，其中的导电电极需要耐高温的惰性导电材料，常用材料为钨，电极外包裹的绝缘材料一般选用氮化硼绝缘陶瓷，单探针在整个制作过程中电极和绝缘材料之间要保持极好的密封性，尽可能减小探针电阻。

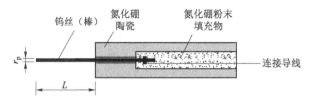

图 6-5 LP 结构

金属电极伸进等离子体后，电子平均热运动速率远远高于离子，相同时间里落到电极表面的电子数远多于离子，这使探针表面形成负电势，定量分析如下。

从分子运动理论可知，单位时间内落到电极表面单位面积上的粒子数符合余弦定律，电子密度 n_e 由式（6-26）表示，离子密度 n_i 由式（6-27）表示：

$$\frac{\mathrm{d}n_e}{\mathrm{d}t} = \frac{1}{4}n_e \overline{v}_e \qquad (6-26)$$

$$\frac{\mathrm{d}n_i}{\mathrm{d}t} = \frac{1}{4}n_i \overline{v}_i \qquad (6-27)$$

式中　n_e——鞘层内电子密度，单位为 m^{-3}；

　　　n_i——鞘层内离子密度，单位为 m^{-3}；

　　　$\overline{v}_e$——电子平均热运动速率，单位为 m/s；

　　　$\overline{v}_i$——离子平均热运动速率，单位为 m/s。

将式（6-26）和式（6-27）两边同时乘以电子电荷量 e，则流过探针电子电流密度 j_e 可由式（6-28）表示，离子电流密度 j_i 可由式（6-29）表示：

$$j_e = \frac{1}{4}en_e \overline{v}_e \qquad (6-28)$$

$$j_i = \frac{1}{4}en_i \overline{v}_i \qquad (6-29)$$

式中　j_e——电子电流密度，单位为 $\mathrm{A/m}^2$；

　　　j_i——离子电流密度，单位为 $\mathrm{A/m}^2$；

　　　n_e——鞘层内电子密度，单位为 m^{-3}；

　　　n_i——鞘层内离子密度，单位为 m^{-3}；

　　　$\overline{v}_e$——电子平均热运动速率，单位为 m/s；

　　　$\overline{v}_i$——离子平均热运动速率，单位为 m/s。

因为 $\overline{v}_e \gg \overline{v}_i$，所以 $j_e \gg j_i$。在电极伸进等离子体瞬间，其表面出现净负电荷，此时电极悬浮电位为 V_f，其形成的电场吸引正离子排斥负电子。当吸引和排斥处于平衡时，电极悬浮电位为 V_f。选择容器壁作为参考电极，假定等离子体空间电位为 V_{sp}，则在 $V_{sp}-V_f$ 作用下，使 $j_e = j_i$，所以在电极和等离子体间形成鞘层电势差是 $V_{sp}-V_f$，鞘层电势对等离子体中的电子有排斥作用，电子动能只

有足够大才能克服鞘层电势排斥，最后落到电极表面上。通过玻尔兹曼分布函数得知，可以通过鞘层的电子密度可由公式表示为

$$n_{e} = n_{ep}\exp\left[-\frac{e\left(V_{sp}-V_{f}\right)}{kT_{e}}\right]$$

（6-30）

式中　n_e——鞘层内电子密度，单位为 m^{-3}；

　　　n_{ep}——等离子体电子密度，单位为 m^{-3}；

　　　e——电子电量，单位为 C；

　　　V_{sp}——等离子体空间电位，单位为 V；

　　　V_f——电极悬浮电位，单位为 V；

　　　k——玻尔兹曼常数，单位为 J/K；

　　　T_e——等离子体电子温度，单位为 K。

等离子体平衡时有 $j_e=j_i$，因此有

$$n_{ep}\bar{v}_{e}\exp\left[-\frac{e\left(V_{sp}-V_{f}\right)}{kT_{e}}\right] = n_{i}\bar{v}_{i}$$

（6-31）

假定等离子体的离子是单荷离子，那么

$$n_{ep} = n_{ip}$$

（6-32）

式中　n_{ip}——等离子体离子密度。

粒子平均热运动速度为

$$\bar{V} = \sqrt{\frac{8kT}{\pi m}}$$

（6-33）

联立式（6-31）～式（6-33）可得

$$V_{sp}-V_{f} = \frac{kT_{e}}{2e}\ln\left(\frac{m_{i}T_{e}}{m_{e}T_{i}}\right)$$

（6-34）

当一根孤立的探针伸进等离子体中，电极没有接地时不能构成回路，若在电极末端连接简单的电路便形成一个简单的朗缪尔单探针诊断系统，如图 6-6 所示。

图 6-6 中，电源为双极性的扫描电源，扫描过程中记录图中电流表的数值，就形成了图 6-7 所示的电压-电流伏安特性曲线。

图 6-7 中曲线被分成了 A、B、C 三部分，分别是离子饱和区、电子阻滞区和电子饱和区。

A 区：离子饱和区，在此区域中 $V_p \ll V_{sp}$，此时探针仅能收集到正离子。由

式（6-27）知，正离子数目仅与 n_i 和 v_i 有关，而与鞘层电场的大小无关。那么由式（6-29）知，探针的最大离子电流密度只与等离子体本身有关。

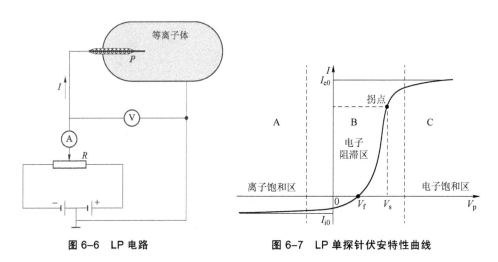

图 6-6　LP 电路　　　　　图 6-7　LP 单探针伏安特性曲线

B 区：电子阻滞区，在这个区域内 $V_p<V_{sp}$，探针收集到的电流分为两部分，分别为电子和离子落到探针表面形成的电子电流和离子电流，因为电子热运动速率远快于离子，所以探针收集的电子电流远大于离子电流，通常能够忽略离子电流的影响，因此此时探针收集的电流就是电子电流。等离子体中的电子热运动动能近似服从麦克斯韦分布函数，因麦克斯韦函数积分类似于指数函数，所以电子阻滞区探针电流也有指数函数的性质。

C 区：电子饱和区，在这个区域内，此时的探针电流只有电子电流。落到探针上的电子数目取决于式（6-26），电子电流密度取决于式（6-28），由这两个公式可知，电子数目和密度只与等离子体自身的性质有关，而与外界电场无关。

1）等离子体悬浮电位 V_f、离子饱和电流 I_{is}

伏安特性曲线和电压横坐标的交点 V_f 为悬浮电位，当图 6-7 中左侧 $V_p \ll V_{sp}$ 时，探针在 A 区搜集到的电流值为离子饱和电流值 I_{is}。

2）电子饱和电流、电子温度、空间电位 V_{sp}

在 B 区中，电流 I_p 和电压 $V_p - V_{sp}$ 可以近似为

$$I_p = I_{es}\exp\left[\frac{e(V_p - V_{sp})}{kT_e}\right] \qquad (6-35)$$

取对数可得 $\ln I_p = f(V_p)$：

$$\frac{e(V_p - V_{sp})}{kT_e} = \ln I_p - \ln I_{e0} \qquad (6-36)$$

在电子阻滞区，通过该直线斜率就可得到等离子体电子温度 kT_e，见式（6-37）和式（6-38）：

$$kT_e = \frac{e(V_p - V_{sp})}{\ln I_p - \ln I_{e0}} \qquad (6-37)$$

$$kT_e = \frac{e(V_{p1} - V_{p2})}{\ln I_{p1} - \ln I_{p2}} \qquad (6-38)$$

其中，(V_{p1}, I_{p1}) 和 (V_{p2}, I_{p2}) 是过渡线性区伏安特性曲线两点的坐标。

在电子饱和区中探针电流按指数衰减，过渡区和电子饱和区结合的地方，伏安特性曲线有一个拐点，其值横坐标是等离子体的空间电位 V_{sp}，但是因为探针边缘效应和外界因素影响，曲线的拐点并不明显，探针的饱和电流水平趋势不是很显著，直接观察不到拐点位置。通常将过渡区中伏安特性曲线的斜率乘一个调整系数作为拐点的斜率，求出拐点的空间电位 V_{sp}，同理可以求得等离子体的电子饱和电流 I_{es}。

3）求电子密度和离子密度

等离子体的电子密度可由式（6-39）和式（6-40）推导得出：

$$I_{es} = 2.7 \times 10^9 n_{es} A_p \sqrt{kT_e} \qquad (6-39)$$

$$n_{es} = 3.7 \times 10^8 I_{es} / A_p \sqrt{kT_e} \qquad (6-40)$$

式中　A_p——探针有效表面积，单位为 cm^2；

　　　I_{es}——电子饱和电流，单位为 mA；

　　　kT_e——电子温度，单位为 eV；

　　　n_e——电子密度，单位为 cm^{-3}。

由电中性可得等离子体电子密度和离子密度相等，同理可得等离子体离子密度。

2. LP 双探针的基本原理

朗缪尔双探针是由两个表面积相近的电极组成的，探针材料和单探针完全相同，探针示意图如图 6-8 所示，电源电压 V_D 加在两探针上，改变扫描电源的电压大小和方向，可以得到不同的电流数值，形成双探针的电流-电压曲线。假设两探针形状、大小完全相同，而且其所处的等离子体的状态也完全相同，等离子体双探针伏安特性如下：

图 6-9 中，I_D 是探针电流，V_D 是加载于两探针间的电压。

双探针的电子温度公式为

$$kT_e = \frac{eI_{i0}}{2} \frac{dV_D}{dI_D}\Big|_{I_D=0} \qquad (6\text{-}41)$$

式中 kT_e——双探针电子温度，并且 $I_{01} = I_{i01} = I_{i02}$。

因为双探针只能收集到离子饱和电流，所以只能把离子密度看成等离子体密度，参考单探针情况，等离子体密度公式为

$$n_p = n_{e0} = n_{i0} = 1.653 I_{i0} / eA_p \sqrt{\frac{kT_e}{m_i}} \qquad (6\text{-}42)$$

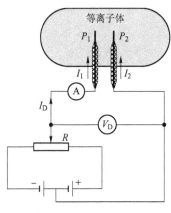

图 6-8　朗缪尔双探针

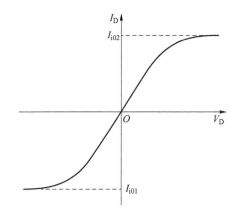

图 6-9　朗缪尔双探针电流-电压曲线

如图 6-8 所示，电子温度从上面分析可以知道，两探针为串联模式，且没有其他支路，那么由基尔霍夫电流定律，测试电路中电流和电压表示为

$$I_D = I_{i02} - I_{e2} = I_{e1} - I_{i01} \qquad (6\text{-}43)$$

$$V_D = V_{p1} - V_{p2} \qquad (6\text{-}44)$$

式中 I_{e1}——探针 1 收集电子电流值，单位为 A；

I_{e2}——探针 2 收集电子电流值，单位为 A；

V_{p1}——探针 1 相对于等离子体的电位，单位为 V；

V_{p2}——探针 2 相对于等离子体的电位，单位为 V；

I_{i01}——探针 1 收集离子饱和电流值，单位为 A；

I_{i02}——探针 2 收集离子饱和电流值，单位为 A。

假定探针周围电子能量分布模型中，探针鞘层里服从玻尔兹曼分布方程，鞘层外服从麦克斯韦分布方程，那么探针收集到的电流可表示为

$$I_{e1} = \frac{1}{4}en_{e1}\bar{v}_1 A_{p1}\exp\left(\frac{eV_{p1}}{kT_{e1}}\right)$$ （6-45）

$$I_{e2} = \frac{1}{4}en_{e2}\bar{v}_2 A_{p2}\exp\left(\frac{eV_{p2}}{kT_{e2}}\right)$$ （6-46）

式中　n_{e1}——探针 1 鞘层外电子密度，单位为 m^{-3}；

n_{e2}——探针 2 鞘层外电子密度，单位为 m^{-3}；

$\bar{v}_1$——探针 1 鞘层外电子热运动平均速率，单位为 m/s；

$\bar{v}_2$——探针 2 鞘层外电子热运动平均速率，单位为 m/s；

A_{p1}——探针 1 收集电子的电极面积，单位为 m^2；

A_{p2}——探针 2 收集电子的电极面积，单位为 m^2。

由于朗缪尔双探针尺寸相同，其所在的区域等离子体参数近乎一致，可将式（6-45）与式（6-46）两式相除得

$$\frac{I_{e1}}{I_{e2}} = \exp\left(\frac{eV_D}{kT_e}\right)$$ （6-47）

将式（6-47）两边同时去对数，然后对 V_D 求微分得

$$\frac{1}{I_{e1}}\frac{dI_{e1}}{dV_D} - \frac{1}{I_{e2}}\frac{dI_{e2}}{dV_D} = \frac{e}{kT_e}$$ （6-48）

由式（6-43）可知

$$I_{e1} = I_D + I_{i01}$$

$$I_{e2} = I_{i02} - I_D$$

将上面两式代入式（6-48），因为双探针收集到的离子饱和电流 I_{i01} 与 dI_{i02} 基本上不随 V_D 变化，所以

$$\frac{dI_{i01}}{dV_D} = \frac{dI_{i02}}{dV_D} = 0$$

$$\frac{dI_D}{dV_D} = \frac{e}{kT_e}\frac{(I_D + I_{i01})(I_{i02} - I_D)}{I_{i01} + I_{i02}}$$ （6-49）

当 $I_D = 0$ 时，即

$$\left.\frac{dV_D}{dI_D}\right|_{I_D=0} = \frac{e}{kT_e}\frac{I_{i01} \times I_{i02}}{I_{i01} + I_{i02}}$$ （6-50）

此时 $I_{i0} = I_{i01} = I_{i02}$，所以

$$\left.\frac{\mathrm{d}V_{\mathrm{D}}}{\mathrm{d}I_{\mathrm{D}}}\right|_{I_{\mathrm{D}}=0} = \frac{eI_{\mathrm{i0}}}{2kT_{\mathrm{e}}} \qquad (6-51)$$

变化后即

$$kT_{\mathrm{e}} = \frac{eI_{\mathrm{i0}}}{2}\left.\frac{\mathrm{d}V_{\mathrm{D}}}{\mathrm{d}I_{\mathrm{D}}}\right|_{I_{\mathrm{D}}=0} \qquad (6-52)$$

求出探针伏安特性曲线电流为零处斜率，即可计算出双探针电子温度。因此通过朗缪尔双探针曲线计算能得出等离子体的电子温度和离子密度。

3. LP 三探针的基本原理

朗缪尔三探针由三根近似完全相同的单探针组合而成，探针结构和电路如图 6-10 所示。

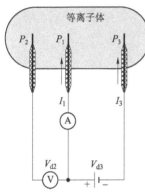

图 6-10 LP 三探针示意图

图 6-10 所示三探针为直接测量模式，三探针中有一根探针处于悬浮等离子体中（图中探针 2），其他两探针和双探针相似，它们之间加一固定电压 V_{d3}（图中的探针 1 和探针 3），其中探针 1 处于高于悬浮探针电位状态，探针 2 处于低于悬浮探针电位状态，通过测量固定电压 V_{d3}、高电势探针和悬浮探针之间电势 V_{d2} 和流过低电势探针 3 的电流 I 就可以计算出电子温度和电子密度数据，根据下面公式可以精确地计算出电子温度和电子密度。

$$\frac{1}{2} = \frac{1-\exp\left(-\dfrac{eV_{\mathrm{d2}}}{kT_{\mathrm{e}}}\right)}{1-\exp\left(-\dfrac{eV_{\mathrm{d3}}}{kT_{\mathrm{e}}}\right)} \qquad (6-53)$$

$$n_{\mathrm{e}} = \frac{-I}{\exp\left(-\dfrac{1}{2}\right)eA_{\mathrm{p3}}\sqrt{\dfrac{kT_{\mathrm{e}}}{m_{\mathrm{i}}}}\left\{\exp\left[\dfrac{e(V_{\mathrm{d2}}-V_{\mathrm{d3}})}{kT_{\mathrm{e}}}-1\right]\right\}} \qquad (6-54)$$

如图 6-10 所示，假定朗缪尔三探针周围的等离子体均匀分布、环境相同，那么探针电流分别是

$$I_1 = J_{\mathrm{e}}A_{\mathrm{p1}}\exp\left[\frac{e(V_1-V_{\mathrm{sp}})}{kT_{\mathrm{e}}}\right] - J_{\mathrm{i}}A_{\mathrm{p1}} \qquad (6-55)$$

$$I_2 = J_{\mathrm{e}}A_{\mathrm{p2}}\exp\left[\frac{e(V_2-V_{\mathrm{sp}})}{kT_{\mathrm{e}}}\right] - J_{\mathrm{i}}A_{\mathrm{p2}} \qquad (6-56)$$

$$I_3 = J_e A_{p3} \exp\left[\frac{e(V_3 - V_{sp})}{kT_e}\right] - J_i A_{p3} \qquad (6\text{-}57)$$

式中　I_1，I_2，I_3——探针 1、探针 2、探针 3 的电流值，单位为 A；

V_{sp}——等离子体空间电位，单位为 V；

V_1，V_2，V_3——探针 1、探针 2、探针 3 的电势，单位为 V；

A_{p1}，A_{p2}，A_{p3}——探针 1、探针 2、探针 3 的表面积，单位为 m²；

J_e，J_i——电子与离子的饱和电流密度，单位为 A / m²；

T_e——等离子体的电子温度，单位为 eV。

其中，J_e 和 J_i 的表达式为

$$J_e = n_e e \sqrt{\frac{kT_e}{2\pi m_e}} \qquad (6\text{-}58)$$

$$J_i = \exp\left(-\frac{1}{2}\right) n_e \sqrt{\frac{kT_e}{m_i}} \qquad (6\text{-}59)$$

式中　J_e，J_i——电子与离子的饱和电流密度，单位为 A / m²；

n_e——电子密度，单位为 m⁻³；

e——电子电荷，单位为 C；

m_e——电子质量，单位为 kg；

m_i——离子质量，单位为 kg；

T_e——等离子体的电子温度，单位为 eV。

因为流出探针 1 的电流和流入探针 3 的电流相等，所以有

$$I_1 = -I_3 = I \qquad (6\text{-}60)$$

将式（6-55）和式（6-57）代入式（6-60）得

$$J_e A_{p1} \exp\left[\frac{e(V_1 - V_{sp})}{kT_e}\right] + J_e A_{p3} \exp\left[\frac{e(V_3 - V_{sp})}{kT_e}\right] - J_i(A_{p1} + A_{p3}) = 0 \qquad (6\text{-}61)$$

另外，探针 2 仍处于悬浮状态，其电流为零，亦 $I_2 = 0$。

$$J_i = J_e \exp\left[\frac{e(V_2 - V_{sp})}{kT_e}\right] \qquad (6\text{-}62)$$

由式（6-61）和式（6-62）可知

$$\frac{1}{2} = \frac{1 - \dfrac{1}{2}\left(1 + \dfrac{A_{p3}}{A_{p1}}\right) - \exp\left(-\dfrac{eV_{d2}}{kT_e}\right)}{1 - \dfrac{A_{p3}}{A_{p1}}\exp\left(-\dfrac{eV_{d3}}{kT_e}\right)} \qquad (6\text{-}63)$$

其中 $V_{d2} = V_1 - V_2$，$V_{d3} = V_1 - V_3$。解方程得电子温度 T_e。因 $A_{p1} = A_{p2} = A_{p3}$，简化为

$$\frac{1}{2} = \frac{1 - \exp\left(-\dfrac{eV_{d2}}{kT_e}\right)}{1 - \exp\left(-\dfrac{eV_{d3}}{kT_e}\right)} \qquad (6-64)$$

联立式（6-55）和式（6-60）可知

$$I_3 = J_i A_{p3} \left\{ \exp\left[\frac{e(V_{d2} - V_{d3})}{kT_e}\right] - 1 \right\} \qquad (6-65)$$

联立式（6-57）和式（6-60）就可以得到电子密度

$$n_e = \frac{-1}{\exp\left(\dfrac{1}{2}\right) e A_{p3} \sqrt{\dfrac{kT_e}{m_i} \left\{ \exp\left[\dfrac{e(V_{d2} - V_{d3})}{kT_e}\right] - 1 \right\}}} \qquad (6-66)$$

用朗缪尔单探针、双探针诊断等离子体需要得到等离子体的伏安特性曲线，也就是要使用扫描电源进行测试，给试验的操作带来极大的不便，从简化试验的角度考虑，使用朗缪尔三探针来计算等离子体电子密度和离子密度更为合理。

4. 电推进羽流 LP 探针诊断试验结果

LP 与电推力器安装在真空舱内，如图 6-11 所示，工作真空度 $\leqslant 5 \times 10^{-4}$ Pa，朗缪尔探针与推力器离子出口在同一平面，测量的带电粒子主要是电子和氙离子，其中电子密度测量范围为 $10^{-11} \sim 10^{14} / m^3$，电子温度为 0.5～5 eV。

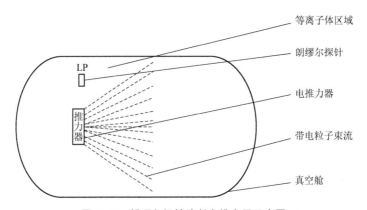

图 6-11　朗缪尔探针诊断电推力器示意图

LP 羽流区试验结果见表 6-1 和图 6-12。

表 6-1　LP 羽流区试验结果

序号	等离子体电位 V_R/V	悬浮电位 V_f/V	电子温度 T_e/eV	等离子体电子密度 n_e/m^3
1	18.06	−22.28	3.04	3.30E+13
2	11.99	−15.06	2.21	3.14E+13
3	12.05	−14.77	2.14	3.93E+13
4	12.12	−13.59	2.15	4.73E+13
5	11.50	−10.32	1.59	6.07E+13
6	13.00	−16.13	2.60	7.15E+13
7	12.50	−17.90	2.69	6.10E+13
8	14.00	−17.52	2.86	8.96E+13
9	14.00	−13.06	2.07	9.56E+13

通过比较可以看出，电子温度在 2.52～3.49 eV 之间，等离子体电子密度在 $3.14×10^{13}$ ～ $9.56×10^{13}$ / m^3 之间。等离子体电子密度与空间站宽朗缪尔探针地面模拟试验测得的结果具有相同量级，但电子温度高出 1 个量级，误差可能来自测量位置、真空度及等离子体束流密度不同。

国外同类产品，空间站宽朗缪尔探针在 ϕ1.2 m×2.5 m 真空舱内，Xe 等离子体背景压力 $1.7×10^{-4}$ Torr（$2.39×10^{-2}$ Pa）～ $2.6×10^{-4}$ Torr（$3.46×10^{-2}$ Pa）条件下测得的电子温度为 0.13～0.25 eV，等离子体电子密度在 $2×10^{13}$ / m^3，$5×10^{13}$ / m^3。图 6-13 所示为空间站宽朗缪尔探针地面模拟试验及结果。

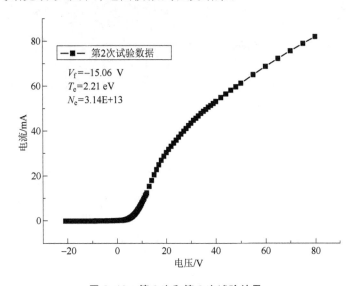

图 6-12　第 2 次和第 6 次试验结果

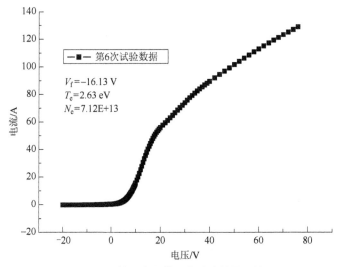

图 6-12　第 2 次和第 6 次试验结果（续）

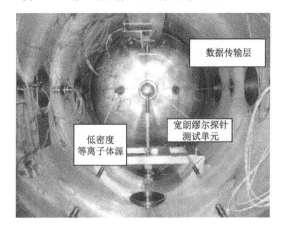

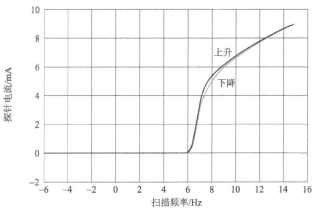

图 6-13　空间宽朗缪尔探针地面模拟试验及结果

6.2.2　电推进羽流 Faraday 探针诊断

1. Faraday 探针诊断原理

电推进羽流 Faraday 探针是一种用于等离子体中离子电流探测的仪器，其主要功能是探测分析羽流的束发散角，用于空间电推进羽流的束发散角探测分析。电推进羽流参数测量中，随着德拜长度的增加，探针尺寸也相应增加。传统的 Faraday 探针采用平面型收集极加保护罩结构，其中收集极直径为 2 cm，保护罩的端面与收集极对齐，如图 6-14 所示。平面型 Faraday 探针是一个暴露在等离子体流中的平面导体，离子流到达探针表面后就被收集下来，这样就可以测量远场羽流的离子密度。探针上加上合适的负电位（相对于等离子体电位），试验电路如图 6-15 所示，这样，所有的电子被排斥，只有离子被探针收集。电流密度为

$$j = \frac{I}{A_p} \qquad (6-67)$$

式中　j——收集电流密度，单位为 A / m^2；

$\quad\quad I$——电流，单位为 A；

$\quad\quad A_p$——收集极面积，单位为 m^2。

试验时，收集极和保护罩都加了一个对地为负电位的偏置电压。保护罩和收集极具有相同的偏置电压，使在收集极周围形成一平的、均匀的鞘层，来减少边缘效应。

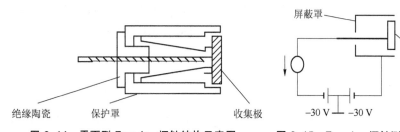

图 6-14　平面型 Faraday 探针结构示意图　　图 6-15　Faraday 探针测量电路

在平面型 Faraday 探针的材料选择时，要考虑二次电子发射系数小的收集极的材质，加工时一般选择钨做收集极，保护罩用不锈钢，中间绝缘层用绝缘陶瓷。

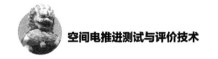

2. Faraday 探针诊断装置

如图 6-16 所示，法拉第筒主要由圆形平面收集极和环形保护套构成。一般圆形平面收集极要与环形保护套在端面对齐。收集极板和保护套为不锈钢材料，收集板上需要喷一层钨来降低次级电子发射。保护套的主要作用是屏蔽从法拉第轴线来的低能量级的离子，保护套和收集极都加有相同的负偏置电势用来排斥电子。另外，保持收集板和法拉第筒之间的距离适当，相等的负电势就会在收集极板和法拉第筒表面形成平坦均匀的等离子体鞘层，这样就能降低法拉第筒的边缘效应。

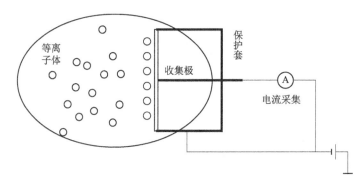

图 6-16　法拉第筒示意图

当离子碰撞到圆形收集极板表面时，收集极板内含有的电子往圆形收集极表面靠拢，从而中和收集到的离子，因此这些电子定向有序的运动就形成了法拉第筒电流，其值为等离子体离子电流，众所周知，电推进的束发散角不仅影响推力器的推力、效率、比冲、寿命，还直接关系到对航天器的污染程度。因此，推力器的束发散角已经成为衡量推力器性能优劣的一个重要指标。从数据不难看出，束发散角随着主流率增加而单调增加，随着放电电压的增加也单调增加，可以了解到束流分布不是非常对称。

3. Faraday 探针诊断结果

图 6-15 中电流表采集的电流就是收集极离子电流，电流表测到的电流除以环形收集极面积即等离子体离子电流密度，测试时等角度改变法拉第筒的位置，得到不同角度法拉第筒的电流密度数值，从而形成角度-电流密度曲线，对此曲线进行环形球带面积分得出 90% 的离子分布角度区，即可计算出羽流的束发散角。

法拉第筒安装位置距离推力器 1 000 mm 处，扫描角度 A 为 0°～180°，测试数据如表 6-2 所示。

表 6-2　法拉第筒电流测试数据

测试点角度/(°)	法拉第筒收集电流/mA
0	0.003 355 00
10	0.012 149 00
20	0.066 190 00
30	0.134 594 00
40	0.232 006 00
50	0.485 661 00
60	1.210 855 00
70	3.169 060 00
80	9.566 447 00
90	13.215 900 00
100	5.354 502 00
110	1.822 776 00
120	0.681 312 00
130	0.274 373 00
140	0.156 255 00
150	0.104 081 00
160	0.045 938 00
170	0
180	0.000 226 00

由图 6-17 可知，法拉第筒以 10° 为间隔，在 $R=1\ 000$ mm 的半圆面内共采集 19 个点的电流值（角度-电流数组），用所得电流值除以法拉第筒收集极板

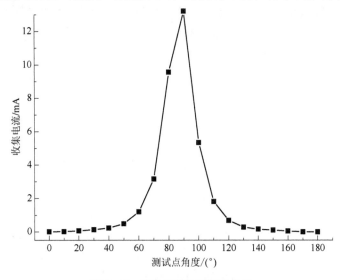

图 6-17　法拉第筒电流测试曲线

的面积就可计算出 19 个点的电流密度，对获得电流密度曲线进行半球表面带状积分，计算出 90%的离子数分布的扇形区域的角度值，即法拉第筒束发散角。

图 6-17 中接收电流在 0°～180°范围内呈现对称分布，并且先增大后减小。在 0°～40°和 140°～180°范围内接收电流极小，近乎为零，绝大部分羽流离子都分布在 40°～140°范围内，整体曲线呈现瘦高形状，表明电推力器喷出的 90%的离子都分布在 100°左右的锥形区域内。

6.2.3　电推进羽流 RPA 探针诊断

RPA 是一种用于探测低能带电粒子的仪器，其主要功能是探测分析空间离子能量范围。电推进产生的空间等离子体环境中，离子能量一般小于 100 eV。从 20 世纪 60 年代开始，国际上不断发展阻滞势分析仪技术，并将其广泛应用于空间等离子体探测领域。美国在空间和地面上的各种等离子体试验中应用阻滞势分析仪探测空间离子的能量分布，如在轨地球物理观测卫星系列、气象探索卫星，海盗号火星探测器、先锋号金星探测器，极轨环境卫星系统等，都采用了阻滞势分析仪开展空间等离子体探测技术研究工作。总之，阻滞势分析仪在空间环境科学探测领域与航天工程载荷研制领域都有广泛的应用价值。

1. 电推进羽流 RPA 探针诊断原理

阻滞势分析仪的基本结构是一个"汉堡包微弱电流收集结构"，内部包含入口栅极、初级电子阻挡栅极、离子能量扫描栅极和二次电子阻挡栅极 4 层栅网电极，以达到对带电粒子阻滞分析的测量目的，另外有收集极收集离子电流。阻滞势分析仪的结构如图 6-18 所示。

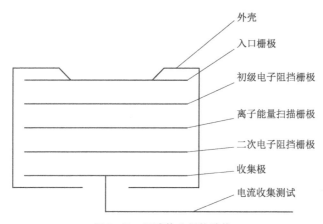

外壳

入口栅极

初级电子阻挡栅极

离子能量扫描栅极

二次电子阻挡栅极

收集极

电流收集测试

图 6-18　阻滞势分析仪结构

1）入口栅极

入口栅极将阻滞势分析仪内部与外部空间隔离开来。通过入口栅极后，等离子体密度将由空间等离子体密度变成阻滞势分析仪内部等离子体密度。对于阻滞势分析仪，由于存在空间电荷效应，对进入阻滞势分析仪内部的等离子体密度有限制；当被测等离子体密度较高时，可采用双层入口栅极结构大幅度降低等离子体密度。

2）初级电子阻挡栅极

初级电子阻挡栅极施加特定负偏置电压，可排斥掉所有返流区等离子体中的电子，通过该栅后，进入阻滞势分析仪的粒子均为离子。

3）离子能量扫描栅极

给离子能量扫描栅极施加可变正偏置电压，实现有选择性地过滤离子。对于给定的栅极势，只有能荷比(E/q)大于栅极电压的离子才能通过该栅到达收集极。

4）二次电子阻挡栅极

二次电子阻挡栅极用于阻挡来源于离子与收集极之间碰撞产生的二次发射电子。阻滞势分析仪通过给栅网上施加电压，滤除电子和低于特定能量的离子；收集极收集大于特定能量的离子电流。为了减小对被测等离子体的干扰，入口栅极处于悬浮状态；初级电子阻挡栅极处于负偏置状态以阻止电子通过；离子能量扫描栅极通过扫描电源使其处于正偏置状态，可以有效阻滞能量小于偏置电势的离子，使能量大于偏置电势的离子通过，从而达到筛选离子的目的；二次电子阻挡栅极处于比收集极电势低的负偏置状态，这样可以使离子和收集极表面碰撞产生的二次电子回到收集极，消除二次电子电流带来的干扰。

（1）离子能量计算方法

随着离子阻滞栅极电势的增加，阻滞势分析仪的收集电流会逐渐减小。通过改变离子扫描栅极的电势并且记录相应的收集电流值，可以得到阻滞势分析仪的电流-电势曲线，通过对得到的伏安特性曲线进行处理便可得到离子能量分布。收集电流可以用离子的速度分布表示：

$$I(V) = A_c q_i n_i \int_{u(V)}^{\infty} u_i f(u_i) \, du_i \tag{6-68}$$

式中　A_c——收集极有效收集面积，单位为 m^2；

　　　q_i——离子所带的电量，单位为 C；

　　　n_i——离子数密度，单位为 m^{-3}；

　　　V——离子阻滞栅极电势，单位为 V；

　　　u_i——离子速度，单位为 m/s；

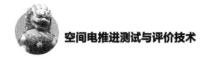

$f(u_i)$ ——离子速度分布函数。

离子速度 u_i 为

$$u_i = \sqrt{\frac{2q_iV}{m_i}} \qquad (6-69)$$

式中　u_i ——离子速度，单位为 m/s；

　　　　q_i ——离子所带的电量，单位为 C；

　　　　V ——离子阻滞栅极电势，单位为 V；

　　　　m_i ——离子质量，单位为 kg。

式（6-69）两边求微分，得

$$du_i = \sqrt{\frac{q_i}{2m_i}} \frac{1}{\sqrt{V}} dV \qquad (6-70)$$

将式（6-69）、式（6-70）代入式（6-68）并变换变量，得到收集电流公式：

$$I(V) = A_c q_i n_i \int_V^\infty \sqrt{\frac{2q_iV}{m_i}} \sqrt{\frac{q_i}{2m_i}} \frac{1}{\sqrt{V}} dV f(V) dV \qquad (6-71)$$

对上式简化，并且方程两边对离子能量扫描栅极电势 V 微分，得

$$\frac{dI}{dV} = \frac{q_i^2 A_c n_i}{m_i} f(V) \qquad (6-72)$$

式中　$\dfrac{dI}{dV}$ ——电流随电压的变化率；

　　　　q_i ——离子所带的电量，单位为 C；

　　　　A_c ——收集极有效收集面积，单位为 m^2；

　　　　n_i ——离子数密度，单位为 m^{-3}；

　　　　m_i ——离子质量，单位为 kg；

　　　　$f(V)$ ——离子能量分布。

从式（6-72）可见，对于同一种离子，收集电流对离子扫描电压的微分与离子阻滞电压分布函数成正比。因为 $V=E_i/q_i$，E_i 为离子的能量，q_i 为常数，$f(V)=f(E_i/q_i)$ 即离子的阻滞电压分布函数与能量分布函数等价。

如图 6-19 所示，可知只要得到相应电压下的 dI/dV 分布情况，就可获得离子能量的分布状况。

（2）离子密度计算方法

将阻滞势的 U–I 响应曲线变换为 U–$\Delta I/\Delta U$ 曲线。这条曲线表示不同能量的带电粒子通过传感器的数量，能量的分辨率是 ΔU，因此可以得到离子能量分布

曲线 $f(v)$。带电粒子能量正比于速度的平方，通过数学变换，可以得到带电粒子在阻滞势分析仪轴向的速度分布 $f(v)$。根据速度分布函数，可以计算离子的平均速度：

$$\bar{v} = \sum v f(v) \qquad (6\text{--}73)$$

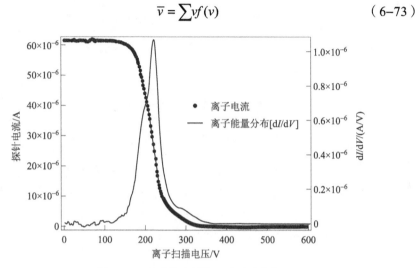

图 6-19　阻滞势分析仪理论测试曲线

当阻滞能量为零时，带电粒子形成的电流与阻滞势分析仪探头入口面积、平均速度、离子密度和电荷电量有关，这些参数中只有离子密度未知，因此离子密度可以表示为

$$N = \frac{I(0)}{Sq\bar{v}} \qquad (6\text{--}74)$$

（3）带电粒子温度计算方法

带电粒子的温度与粒子平均动能有关，阻滞势分析仪只能测量垂直于阻滞势分析仪入射平面速度的粒子，对于粒子其他方向上的速率，只能借助于理论模型进行估计。在粒子运动坐标系中，粒子速度分布为 $f(v,\theta)$，那么平均动能为

$$\bar{E} = \iint \frac{1}{2}m[(-v\cos\theta + v_0)^2 + (v\sin\theta)^2]f(v,\theta)\mathrm{d}v\mathrm{d}\theta \qquad (6\text{--}75)$$

假设粒子运动坐标系中，粒子符合麦克斯韦分布，计算式（6-75）可以得到

$$\bar{E} = \frac{1}{2}mv_0^2 + \frac{3kT}{2} \qquad (6\text{--}76)$$

式中，右边第一项为粒子与阻滞势分析仪传感器相对运动速度的动能，第二项表示粒子运动坐标系下粒子平均动能。

如果在阻滞势分析仪的应用中需要计算粒子的热力学温度 T_t，那么 $T_t=T$。根据粒子符合麦克斯韦分布的特点，则速度分布满足正态分布 $u(v_0, kT/m)$，因此 T_t 可由 $f(v)$ 计算：

$$T_t = \frac{m}{k} \sum (v-v_0)^2 f(v) \tag{6-77}$$

如果需要计算粒子的动力学温度 T_d，那么可以利用 $f(V)$ 直接计算平均动能，再转换为温度，即

$$T_d = \frac{1}{k} \sum V f(V) \tag{6-78}$$

2. 阻滞势分析仪诊断试验结果

如图 6-20 所示，将阻滞势分析仪与电推力器安装在真空舱内，工作真空度 ≤ $5×10^{-4}$ Pa。阻滞势分析仪与推力器离子出口在同一平面，距推力器中心不同位置坐标如表 6-3 所示，测量的带电粒子主要是氙离子，离子密度范围为 $10^4 \sim 10^8 / cm^3$，离子能量范围为 1～80 eV。

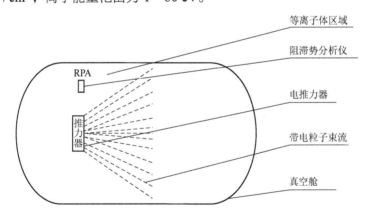

图 6-20 阻滞势分析仪试验示意图

表 6-3 给出了某型号电推进设备不同位置的离子能量分布。

表 6-3 RPA 近场区测试结果

位置	收集到的电流最大值/nA	能量集中分布区域
1	84.92	能量集中在 0～15 eV，5～10 eV 居多，占 56.5%
2	92.91	能量集中在 0～15 eV，5～8 eV 占 50%
3	122.81	能量集中在 0～15 eV，5～8 eV 居多，占 49.8%

续表

位置	收集到的电流最大值/nA	能量集中分布区域
4	133.97	能量集中在 0~15 eV，5~8 eV 居多，占 49.5%
5	139.77	能量集中在 0~15 eV，5~8 eV 居多，占 51.5%
6	165.32	能量集中在 0~15 eV，5~9 eV 居多，占 53.4%
7	136.46	能量集中在 0~15 eV，5~9 eV 居多，占 47.9%
8	250.59	能量集中在 0~15 eV，7~11.5 eV 居多，占 49%
9	183.49	能量集中在 0~15 eV，5~10 eV 居多，占 64.6%

6.2.4　电推进羽流污染 QCM 诊断

国外在 Deep Space-1、Artemis、STENOR、EXPRESS-A2、EXPRESS-A3、SMART-1 等电推进航天器上均搭载石英晶体微量天平（QCM），对电推进工作产生的污染环境状况进行评估和测量。下面以空间应用 QCM 为例，简要介绍 Deep Space-1 羽流污染在轨监测状况。

Deep Space-1 的 QCM 用于测量电推进工作产生的污染环境状况：两对 QCM 和量热计测量质量沉积率和表面光热特性污染效应，其中一对传感器对推力器可见，另一对不可见（遮蔽），QCM 测量传感器表面质量变化，敏感度达到 10 ng/cm²，长期漂移不超过每月 50 ng/cm²。图 6-21 所示为 Deep Space-1 卫星模型及诊断系统的实物照片。

1. 电推进羽流 QCM 诊断原理

QCM 污染测量的原理基于德国科学家 Sauerbrey 的理论：石英晶体谐振器的频移直接正比于附加的质量。Sauerbrey 理论通常被认为是测量小质量的定量工具的理论基础。

QCM 的核心是一对电极间的压电 AT 切割石英晶体，如图 6-22 所示，当电极被连接到振荡器且交变电压被施加在电极表面时，石英晶体由于压电效应开始在它的谐振频率处振荡。由于振荡的高品质（高 Q 因数）通常大于 10^6，这个振荡频率通常是非常稳定的。

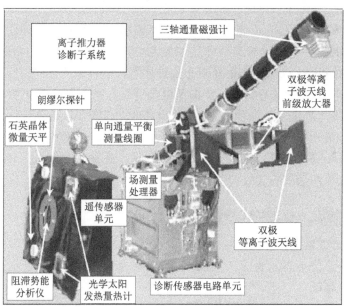

图 6-21　Deep Space-1 卫星模型及诊断系统的实物照片

如果刚性层被均匀地沉积在一面或两面电极上，谐振频率将按照 Sauerbrey 方程正比于吸附层的质量减少，用公式表示为

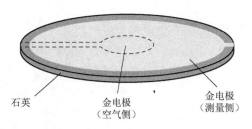

图 6-22　石英晶体——QCM 的核心

$$\Delta f = -\frac{2f_0^2 \Delta m}{A\sqrt{\rho_q \mu_q}}$$

（6-79）

式中　Δf——被测量的频移，单位为 Hz；

　　　f_0——晶体基波模式的谐振频率，单位为 Hz；

　　　Δm——每单位面积的质量变化，单位为 g/cm^2；

　　　A——起压电作用的面积，单位为 m^2；

　　　ρ_q——石英的密度，其值为 2.648 g/cm^3；

　　　μ_q——石英的剪切模量，其值为 2.947×10^{11} $g/(cm \cdot s^2)$。

要使 Sauerbrey 方程测量有效，应当避免发生以下 3 种情况：

① 当附加质量不是刚性沉积在电极表面上时。

② 在表面滑动时。

③ 附加质量不是均匀沉积在电极上时。

因此，Sauerbrey 方程仅严格适用于均匀、刚性、薄膜沉积。因此 QCM 持续多年被视为气相微质量检测器。QCM 已经被用来探查在石英晶体上的耗散过程，这对于软冷凝物质，像沉积在石英表面上的厚聚合物层尤其是正确的。

Sauerbrey 方程是在真空及气相条件下导出的，当外加质量均匀地加到整个电极表面，形成刚性附着层，且外加质量不超过晶体本身质量的 2%时，Sauerbrey 方程的正确性已得到证实。其他情况下，频移与涂层质量的关系会偏离线性，但大部分情况下可以忽略环境的影响，近似利用此线性关系，或通过修正理论改进。

2. 电推进羽流 QCM 诊断设备

QCM 电推进羽流污染传感器正是基于 Sauerbrey 原理设计的，如图 6-23 所示。利用石英晶振表面监测空间真空电推进羽流污染物薄膜，当石英晶体表面吸附羽流污染物薄膜时，晶体质量发生变化，引起石英晶振固有频率发生变化，从而把羽流污染物薄膜质量信号转换为频率信号。通过检测石英晶体频率的变化值，就能检测出羽流污染物薄膜质量。

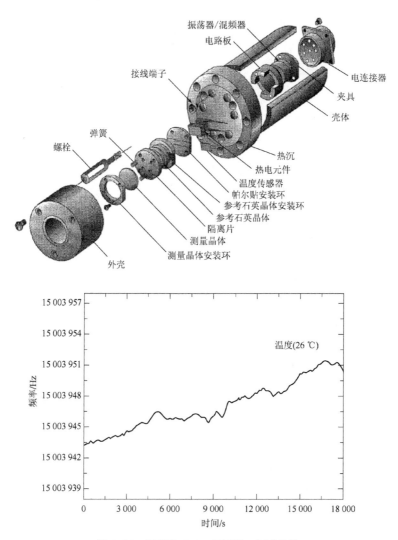

图 6-23　研制的 QCM 探测器及测试曲线

根据 Sauerbrey 频率方程，石英晶体的密度则随着温度改变会发生变化，温度为 25 ℃时，石英晶体密度为 2.648 g/cm³。Glassford 等的研究结果表明，石英晶体微量天平的质量灵敏度随温度的变化很小，5 K 低温下石英天平的质量灵敏度是 298 K 温度下灵敏度的 99.937%，因此，石英晶体微量天平在低温环境下使用时，其质量灵敏度的变化完全可以忽略。

表 6-4 给出了 AT 切型石英晶体的理论质量灵敏度。从表 6-4 可以看出，选

择 15 MHz 的晶体作为测量晶体，15 MHz 的晶体在精度、稳定性和可靠性都适合空间羽流测量中 QCM 的使用要求，理论上的测量灵敏度可达到 1.96×10^{-9} g/（cm² · Hz），加工精度可以保证，稳定性好，满足测量的需要。

表 6-4　AT 切型石英晶体的理论质量灵敏度

振荡频率 f/MHz	298 K 温度时的质量灵敏度/(g · cm⁻² · Hz⁻¹)
5	1.77×10^{-8}
10	4.42×10^{-9}
15	1.96×10^{-9}
20	1.10×10^{-9}

3. 电推进羽流 QCM 诊断结果

MSX 卫星于 1996 年在范登堡 AFB 西方试验靶场由三角翼火箭发射到 898 km 高度的太阳同步轨道，倾角为 99.16°，MSX 卫星飞行寿命为 5 年。其主要使命是以空间基础探测为平台长期对所探测追踪的目标进行数据收集，以便支持弹道导弹防御系统；同时它也是一颗科学试验卫星，可携带对地球及大气宇宙天文进行探测的仪器，包括空间红外成像望远镜、紫外-可见光相机及光谱仪空间基础望远镜信号数据处理系统等。

其中 MSX 卫星 QCM 的 160 天测试数据如图 6-24 所示，QCM 在卫星运行初期污染物沉积不断增长。

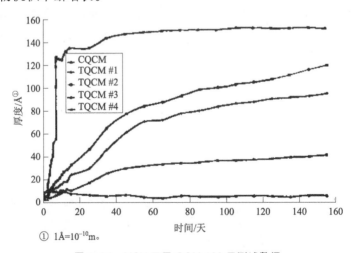

① 1Å=10^{-10}m。

图 6-24　MSX 卫星 QCM 160 天测试数据

　　我国某航天器开展了针对电推进系统的空间在轨羽流污染试验研究，航天器在+X轴配置了电推进 QCM 羽流污染监测器，QCM 监测的污染状况空间短期特性测试数据曲线如图 6-25 所示，对 QCM 测试数据进行数据修正后，得到相应电推力器产生的污染物监测质量。从图 6-26 可以看出，卫星运行初期，电推进系统周围污染物沉积增加较快。初步分析这种现象，污染物不仅仅是电推进排出的物质，还有卫星体内材料放出的气体、可凝挥发物等。

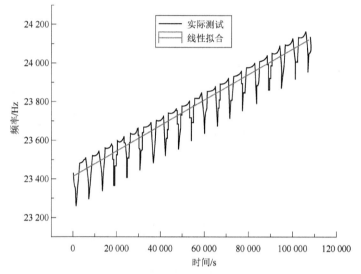

图 6-25　电推进 QCM 污染沉积变化曲线

　　截至试验结束，我们获得了 QCM 的在轨长期测量结果，QCM 在轨羽流污染监测器监测的表面污染沉积量为 $3.92 \times 10^{-5} \mathrm{g/cm^2}$，长期测量曲线如图 6-23 所示。

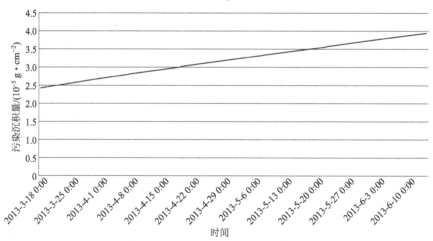

图 6-26　+X 方向 QCM 在轨羽流污染监测器测量结果

设计的电推力器 QCM 在轨污染探测器，利用该设备对推力器返流区的羽流粒子沉积污染进行了长期的试验测量研究，研究了距推力器栅网束流出口平面，推力器正常试验状态下$+X$轴 QCM 在轨羽流污染监测器监测的表面污染沉积量为 3.92×10^{-5} g/cm^2，污染沉积速率在 10^{-7} g/(cm^2•次) 量级。

6.2.5 电推进羽流发射光谱诊断技术

等离子体发射光谱诊断是一种通过分析电推进束流区氙离子在辐射跃迁过程中产生的特征谱线相对强度来计算电子密度和电子温度的方法。

束流等离子体中的电子与原子、离子碰撞，离子与原子、离子之间碰撞等过程，使得处于低激发态的原子、离子等被激发到高激发态，受激原子从高能级向低能级跃迁时，将以光的形式辐射出能量，产生特定的发射谱线。由于等离子体光谱辐射强度是与电子密度、原子密度和电子能量有关的量，是三者综合影响的结果，因此，通过利用高分辨光谱仪测量等离子体的发射光谱以及光谱强度随空间分布等演化规律，并结合粒子碰撞参数、粒子统计分布模型等，即可获得等离子体电子温度、粒子密度等参数。发射光谱诊断方法避免了对等离子体羽流的干扰，属非接触式测量方法，还可以对羽流成分的组成、分布、电离率、辐射等多参数同时展开研究。

在热力学平衡（TE）或者局部热力学平衡（LTE）的状态下，不同能级的原子满足玻尔兹曼状态方程分布，不同能级的谱线强度满足

$$\frac{I_1}{I_2} = \frac{A_1 g_1 \lambda_2}{A_2 g_2 \lambda_1} \exp\left(-\frac{E_1 - E_2}{kT_{exc}}\right) \qquad (6-80)$$

式中 I_1，I_2——处于不同能级的两条谱线的发射光谱强度，单位为 J/m^3；

　　　A_1，A_2——能级跃迁概率；

　　　g_1，g_2——统计权重；

　　　λ_1，λ_2——两条谱线的中心波长，单位为 m；

　　　E_1，E_2——两条谱线的激发能量，单位为 eV；

　　　T_{exc}——等离子体的电子激发温度，单位为 eV；

　　　k——玻尔兹曼常数（ $k = 1.38 \times 10^{-23}$ J/K）。

当等离子体为热力学平衡态时，等离子体的电子激发温度与等离子体电子温度相同，即可得到电子温度：

$$kT_e = (E_1 - E_2) / \left(\ln \frac{A_1 g_1 \lambda_2}{A_2 g_2 \lambda_1} - \ln \frac{I_1}{I_2} \right) \qquad (6-81)$$

式中 I_1，I_2——处于不同能级的两条谱线的发射光谱强度，单位为 J/m^3；

A_1，A_2——能级跃迁概率；

g_1，g_2——统计权重；

λ_1，λ_2——两条谱线的中心波长，单位为 m；

E_1，E_2——两条谱线的激发能量，单位为 eV。

对于 Xe 原子而言，上式各参数由文献给出。

发射光谱等离子体诊断测试系统如图 6-27 所示。

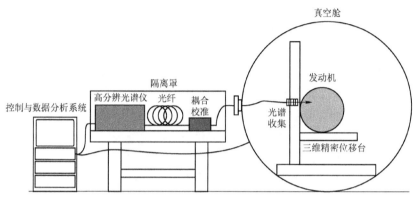

图 6-27　发射光谱等离子体诊断测试系统

6.3　羽流等离子体效应评价

6.3.1　羽流等离子体概述

电推进羽流可能会对航天器表面产生沉积污染和溅射腐蚀，羽流等离子体与航天器磁场和太阳辐射相互作用下，导致电荷积累，使其表面充以不同电位。推进器本身的电磁场还可能影响航天器电子元件正常工作，羽流场等离子体也可能干扰航天器通信。

电推进羽流是指电推力器工作在高真空下喷射出来的混合流体。电推进羽流中的成分复杂，包括：快速束离子（速度大于 10 km/s，它是电推进推力的来源）、来自放电室和中和器未电离的中性推进剂原子、交换电荷离子(Charge Exchange，CEX)、栅极材料溅射的非推进剂离子以及中和器发射的电子等。电推力器产生的羽流会引起航天器和周围环境的相互作用，推力器的羽流中含有大量带电粒子，其羽流对航天器的影响比常规化学推力器要严重，降低了航天器分系统和传感器的工作性能。如图 6-28 所示，电推进羽流对航天器的污染大致分为：

① 机械污染。羽流中含有大量的粒子，包括各种分子、带电离子、电子等。由于电磁场和真空环境的影响，它们可能会折返撞击航天器表面和仪器，这些凝相颗粒会在表面产生类似于"喷砂"效应，使光学性能发生变化，表面功能降低。

② 热污染。电推进的效率一般较低（35%～88%），一部分热量通过热传导和热辐射会流到航天器中，影响航天器的正常工作。

③ 沉积和化学污染。气相和黏附于表面的凝相颗粒会与其表面材料发生化学反应，严重影响表面的光学性能。

④ 电磁污染。由于等离子体的不稳定性及羽流散射、相变产生的射频干扰和电磁波的泄漏，会对电子设备、制导、通信信号产生干扰，降低制导精度和通信能力。

这些影响导致航天器性能降低、寿命缩短，甚至发生航天器失效等灾难性后果。机械、热、沉积、化学和电磁污染最终导致羽流等离子体对航天器材料的溅射，降低其寿命和可靠性，同时带电的羽流粒子还导致航天器的充放电效应，使航天器表面带电。

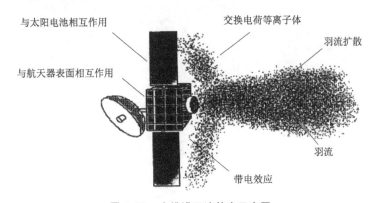

图 6-28　电推进羽流效应示意图

6.3.2　溅射与沉积

1. 羽流等离子体溅射效应

溅射是物质被离子撞击后从固体壁面脱离的过程。人们已经在不同条件下

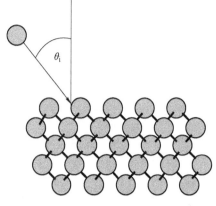

图 6-29　粒子轰击溅射靶材

对溅射机理做了大量的研究。溅射率是用来定量描述溅射现象的度量标准。如图 6-29 所示，当高能粒子撞击可发生溅射的表面时，能量会通过与靶材原子的碰撞而转移到靶材上。

图 6-30 展示了撞击粒子的能量在表面发生溅射的机理。图 6-30（a）展示了入射粒子直接轰击出一个靶材原子。图 6-30（b）展示了被撞击的靶材原子向后弹回并同时弹射出一个相邻原子。图 6-30（c）展示了入射粒子在靶材上激发碰撞级联时，线性级联型式将会发生。此时靶材原子是通过次级反弹被溅射出。靶材原子从靶材表面溅射出的准确方式取决于一系列因素，比如入射粒子类型、入射粒子能量、入射角度、靶材表面的晶体结构、靶材表面束缚能以及靶材表面形态。考虑到这些因素的溅射过程非常复杂，且以上所述的三种溅射机理可能同时发生，所以用溅射率描述溅射导致的净效应。

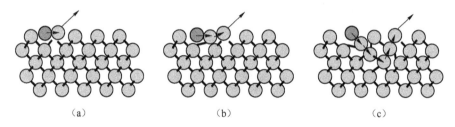

|　　　　　（a）|　　　　　（b）|　　　　　（c）|

图 6-30　溅射过程中的能量转移机理

1）等离子体羽流溅射机理

单元素靶材的溅射机理已经研究得较为透彻，而多元素靶材的相关资料就要少得多。可以确定相关方面的研究有如下结论：

① 溅射率在入射离子能量为 10～100 keV 时与能量成正相关关系。能量大于这个范围时，离子将会穿透靶材表面，附着于靶材表面的能量会减少，所以溅射率反而会降低。电推力器等离子体羽流中的离子能量通常小于 600 eV，不会大于前述的能量范围，所以对于电推力器等离子体羽流的离子能量来说，越高的能量就意味着越高的溅射率。

② 溅射率是入射粒子的入射角度（θ_i）的函数，如图 6-29 所示。当粒子直接垂直撞击靶材表面时，$\theta_i=0°$；而当粒子擦过靶材表面时，$\theta_i=90°$。可以

看出溅射率随着 θ_i 从 0°开始增大而增大。这种现象可归因于当入射角度增加时，粒子的穿透深度会随之降低。这样就会导致靶材表面附近附着更多的能量，溅射率也就更高。随着入射角度继续增加，溅射率将会在 θ_{max} 达到最大值，角度大于这个值时溅射率开始减小。根据溅射场景的准确细节可以确定 θ_{max} 的值，这个角度的范围是 70°～80°，因为转移到靶材表面的能量已不再像之前那么有效。在入射角度接近 90°时，入射粒子将会被靶材表面原子弹回，此时不会发生溅射现象。在考察电推器等离子体羽流与卫星敏感表面的相互作用时，入射角度在全范围都可能发生，因为等离子体羽流并不是层流式的，并且卫星敏感表面与羽流的速度方向也并不是固定的。

③ 溅射阈值是一个临界值，当入射粒子能量小于这个临界值时溅射将不会发生。测量溅射阈值是非常困难的，它需要非常敏感的技术以探测到极小的溅射量。在能量阈值附近所做的试验表明，溅射率与能量关系是一个 U 形曲线，这说明用线性插值的方法从现有的高能溅射率数据得到能量阈值是不可行的。尽管如此，在没有具体数据的情况下，我们可以定义一个溅射阈值的"上限"，这就可以得到一个"有效阈值"。对于电推器等离子体羽流溅射模拟，对低能溅射行为的了解是非常重要的，因为绝大部分撞击敏感表面的离子都在能量阈值附近。

④ 溅射率会被靶材材料温度和靶材表面本身腐蚀程度所影响。观察到的情况是，溅射率随着表面腐蚀程度增加而减少，因为粗糙的靶材表面比光滑表面更不容易被腐蚀。在温度较高时（大约30%熔点温度）溅射率很大，因为靶材表面会发生退火作用而去除掉表面本身积累的腐蚀。与之相反，靶材温度较低时，靶材表面保留了其粗糙度，此时溅射发生就会受到抑制。要准确预测腐蚀形态，还取决于合理确定溅射率与温度的依赖关系。

⑤ 在多元素试件上，给出类似的束缚能，则会发现与入射粒子质量相近的元素更可能发生溅射。通常来说，每个元素的溅射率与其束缚能和质量成反相关关系。尽管可以看出多元素靶材的溅射行为有这些趋势，但是目前对其行为复杂性的详尽研究还不够，将来需要在这方面投入更多的精力。

2）羽流等离子体溅射的实验研究状况

国外有很多大学和研究机构对溅射现象作了实验研究，其中物理和材料科学领域对此研究得最为充分。电推力器产生的氙离子能量通常少于 1 keV，这类氙离子属于低能的重离子。而现有文献中专门针对这类低能重离子的溅射研究还相对较少，下面是关于溅射实验的总结。

（1）法向入射时的溅射率

Yamamura 和 Tawara 采集到大量关于离子法向轰击溅射单元素靶材的数

据。对于我们感兴趣的能量在 300 eV 附近的氙离子，其溅射 C（石墨）、Al、Ag、Au 的溅射率数据如表 6–5 和图 6–31 所示。Pencil 等拟合了这些数据并得出下面这个半经验公式：

$$Y = S_0 E^{0.25} (1 - S_1 / E)^{3.5} \qquad (6–82)$$

式中　S_0，S_1——拟合系数；

　　　E——溅射能量，单位为 eV。

对于 Ag 的拟合系数，有 $S_0 = 0.792\ 652$ 和 $S_1 = 42.516\ 5$。这个公式给出了对于我们所感兴趣的能量范围的合理的 Ag 溅射率数据。

表 6–5　氙离子法向入射单元素靶材时的溅射率

能量/eV	Al	Ag	Au	溅射率
100	0.06	0.40	0.16	0
200	0.24	1.00	1.00	0.04
300	0.45	1.80	1.83	0.08
600	1.02	4.20	3.10	0.21

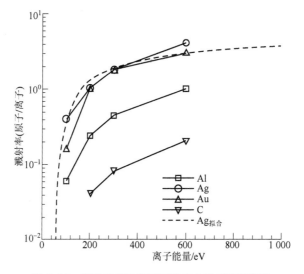

图 6–31　实验测得的氙离子法向入射时的溅射率

300 eV 氙离子法向入射不同元素的溅射率数据关于原子数 Z 的函数绘于图 6–32 中。可以看出大体趋势是，随着原子数在周期表中的行数增加，溅射率也会增加。对于 Ti（$Z=22$）到 Cu（$Z=29$），Zr（$Z=40$）到 Ag（$Z=47$），Hf（$Z=72$）到

Au（$Z=79$）都可看出这个趋势。

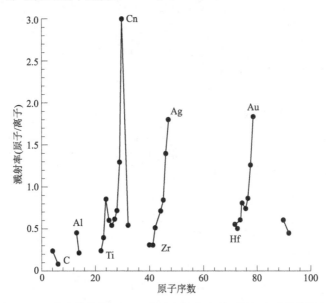

图 6-32　实验测得的 300 eV 氙离子法向入射不同元素时的溅射率

（2）入射角改变时的溅射率

Yamamura 提出了一个分析模型，它可以评估不同入射角度时的溅射率，用公式表示为

$$\frac{Y(\theta)}{Y(0)} = \cos\theta^{-f}\exp[-f\cos\theta_{opt}(\cos\theta^{-1}-1)] \qquad （6-83）$$

式中　$Y(0)$——法向入射时的溅射；

　　　$Y(\theta)$——入射角为 θ 时的溅射；

　　　θ——入射角；

　　　θ_{opt}——产生最大溅射时的角度；

　　　f——角度临界能量效应。

此模型由 Yamamura 提出，对分析入射角度对溅射的影响非常有用。但 Yamamura 模型在低能量时，系数 f 变化比较大，为了解决此问题，Oechsner 提出了如下模型，用公式表示为

$$\frac{Y(\theta)}{Y(0)} = \frac{A}{Y(0)} + 1 \qquad （6-84）$$

式中　$Y(0)$——法向入射时的溅射；

　　　$Y(\theta)$——入射角为 θ 时的溅射；

$$A = c \frac{\sigma}{d^2} \frac{\varepsilon E}{U_0} F(\theta')$$

$$c = 0.024\ 9$$

σ——硬球碰撞的横截面面积，单位为 m^2；

d——表面原子间隔，单位为 m；

E——离子能量，单位为 eV；

U_0——表面束缚能，单位为 eV；

$$\varepsilon = \frac{4M_1 M_2}{(M_1 + M_2)^2}$$

M_1，M_2——离子质量和表面元素的质量，单位为 kg；

$$F(\theta') = 1.2 \left(\frac{\theta}{\theta_{opt}} \right)^2$$

θ_{opt}——产生最大溅射时的角度。

目前已经根据此公式将感兴趣材料的参数制成表格，应用时可直接查表，根据此公式，就能很方便地分析入射角度对溅射的影响。

3）Michael J. Barlow 溅射模型

为了先大体上确定模拟中羽流流场溅射效果，可以使用一个简单溅射模型。对此模型做了如下假定：

① 靶材料均为纯氮化硼(Boron Nitride)。

② 溅射出的中性粒子能量与入射离子的能量相等。

③ 溅射出的中性粒子出射速度方向是随机的。

④ 溅射出的粒子看作氮化硼中性粒子，它可以进行除了电离碰撞以外的所有碰撞。

对于能量少于 100 eV 时，所有离子与靶原子碰撞对遵循如下关系，用公式表示为

$$Y_i = \frac{S_i}{H_s} (E_i - 4H_s) \tag{6-85}$$

式中　Y_i——某一特定离子与靶原子碰撞对的溅射率；

　　　H_s——靶原子的升华能，单位为 eV；

　　　E_i——入射离子能量，单位为 eV；

　　　S_i——溅射率因子，它可由实验测得。

溅射率因子 $S_i = 0.01$。氮化硼的升华能 H_s 为 3 000 K。

4）Yamamura 溅射模型

根据第三 Matsunami 方程，可以给出高能粒子垂直入射到靶材表面时的溅射率，用公式表示为

$$Y(E) = P\frac{S_{\mathrm{n}}(\varepsilon)}{1+0.35U_{s}s_{\mathrm{e}}(\varepsilon)}\left[1-\left(\frac{E_{\mathrm{th_{norm}}}}{E}\right)^{\frac{1}{2}}\right]^{2.8} \tag{6-86}$$

式中　$\varepsilon = \dfrac{E}{E_{\mathrm{L}}}$——简并能量；

$$E_{\mathrm{L}} = \frac{M_1 + M_2}{M_2}\frac{Z_1 Z_2 e^2}{a}$$

$$a = 0.468\,5\left(\frac{1}{Z_1^{2/3} + Z_2^{2/3}}\right)^{1/2}$$

M_1，M_2——离子质量和靶材料元素的质量；

Z_1，Z_2——入射离子的原子数和靶材料的原子数。

此时的临界能量为

$$E_{\mathrm{th_{norm}}} = U_s\left[1.9 + 3.8\left(\frac{M_1}{M_2}\right) + 0.314\left(\frac{M_1}{M_2}\right)^{1.24}\right]$$

弹性碰撞截面 $S_{\mathrm{n}}(\varepsilon)$ 和 $s_{\mathrm{e}}(\varepsilon)$ 用公式表示为

$$s_{\mathrm{e}}(\varepsilon) = K\varepsilon^{1/2} \tag{6-87}$$

$$S_{\mathrm{n}}(\varepsilon) = \frac{3.441\varepsilon + \log(2.718\sqrt{\varepsilon})}{1 + 6.355\sqrt{\varepsilon} + \varepsilon(-1.708 + 6.882\sqrt{\varepsilon})} \tag{6-88}$$

式中　$\varepsilon = \dfrac{E}{E_{\mathrm{L}}}$——简并能量。

5）溅射模型本身的验证

目前，我们找到此类电推进里常见能量的氙离子溅射 BN 和 BNSiO$_2$ 的实验数据，溅射模型展示了 350 eV、500 eV 和 1 000 eV 离子源的溅射数据。这些离子能量仍然要高于模拟中撞击靶材表面的离子能量几倍。

上述模型在 Matlab 中直接计算了溅射率，之后与实验数据做了比较，结果如图 6-33 所示。Michael J. Barlow 模型预测的溅射率比实验值高约 6 倍。注意到 Michael J. Barlow 模型是为能量少于 100 eV 的离子设计的，同时它对角度的依赖关系在大于 120 eV 时也失效了（6 倍于临界能量 6×4U_s=6×4×5=120 eV），因此这种比较可能是不对的。因为我们仍然过低地估计了临界能量，或者溅射率系数不对。为了尽量符合实验数据，减少升华能至 20 eV（临界能 80 eV），Michael

J. Barlow 模型确实可以作为一种迅速获得所有角度时的总体平均溅射率。

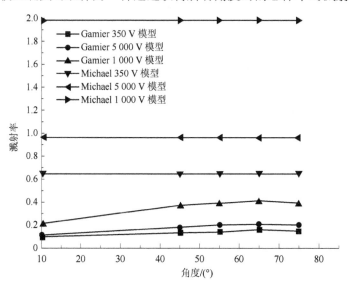

图 6-33　Michael J. Barlow 模型的溅射率曲线

利用 Cheng 的 C 函数建立了一个测试来比较 Yamamura 模型与实验数据。能量在 10～700 eV，角度在 0°～90°的离子被输入进此模型。结果如图 6-34 和图 6-35 所示，可以看到，模拟的溅射率与实验数据相符合的程度较高，说明该模型的准确度高于 Michael J. Barlow 模型。

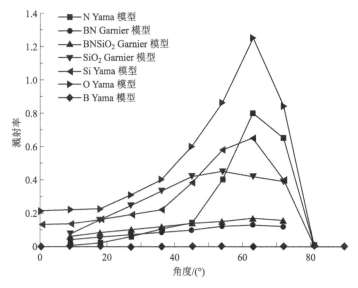

图 6-34　Yamamura 模型在 350 V 时的溅射率曲线与 Garnier 数据的比较

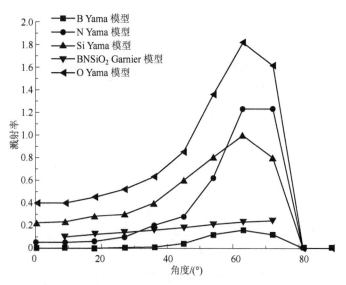

图 6-35　Yamamura 模型在 500 V 时的溅射率曲线与 Garnier 数据的比较

2. 羽流等离子体沉积效应

电推力器的羽流产物是等离子体，理论上这类等离子体有卫星表面吸附的倾向。实际的电推力器正离子束和电子束来源不同，工作时通过分立的电子束与离子束的汇聚形成宏观电中性的等离子体。电推力器的离子束是在束流的引导下发射的，如果离子束流不能完全聚焦，离子束流将侵蚀离子推力器的钼栅极组件而溅射出钼粒子，在羽流中携带有钼的中性粒子，这些中性粒子一部分通过离子交换电荷碰撞生成钼离子，一部分通过与电子直接碰撞离化形成钼离子。通过数值模拟得到了钼原子的空间分布，结合实验并根据经验模型得到了栅极材料的原子溅射率。为了研究离子电推力器羽流中各种成分的相互作用和各种粒子的空间分布情况、电场分布情况，以卫星的 LIPS-200 氙离子推力器为研究对象，结合离子推力器在卫星中的布局参数和工作参数建立了离子束与电子束分立设置的工程模型，研究包含电子束与离子束的汇聚并形成宏观电中性的等离子体过程，得到离子、电子、中性粒子的空间分布和电场分布，以及钼粒子在卫星表面的分布及沉积厚度。

1）离子推力器羽流模型

选用 20 cm 氙离子推力器为卫星的电推进动力系统。电推力器的出口直径是 20 cm，推力为 40 mN，比冲为 3 000 s。离子推力器羽流的主要成分包括推进剂离子、中和电子、未离子化的中性推进剂分子、低速电荷交换离子(CEX 离子)和非推进剂流。CEX 离子是高速运动的推进剂离子和低速运动的中性分子碰撞产生的。非推进剂流是推力器部件表面材料溅射出来的。其他成分可以忽略。

推进剂离子分布可以认为，在羽流中心为轴对称的抛物面分布，在边缘呈指数衰减，用公式表示为

$$j_b(R,\theta) = \begin{cases} j_{b0}\left(\dfrac{R_c}{R}\right)^2\left[1-\left(\dfrac{\theta}{\alpha}\right)^2\right], & \theta < \gamma\alpha \\ j_{b0}\exp\left(\dfrac{-r}{\lambda}\right)\left(\dfrac{R_c}{R}\right)^2\left[1-\left(\dfrac{\theta}{\alpha}\right)^2\right], & \theta > \gamma\alpha \end{cases} \quad (6\text{–}89)$$

$$j_{b0} = ev_b n_{b0}$$

中性推进剂的粒子密度分布 $n_n(X)$，用公式表示为

$$n_n(R,\theta) = a\frac{n_{n0}}{2}\left\{1-\left[1+\left(\frac{r_T}{R}\right)\right]^{-1/2}\right\}\cos\theta \quad (6\text{–}90)$$

根据推进剂离子和中性推进剂的分布模型，可以获得 CEX 离子产生率的空间分布，用公式表示为

$$\frac{\mathrm{d}n_{cex}}{\mathrm{d}t} = \sigma_{cex}V_b n_n(X)n_n(X) = \frac{n_b(X)}{n_0}\frac{n_n(X)}{n_{n0}}\frac{\mathrm{d}n_{cex0}}{\mathrm{d}t} \quad (6\text{–}91)$$

在离子推力器出口处，平均 CEX 离子产生率用公式表示为

$$\frac{\mathrm{d}n_{cex0}}{\mathrm{d}t} = \sigma_{cex}V_b n_{b0}n_{n0} \quad (6\text{–}92)$$

Xe$^+$和 Xe 有效碰撞截面可以通过离子速度获得，用公式表示为

$$\sigma_{cex} = (k_1\ln V_b + k_2)^2 \quad (6\text{–}93)$$

对于 Xe，$k_1 = -0.882\,1\times10^{-10}\ \mathrm{m}^2$，$k_2 = 15.126\,2\times10^{-10}\ \mathrm{m}^2$，$n_{b0}$、$n_{n0}$和$\dfrac{\mathrm{d}n_{cex0}}{\mathrm{d}t}$的取值依赖于离子推力器的工作参数，在对 20 cm 等离子推力器工作参数选取时，做如下假设：

① 因为 20 cm 等离子推力器和 NSTAR 的比冲很接近，我们可以假设两种离子推力器的平均推进剂离子速度是相同的，或者与比冲成正比。

② 两种离子推力器的离子束具有相同的离子密度分布，离子密度与离子束电流密度成正比关系。

③ 羽流中性推进剂的密度正比于离子束的离子密度，那么两种离子推力器在出口平面中心的中性推进剂的粒子密度与离子束离子密度成正比。

④ 等离子体的粒子密度和电子温度决定了 CEX 离子的德拜长度。

⑤ 尾迹等离子的粒子密度正比于推力器出口面积，其平方反比于到推力器出口的距离。

⑥ 20 cm 氙离子推力器和 NSTAR 的尾迹等离子的电子温度相等。

⑦ 在两种离子推力器状况下，环境等离子的效应具有相同的数量级。

⑧ 在两种离子推力器状况下，等离子体和卫星的电势差一样。

Mo 原子是从推力器部件表面材料溅射出来的，而且容易离子化。由于 Mo 的粒子密度比中性推进剂的粒子密度小 4 个数量级，Mo^+ CEX 离子对电场的扰动是非常小的，相比于中性推进剂的 Xe^+ CEX 离子可以忽略不计。

电子被认为是等温的，粒子密度符合玻尔兹曼假设，用公式表示为

$$n_e = n_{e0} \exp\left[\frac{e(\phi - \phi_0)}{kT_{e0}}\right] \qquad (6-94)$$

因为羽流等离子体是中等温度的，也就是离子漂移速度远大于离子热运动速度，但远小于电子热运动速度。电子温度认为是常量，可以认为电子温度的变化对模拟结果的影响很小。推力器出口处的电子密度被设置为参考电子密度，这意味着主要由中和器的电子中和离子，环境电子（主要来自太阳风）的中和作用可以忽略。羽流等离子只考虑静电作用，描述 CEX 离子运动的麦克斯韦方程退化为泊松（Poisson）方程，用公式表示为

$$-\nabla \cdot (\varepsilon \nabla \phi) = e(n_i - n_e) \qquad (6-95)$$

n_e 由玻尔兹曼假设计算得到，全部离子由以下成分组成：推进剂离子、Xe^+ CEX 离子、环境离子。

2）数值算法

在多数三维 PIC 计算程序中，均采用时域有限差分方法(FDTD)或者快速傅里叶变换(FFT)算法。然而，上述两种方法不太适合于求解具有复杂边界的羽流和卫星的相互作用问题。IFE-PIC 是一种能够求解具有复杂边界泊松方程的计算方法。

最近几年发展起来的浸入式有限元（Immersed Finite Element，IFE），使用结构网格准确计算复杂边界电场。IFE-PIC 法是基于浸入式有限元的等离子模拟的新数值算法，适用于复杂的几何和物理边界情况，用 PIC 方法模拟粒子的运动和电荷的插值，用 IFE 方法求解复杂边界电场的柏松方程。IFE 方法使用结构网格，不用考虑物体表面的位置，这样就可以使用标准的结构网格计算电场；对于 PIC 方法，可以使用结构网格-粒子插值，统计每个网格的离子数，求出节点的离子数密度，快速计算粒子的速度和位置。这样，IFE-PIC 方法的计算速度和标准的 FD-PIC（有限差分计算电场，阶梯网格来代替复杂的几何

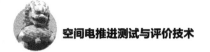
边界）的速度差不多。

3）计算方案

我们模拟卫星飞行时离子推力器羽流和卫星的相互作用时研究了围绕卫星的 Xe^+ CEX 等离子整体结构以及 Mo^+ CEX 离子在卫星表面的沉积，而不是等离子体与卫星表面的相互作用。

羽流等离子的参数如下（参见表 6-6）：

$$T_{e0}=1.25\,\mathrm{eV}\,,\quad n_{b0}=4.365\,6\times10^{15}\,\mathrm{m^{-3}}\,,\quad n_{n0}=3.118\,3\times10^{17}\,\mathrm{m^{-3}}\,,$$

$$\frac{\mathrm{d}n_{\mathrm{cex}}}{\mathrm{d}t}=1.70\times10^{19}\,\mathrm{m^{-3}}\,,\quad n_{\mu}=5\times10^{6}\,\mathrm{m^{-3}}$$

计算程序模拟 Xe^+ CEX 离子的产生和运动轨迹，求解电场，直到电场达到稳定状态。由于计算区域按中心面对称，只计算 1/4 区域。模拟区域的边界设置为 Neumann 边界条件，$\partial\phi/\partial n=0$。卫星为等势体。粒子越过模拟区域的外边界将被吸收，在对称面上将反射。离子撞击到卫星表面要么被吸收，要么被中和。在模拟计算中，大约使用 4 000 000 个粒子。当电场达到稳定状态时，计算 Mo^+ CEX 离子的产生和运动轨迹，由于 Mo^+ CEX 的离子数密度远小于 Xe^+ CEX 的离子数密度，Mo^+ CEX 离子并不影响电场，此时不更新电场，当 Mo^+ CEX 的数量达到稳定状态时，开始计算 Mo^+ CEX 离子在卫星表面的沉积，积累一定的时间，可以得到 Mo^+ CEX 的沉积率。

表 6-6　XIPS-200 羽流模拟输入参数

	NSTAR （30 cm)	XIPS-200（20 cm)	备注
比冲 I_{sp}/s	3 189	3 000	设计值
离子束中心离子速度 v_b/(m·s^{-1})	38.7×10^3	36.4×10^3	正比于 I_{sp} 推算
离子束电流密度 j_b/(A·m^{-2})	19.8	25.46	实测值
离子束离子密度 n_{b0}/m^{-3}	3.2×10^{15}	4.37×10^{15}	正比于 $n_{b0}v_b$ 推算
中性推进剂粒子密度 n_{n0}/m^{-3}	2.3×10^{17}	3.12×10^{17}	正比于 n_{b0} 推算
卫星表面电势/V	−10	−10	参考 DS-1

4）计算区域

在空间运行状态中，无穷远处的电势为零，理论上计算区域要求无限大才能比较真实地模拟整个区域中等离子体的运动。由于受到计算机硬件的限制，只能取一个有限大的区域来计算羽流中等离子体的运动。根据计算条件，尽可能地选取比较大的区域，现在所选取的计算区域，已经基本包括整个羽流结构，可以认为现在选所取的计算区域是合理的。

整个计算区域为 2.5 m × 2.0 m × 3.5 m，德拜长度大约是 5.257 cm，计算网格的尺度选为 5 cm，PIC 的网格为 50×40×70，如图 6–36 所示。

5）计算结果分析

（1）主束流 Xe⁺离子的分布

根据推进剂 Xe⁺离子和中性推进剂 Xe 的分布理论模型，以及根据推进剂离子和中性推进剂的分布模型，可以获得 CEX 离子产生率的空间分布，如图 6–37～图 6–39 所示。

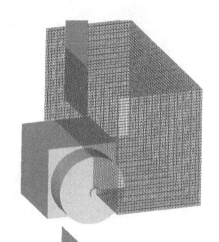

图 6-36　计算区域

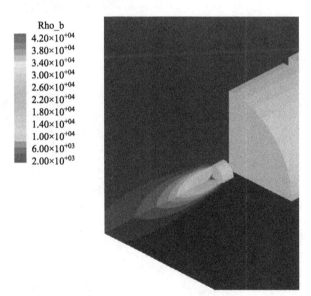

图 6-37　推进工质 Xe⁺离子的分布（以 n_{ref}=1×10¹⁰ m⁻³ 无量纲化）（见彩插）

（2）等离子体的空间分布

如图 6–40 和图 6–41 所示，以 x–z 平面和 y–z 平面这两个对称平面上的等值分布图来显示三维结构的等离子体参数分布。可以发现，蘑菇形状的电势和总离子电荷密度等值面是围绕推进离子束主轴。这种形状的形成是离子推力器羽流主束流和 Xe⁺ CEX 离子电荷分布两个因素导致的。从电势分布图中可以

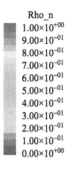
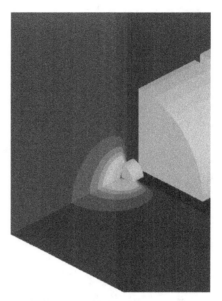

图 6-38　中性推进剂 Xe 的分布（见彩插）

（以 $n_{\text{nref}} = 3.1183 \times 10^{17} \text{m}^{-3}$ 无量纲化）

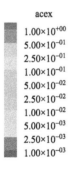
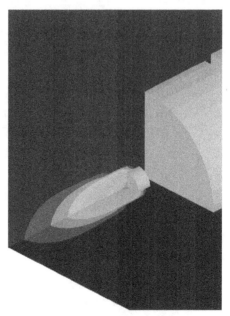

图 6-39　Xe⁺ CEX 离子产生率的空间分布（见彩插）

$$\left(以 \frac{\mathrm{d}n_{\text{cex}}}{\mathrm{d}t} = 1.7030 \times 10^{19} \, \text{m}^{-3} \cdot \text{s}^{-1} 无量纲化\right)$$

很容易分辨出等离子体鞘层围绕着卫星各个组成部分。在靠近离子推力器出口的区域，等离子体鞘层非常薄，而在尾迹区鞘层变得非常厚。从电势分布图还可以看到返流 CEX 离子会形成迎"风"的效果，使电势等势面向着离子推力器离子束流相反的方向扩展。

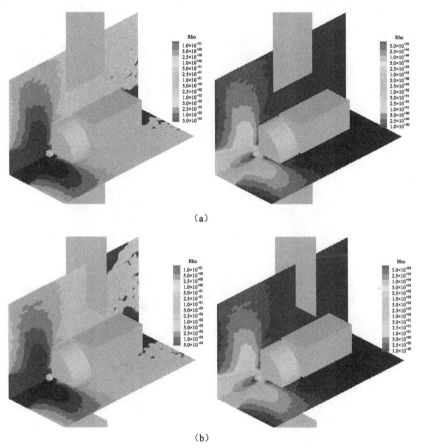

图 6–40　总离子电荷密度分布（以 n_{ref}=1×10^{10} m^{-3} 无量纲化）（见彩插）

（a）太阳帆板平行于主束流方向；（b）太阳帆板垂直于主束流方向

（3）Mo$^+$ CEX 离子在卫星表面的沉积

由于常温下 Mo 表现为固态，当 Mo$^+$ CEX 离子碰撞到卫星表面时，认为 Mo$^+$ CEX 离子沉积在卫星表面。

衡量 Mo$^+$ CEX 的沉积速率的单位是 nm/kh，图 6–42 所示为 Mo$^+$ CEX 离子对卫星组件和太阳能电池板表面的沉积速率。从图中可以得知，较大的沉积速率发生在与离子推力器主束流方向垂直的卫星组件的表面上，与离子推力器主束流方向平行的卫星组件的表面上的沉积速率相对较小。

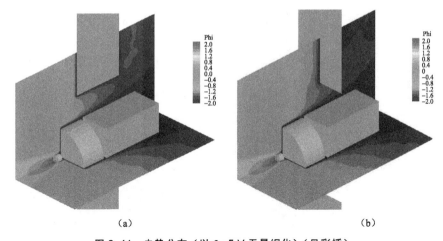

（a）　　　　　　　　　　　　　（b）

图 6-41　电势分布（以 Φ =5 V 无量纲化）（见彩插）

（a）太阳帆板平行于主束流方向；（b）太阳帆板垂直于主束流方向

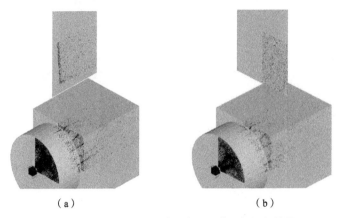

（a）　　　　　　　　　　　　　（b）

图 6-42　Mo⁺ CEX 离子在卫星表面的沉积位置

（a）太阳帆板平行于主束流方向；（b）太阳帆板垂直于主束流方向

当太阳帆板平行于主束流方向时，太阳能电池板收集的 Mo⁺ CEX 离子主要集中在接近离子推力器的表面区域，在太阳能电池板形成 L 形沉积区域。在太阳能电池板上最大沉积率是 $4.19×10^{-5}$ nm/kh，最小沉积率是 0，平均沉积率是 $3.49 ×10^{-6}$ nm/kh。

当太阳帆板垂直于主束流方向时，在太阳能电池板上最大沉积率是 $2.45 ×10^{-5}$ nm/kh，最小沉积率是 $2.88 ×10^{-5}$ nm/kh，平均沉积率是 $1.32 ×10^{-5}$ nm/kh。

6）数值分析结果与实验结果的比较与分析

由于钼粒子空间分布较准确的实验结果不易得到，这里将电推力器羽流的离子分布模拟结果（见图 6-43）与实验结果（见图 6-44）进行比较来检验模型的正确性。图 6–45 所示为离子数密度模拟结果与实验结果的对比，可以看出两者相当一致。

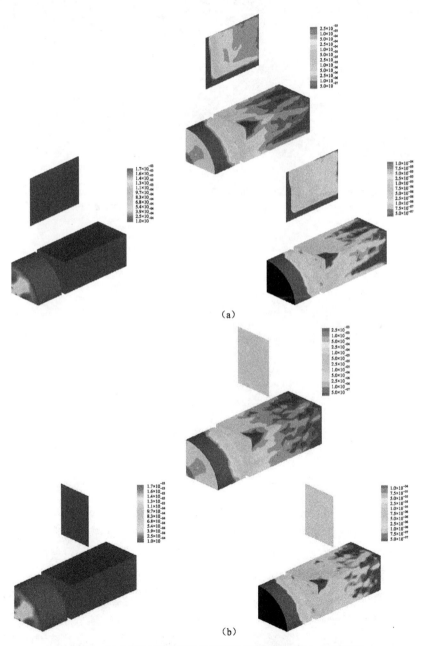

（a）

（b）

图 6–43　Mo⁺ CEX 离子在卫星表面的沉积率(nm/kh)（见彩插）

（a）太阳帆板平行于主束流方向；（b）太阳帆板垂直于主束流方向

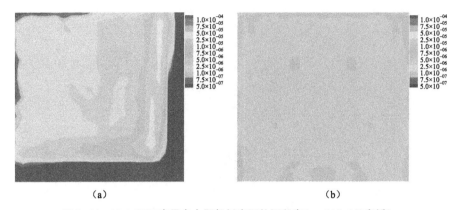

图 6-44 Mo⁺ CEX 离子在太阳帆板表面的沉积率(nm/kh)（见彩插）
（a）太阳帆板平行于主束流方向；（b）太阳帆板垂直于主束流方向

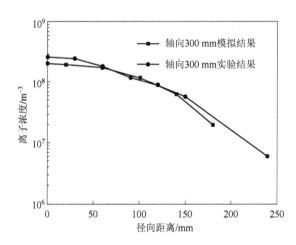

图 6-45 离子数密度模拟结果与实验结果对比

在离子浓度轴向分布的模拟结果和实验结果对比如图 6-46 所示，可见离子浓度在不同径向距离处的参数值都随轴向距离的增加而减小。在靠近推力器中心线位置处，参数值的变化幅度较大；在远离推力器中心线位置处，参数值的变化幅度较小。在径向 140 mm 曲线和径向 180 mm 曲线上均出现了明显偏离主束流特征的参数值，说明这些位置的点已经不在主束流区。模拟结果和实验结果的趋势和参数值范围基本一致。

从电推力器羽流会与航天器碰撞并污染其敏感表面，从而对航天器的工作产生潜在影响。高能羽流离子与航天器碰撞可以引起表面腐蚀或表面材料特性的

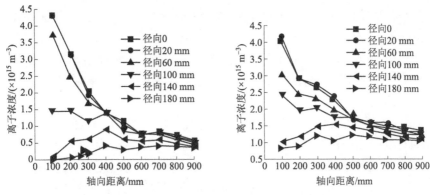

图 6-46 离子浓度轴向分布的模拟结果和实验结果对比

变化。溅射腐蚀及污染会对航天器太阳电池板、热控涂层、光学传感器、通信、科学仪器、透镜、观测窗口、材料的结构特性等造成影响。此外，羽流冲击航天器表面会引起热和能量的迁移。羽流冲击太阳电池阵转动力矩并使工作温度升高，进而降低太阳电池的效率。

6.3.3 充放电效应

1. 充放电效应概述

在轨运行的航天器与空间等离子体、磁场和太阳辐射等环境因素的相互作用下，电荷在航天器表面积累，使航天器表面与空间等离子体间或者航天器不同部位间充以不同电位的现象，称为航天器表面带电（Surface Charging）。引起航天器表面带电的等离子体粒子能量一般小于 50 keV。这种粒子几乎不能穿透航天器表面（入射深度为微米量级）而在表面积累。

通常，表面带电分为绝对带电（Absolute Charging）和不等量带电（Differential Charging）两种。绝对带电是指航天器表面相对于周围空间等离子体环境的电位，而不等量带电则是指航天器的一部分相对于另一部分的电位。

航天器表面带电主要取决于航天器的轨道等离子体特点、表面材料属性、当地时间和空间天气。

在低地球轨道(Low Earth Orbit, LEO)，航天器表面带电问题并不严重，一般来说 LEO 轨道环境中的高密度（$10^5 cm^{-3}$）、低能量（大约 0.1 eV）等离子体环境下，其充电电位数值大约为负几伏。但当卫星运行在低温度、高密度的等离子体环境中时，在其尾部会形成一明显的电子和离子密度不相等的"航迹"，这是由于卫星轨道速率大于离子热速率而小于电子热速率，因此电子可很容易进入这个区域从而形成一负电位势垒，这就是所谓的"尾区效应"（Wake Effect），极区内的尾区带电称为极光带电（Auroral Charging）。对于通过极区的航天器，由于受到极光电子环境中（纬度 60°～70°）高能电子沉降的影响，当背景离子密度减小或极光电子通量增加时，航天器尾区表面介质材料将被充至负几百伏甚至负几千伏。

最容易发生航天器表面大面积带电效应的区域为地球同步轨道(Geostationary Orbit，GEO)。由于 GEO 等离子体密度低但能量高，且大约在午夜时高能电子和离子随地磁曲率的变化进入地球同步轨道，航天器表面无光照下电位可达到几百伏甚至几千伏，DeForest 测得 ATS-5 卫星（在 GEO 上运行）上曾产生几千伏的负电压；Olsen 等也发现 ATS-6 卫星表面的电位曾达到 −19 kV。由于航天器表面不可避免地要采用多种不同属性的材料，不同材料的介电常数、二次电子发射系数、光电子发射系数等参数都存在差异，因此在同一空间等离子体环境条件下不同材料间产生电位差。通过统计发现，表面带电造成的危害主要集中在静电放电而诱发的电子系统故障和材料损伤两个方面。如 GEO 上的航天器表面静电放电，可能引发电磁干扰而使模拟电路产生虚假信号，使数字电路出现逻辑翻转，从而造成设备故障、误动作乃至系统失效。图 6-47 所示静电放电也可能击穿太阳电池阵，破坏航天器能源系统。对于功能材料，严重的表面放电会改变其热控性能和其他物理性能。另外，表面带电也会加速污染，导致表面性能改变，其中表面热控性能的改变可导致温度升高。

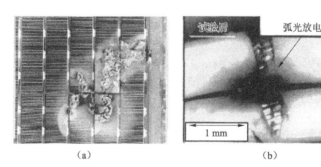

(a)　　　　　　　　　　　(b)

图 6-47　航天器充放电危害
（a）太阳电池阵烧毁；（b）导线损坏

空间等离子体德拜半径：等离子体中的任何一个带电粒子产生的静电位场，将受到周围电荷的屏蔽，该电势的作用范围要受到限制，其作用的空间的特征尺度就是德拜半径。德拜半径表示为

$$\lambda_{\mathrm{D}} = \sqrt{\frac{\varepsilon_0 k T_{\mathrm{e}}}{n_{\mathrm{e}0} e^2}} \qquad (6\text{--}96)$$

式中　ε_0——真空中的介电常数，单位为 F / m；

　　　k——玻尔兹曼常量，单位为 J / K；

　　　T_{e}——电子温度，单位为 eV；

　　　$n_{\mathrm{e}0}$——空间无扰动电子密度，单位为 $\mathrm{m^{-3}}$；

　　　e——单位电荷，单位为 C。

　　空间等离子体拉莫尔半径(Larmor Radii)：等离子体中的带电粒子受到空间磁场的作用，在洛伦兹力的作用下，在垂直磁场平面内做圆周运动，其运动回旋半径为拉莫尔半径。拉莫尔半径用公式表示为

$$R_{\mathrm{c}} = \frac{m V_{\perp}}{qB} \qquad (6\text{--}97)$$

式中　m——带电粒子质量，单位为 kg；

　　　$V_{\perp}$——垂直磁场平面内的速度，单位为 m / s；

　　　q——粒子所带电荷，单位为 C；

　　　B——空间磁场强度，单位为 T。

　　航天器周围的等离子体鞘层(Sheath)：由于航天器表面带负电，在表面材料附近区域，等离子体电中性条件被破坏了，它具有过剩的正电荷，这个处于表面与本体等离子体（电中性区）之间的非电中性区域，称为等离子体鞘层。等离子体鞘层用公式表示为

$$d_{\mathrm{S}} = \frac{2}{3}\lambda_{\mathrm{D}}\left(\frac{-2V}{kT_{\mathrm{e}}/e}\right)^{3/4} \qquad (6\text{--}98)$$

式中　λ_{D}——等离子体德拜长度，单位为 m；

　　　k——玻尔兹曼常量，单位为 J / K；

　　　T_{e}——电子温度，单位为 eV；

　　　e——单位电荷，单位为 C；

　　　V——航天器表面材料相对于周围等离子体的电位，单位为 V。

　　空间等离子体振荡：如果在等离子体的某个局部区域里瞬间出现了正或负的空间电荷，那么这些电荷将开始振荡。考虑厚度为 L 的片状等离子体，粒子密度为 n。假设其中的电子相对于离子（认为它们静止不动）运动了很小的距离 X，于是在片状等离子体的一侧出现了电子过剩，而在另一侧出现了多余的离子。把两个电荷过剩区域设想为很薄的面。它们的面电荷密度大小为 $\sigma = n_{\mathrm{e}}ex$，由电磁学可知，在这片状区域将产生一个电场，

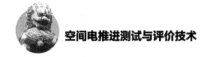

用公式表示为

$$E = \frac{\sigma}{\varepsilon_0} = \frac{n_e e x}{\varepsilon_0} \qquad (6-99)$$

这个电场有着把电子拉回到原来的平衡位置的趋势。在无外磁场且忽略电子热运动及碰撞效应的情况下，在该电场作用下，单个电子的运动方程表示为

$$m_e \frac{\mathrm{d}^2 x}{\mathrm{d}t^2} = -eE = -\frac{n_e e^2 x}{\varepsilon_0} \qquad (6-100)$$

式中 m_e——电子质量，单位为 kg。

式（6-100）中的负号表示电场方向与电子运动方向相反，可改写成

$$\frac{\mathrm{d}^2 x}{\mathrm{d}t^2} + w_{pe}^2 x = 0 \qquad (6-101)$$

此式即振荡方程，其中

$$w_{pe} = \left(\frac{n_e e^2}{\varepsilon_0 m_e} \right)^{1/2} \qquad (6-102)$$

即振荡频率，称为等离子体电子振荡频率，或朗缪尔振荡频率。

朗缪尔探针(Langmuir Probe)：向等离子体中插入一根极小的电极，然后加上电压 V_B，测定流过探针的电流 I，就可以得到图 6-48 所示的电流-电压特性曲线。

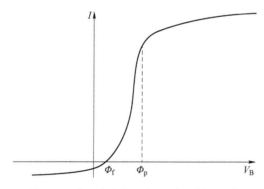

图 6-48　朗缪尔探针的电流-电压特性曲线

从测量数据可以求得等离子体密度 n_0、电子温度 T_e、等离子体电位 V_p 和悬浮电位 V_f。这是一种较为简单、常用的测量方法，被称为朗缪尔探针法，或称为探针法。当探针的尺度远远大于德拜长度时，就可以把容器壁视为探针电极。处于等离子体中的探针，其表面电流是电子电流 I_e 和离子电流 I_i 之和。根据探

针偏压，可将电流曲线分成深度负偏压区域、中间过渡区域和正偏压较高区域三部分。对于深度负偏压区域，由于电子几乎不能进入探针，所以探针电流是离子饱和电流 I_{is}，用公式表示为

$$I_{is} = -0.605 e n_{e0} S \sqrt{\frac{kT_e}{m_i}} \qquad (6-103)$$

式中　e——电子电荷，单位为 C；

$\quad\quad n_{e0}$——等离子体密度，单位为 m^{-3}；

$\quad\quad S$——探针表面积，单位为 m^2；

$\quad\quad k$——玻尔兹曼常量，单位为 J / K；

$\quad\quad T_e$——电子温度，单位为 eV；

$\quad\quad m_i$——离子质量，单位为 kg。

相反，在正偏压较高的区域，由于离子不能进入探针，所以电子的电流达到饱和值，用公式表示为

$$I_{es} = \frac{e n_{e0} v_e}{4} S \qquad (6-104)$$

式中　e——电子电荷，单位为 C；

$\quad\quad n_{e0}$——等离子体密度，单位为 m^{-3}；

$\quad\quad S$——探针表面积，单位为 m^2；

$\quad\quad v_e$——电子热速度，单位为 m / s。

处于中间过渡区域中的电子电流，用公式表示为

$$I_e = \frac{e n_{e0} v_e}{4} S \exp[e(V_B - V_P) / (kT_s)] \qquad (6-105)$$

两边取对数，则电子电流为

$$\ln I_e \propto e(V_B - V_P) / (kT_e) \qquad (6-106)$$

这里，由于电子电流按指数函数增大，所以其对数值 $\ln I_e$ 与电压 V_B 间的关系是一条直线。这条直线的斜率的倒数为 kT_e/e，故由此可求得电子温度。求出 T_e 后，由 I_{is} 或者 I_{es} 便可求得等离子体密度 n_0。悬浮电压 V_f 可作为 $I_P=0$ 时的偏压而求出，等离子体电位 V_P 是随探针电压的增高而偏离指数增大关系进入饱和时的电压。

2. 电推进羽流对充放电效应影响模式

电推进工作时产生或诱发的航天器环境与化学推进存在着很大的不同。相比于传统化学推进，电推进喷出物为高度电离的等离子体，这些带电离子在运动中受到航天器背景电磁环境及其自身电磁场的影响，且运动带电粒子的自洽

电场反过来又对周围电磁场作用,产生了化学推进所没有的特殊等离子体环境。研究表明,由于电推进羽流中的交换电荷等离子体分布范围较广,容易与大型航天器结构如太阳电池阵等发生作用,引起航天器的不等量带电,如图 6-49 所示。

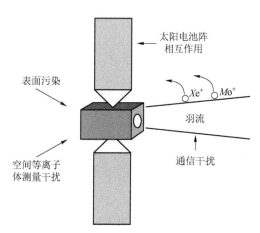

图 6-49　电推进羽流与航天器的相互作用示意图

空间等离子体引起的卫星表面充放电效应对卫星在轨正常工作和安全运行具有重要影响,是卫星工程中所关注的重要的卫星空间效应之一。由前文可以看出,电推进等离子体分布特性与空间等离子体截然不同,而电推进产生的等离子体羽流使得原本空间天然等离子体与航天器之间的充放电效应变得更加复杂。在航天器局域空间内,电推进羽流等离子体、空间等离子体和航天器三者之间的相互作用会产生多种带电效应,如:

① 电推进羽流干扰航天器表面带电。由电推进喷射出的带电粒子流将会改变航天器的自然带电环境。推进器引起的航天器带电效应除了与航天器几何参数、表面材料的物理特性参数及轨道环境的参数有关以外,还与推力器安装位置、羽流发散角及电流密度等有关。羽流中交换电荷离子所形成的返流会影响空间等离子体对航天器表面材料的充电电位,同时增加的空间等离子体密度使局部放电加快。

② 降低太阳电池阵的输出功率。当太阳电池板接触到稠密的电推进羽流等离子体时,单元电池会从等离子体中吸收电荷,形成寄生电流导致功率损耗。寄生电流效应可改变太阳电池阵的有效工作点,电流增大而电压降低则引起电池阵的有效输出功率衰减。GEO 天然等离子体所引起的寄生电流非常小,基本可以忽略。但电推进羽流中的交换电荷等离子体与电池阵相互作用会产生足够大的寄生电流(量级可达几个毫安),引起高压太阳电池阵功

率损失。

可以看出，电推进产生的等离子体羽流使得原本空间天然等离子体与航天器相互作用变得更加复杂。但从羽流等离子体对充放电效应影响的作用方式上看，电推进对卫星表面带电电位的影响途径主要包括：

① 电推进对空间等离子体环境的影响，改变卫星表面充电的环境参数。由于电推进产生的等离子体中电子的扩散速度快，如图 6-50 所示，从而在电推进产生的等离子体区域内形成电子密度和离子密度不相等的现象，导致卫星周围的轨道天然等离子体中的电子和离子也不相同，从而影响卫星表面充电的环境参数，改变卫星表面充放电过程。

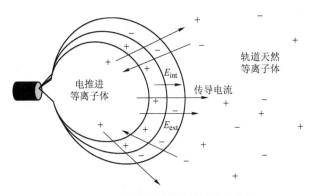

图 6-50　羽流等离子体扩散过程示意图

② 羽流等离子体将以羽流的形式作用于卫星表面，从而改变表面电位。在 GEO 空间天然等离子体环境作用下，卫星表面通常带较高的负电位，该负电位将对电推进产生等离子体中的离子产生吸引作用，如图 6-51 所示，导致卫星表面电荷的中和，从而降低卫星表面带电电位。

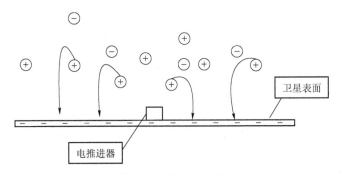

图 6-51　羽流等离子体中离子对表面电位中和示意图

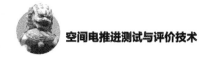
3. 电推进羽流对表面电位的影响机制

航天器在轨飞行，处在磁层等离子体中的航天器表面受到环境中带电粒子和光子的不断撞击（见图 6-52），从而形成了进入航天器表面的电流。

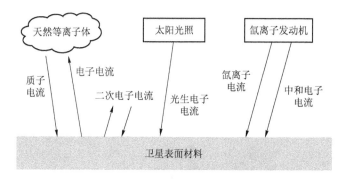

图 6-52　卫星表面充电示意图

当带电粒子能量较高时，除了环境电子电流 I_e 和环境离子电流 I_i 之外，还需计入环境电子产生的二次电子电流 I_{se}、背散射电子电流 I_{sc} 和环境离子所产生的二次电子电流 I_{si} 等。此外，高能光子入射还产生光电子 I_{pe}。因此航天器任意表面上的总电流密度，由公式表示为

$$I(\phi_s) = I_i(\phi_s) + I_e(\phi_s) + I_{sc} + I_{se}(\phi_s) + I_{si}(\phi_s) + I_{pe}(\phi_s) \qquad （6-107）$$

式中　ϕ_s——航天器表面电位，单位为 V。

当 $I(\phi_s) = 0$ 时，所对应的 ϕ_s 即航天器表面达到电流平衡时所具有的充电电位，式（6-107）为航天器电流平衡方程。

在空间中的等离子体，离子质量远大于电子质量，空间中电子的热运动速率远大于离子热运动速率，开始时向航天器表面沉积的电子电流会大于离子电流，使航天器带负电。随着充电电位绝对值的升高，电子电流逐渐减小，离子电流开始增加，同时入射电子的能量逐渐降低致使二次电子发射增加，从另一方面降低了充电电流，最终会达到一个动态的平衡，此时的表面电位即平衡电位。航天器表面由不同的材料组成，由于材料特性各不相同，这些材料的平衡电位是不同的，从而在航天器表面形成不均匀的电位分布。

在具体求解航天器表面电位分布时，常采用以下两种求解方法，一种为 Poission-Vlasov 模式，另一种是等效电路模式。

以上所提第一种方法的基本求解思路是，在已知的空间电荷密度及边界条件下解泊松方程：

$$\varepsilon_0 \nabla \cdot E = -\varepsilon_0 \nabla^2 V = e(n_i - n_e) \tag{6-108}$$

及弗拉索夫方程：

$$v \cdot \nabla f_{i,e} - \frac{q_{i,e}}{m_{i,e}} \nabla V \cdot \nabla v f_{i,e} = 0 \tag{6-109}$$

式中　$n_e = \int f_e \mathrm{d}v$——当地空间电子密度；

　　　$n_i = \int f_i \mathrm{d}v$——当地空间离子密度；

　　　∇V，∇v——对位置和速度空间的梯度算符。

　　这种模式可以精确地模拟出航天器表面各电位的分布，但是其计算难度也相应加大。

　　上文所提的第二种方法即等效电路模型，就是根据航天器表面材料的不同性质把表面划分为若干个等效电路元，用不同的电阻值 R、电容值 C 以及流入等效元的电流 I 来进行表征，再基于电路理论对于各等效元列出满足条件的微分方程组。根据等离子体与航天器表面相互作用情况，等效电路模式的原理如图 6-53 所示。这种方法只能粗略地估计航天器表面电位分布情况，但是可以为以后航天器表面带电的研究提供一个直观、便于理解的概念和参考。

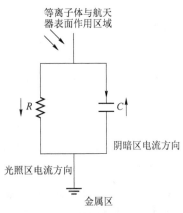

图 6-53　等效电路模式原理

　　通常，空间等离子体中电子通量远大于离子通量。因此，当不考虑光电子和二次电子发射效应时，航天器表面在达到电流平衡时带负电。如同步轨道卫星 SCATHA 在轨数据显示平均入射到航天器表面的电子能量为 2.49 keV，最终在相对平静期卫星表面电位高至−4 000 V。我国 SJ-4 卫星也曾探测到充电达−2 000 V 的电位。而受到光电子发射的影响，地球同步轨道卫星表面可能会带正电。这是由于光电子电流强度远大于空间天然等离子体充电电流及二次电子电流，成为航天器充电平衡方程的主要控制因素，航天器表面将被充正电，但是表面充电的正电位最高只能达到光电子的温度量级，否则光电子将受到航天器表面电势的吸引重新沉积到星体表面。

　　当航天器上电推进系统工作时，电推进羽流中会有大量被电离的离子和电子。它们将与空间等离子体共同参与航天器的表面充电过程，对空间等离子体所导致的航天器表面充电效应造成影响。

　　以电推进 SPT100 喷出的羽流等离子体为对象分析其对航天器表面充电的影响，由于 Xe⁺带正电，其对航天器表面的充电电流与空间等离子体电子充电

电流 I_e 方向相反，对航天器表面充电有明显的中和作用。另一方面，SPT100喷出的中和电子能量很低，极易受到航天器表面电势的屏蔽，对航天器表面充电的贡献非常有限，不会使航天器充电到很高的负电位。

从另一个角度来看，电推进系统通过发动机地与航天器结构地形成电连接。正常工作状况下发动机起动时，中和器向外喷出中和电子，则相当于对航天器充正电；随后发动机工作羽流中的 Xe⁺能与中和电子完全中和，发动机与航天器结构地之间的电流可忽略不计；但是，若中和器点火延迟或提前关机，发动机喷出氙离子相当于对发动机充负电，推力器电位可以很快升至负的上万伏。这一电位可能通过发动机地与航天器结构地之间的电连接对航天器整体电位造成影响。

参 考 文 献

[1] I Langmuir, H M Mott-Smith. Studies of Electric Discharges in Gas at Low Pressures[J]. Gencral Electric Review, 1924, 616.

[2] H M Mott-Smith, I Langmuir. The Theory of Collectors in Gaseous Discharges[J]. Physical Reviews, 1926, 28:727.

[3] F F Chen. Introduction to Plasma Physics and Controlled Fusion[M]. Vol. 1 Plasma Physics, Plenum Press, New York, N.Y., 1984.

[4] I G Mikellides, G A Jongeward, B M Gardner. A Hall-Effect Thruster Plume and Spacecraft Interactions Modeling Package[A]. the 27th International Electric Propulsion Conference, Pasadena, October, 2001.

[5] [日]. 菅井秀郎. 等离子体电子工程学[M]. 张海波，张丹，译. 北京：科学出版社，2002.

[6] J A Bittencourt. Fundamentals of Plasma Physics[M]. 北京：世界图书出版公司北京公司，2010.

[7] S Henderson, J Menart, J Shang. Data Reduction Analysis for A Cylindrical, Double Langmuir Probe Operating in A Flowing Plasma[C]. 42nd AIAA Aerospace Sciences Meeting and Exhibit, January 2004, Reno, Nevada.

[8] V Y Kudriavtse, A Villegas, A Godines, et al. Calculation of the Surface Binding Energy for Ion Sputtered Particles[J]. Applied Surface Science, 2005, 239: 273-278.

[9] Tao Wei-Han, K Y Hirotsugu. Measurement of Spatial Distributions of Electron Density and Electron Temperature in Direct Current Glow Discharge by Double Langmuir Probes[J]. Plasma Chemistry and Plasma Processing, June 2002, 22（2）.

[10] S Chen, T Sekiguchi. Instantaneous Direct-Display System of Plasma Parameters by Means of Triple Probe[J]. Journal of Applied Physics, 1965, 26（8）: 2363–2375.

[11] T B Lawrence, A Nikolaos, et al. Triple Langmuir Probe Measurements in the Plume and Backßow Region of A Pulsed Plasma Thruster[C]. 37th AIAA/A5ME/5AE/A5EEJoint Propulsion Conference & Exhibit ,July 8–11 , 2001 / 8alt Lake City, UT.

[12] I H Hutchinson. Principles of Plasma Diagnostics[M]. Cambridge University Press, 1987.

[13] 陈晓斌，蔡小舒，范学良，等. 原子发射双谱线法测火焰温度的实验研究 [J]. 光谱学与光谱分析, 2009, 29（12）: 3177–3180.

[14] 董丽芳，冉俊霞，尹增谦，等. 大气压氩气介质阻挡放电中的电子激发温度[J]. 光谱学与光谱分析, 2005, 25（8）: 1184–1186.

[15] A C Papageorgopoulos，M Kamaratos. Adsorption of Cs on Si(111)–(7 × 7) Surfaces: Site Preference and the Near– Metallic State of Cs［J］. Surface ReView Letter，2001，8（6）: 633–639.

[16] S G Ohler, A B Ruffin. B E Gilchrist, et al. RF Signal Impact Study of an SPT[A]. This Paper was Presented at the AIAA/ASME/SAE/ASEE Joint Propulsion Conference, 32nd,held in Lake Buena Vista, FL on 1–3 July 1996., ; AIAA–96–2706, Jul96, Approved for Public Release; Distribution is Unlimited.

[17] J S Sovey, L M Zana, S C Knowles. Electromagnetic Emission Experiences Using Electric Propulsion Systems – A Survey. NASA Lewis Research Center, Cleveland, OH, This Paper was Presented at the AIAA/SAE/ASME/ASEE Joint Propulsion Conference[A]. 23rd, held in San Diego, CA on 29 June–2 July 1987.

[18] R Eckman, L Byrne, E Cameron, et al. Triple Langmuir Probe Measurements in the Plume of A Pulsed Plasma Thruster[A]. AIAA/ASME/SAE/ASEE Joint

Propulsion Conference & Exhibit, 34th, Cleveland, OH, July 13–15, 1998, 10 p.

[19] B Yrne, N A Gatsonis, E Pencil. Triple Langmuir Probe Measurements in the Plume and Backflow Region of A Pulsed Plasma Thruster[A]. AIAA/ASME/SAE/ASEE Joint Propulsion Conference and Exhibit, 37th, Salt Lake City, UT, July 8–11, 2001, 14 p.

[20] M L R Walker. Effects of Facility Backpressure on the Performance and Plume of A Hall Thruster[M]. University of Michigan, 2005.

[21] R Hofer. Development and Characterization of High-Efficiency, High-Specific Impulse Xenon Hall Thrusters [D]. Ph.D. Dissertation, NASA/CR–2004–213099, June 2004.

[22] J P Lebretona, S Stverak, P Travnicek.The ISL Langmuir Probe Experiment Processing Onboard DEMETER:Scientific Objectives, Description and First Results[J]. Planetary and Space Science, 2006, 54: 472–486.

[23] 王贻华，胡正琼. 离子注入与分析基础[M]. 北京：航天工业出版社，1992.

[24] 汪泓民，田民波. 离子束表面强化[M]. 北京：机械工业出版社，1992.

[25] 陈保清. 离子束材料改性原理及工艺[M]. 北京：国防工业出版社，1995.

[26] 张通和，吴瑜光. 离子束材料改性科学和应用[M]. 北京：科学出版社，1999.

[27] J R Conrad, J L Radtke，R A Dodd，et al. Plasma Source Ion-implantation Technique for Surface Modification of Materials [J]. J. Appl. Phys，1987，62（11）：4591–4596.

[28] 佟洪波，柳青. 磁控溅射制备 A1N 薄膜的蒙特卡罗模拟［J］. 表面技术，2009，38（3）.

[29] T S Sudarshan. 表面改性工程师指南[M]. 范玉殿，译. 北京：清华大学出版社，1992.

[30] G Thorwarth，S Mindl，B Rauschenbach. Pm of Cold-work Steel[J]. Suff.&Coat. Techn01, 2000, 125：94–99.

[31] B Y Tang. Development of Plasma Source Ion Implantation in China [J]. J. Vac. Sci. Techn01. B 12（2），Mar／Apt 1994，867–869.

[32] W Ensinger. Research and Development in Plasma-Based Ion Implantation in Europe[J]. Apparatus and projects. J. Vac. Sci. Tecim01. B. 1999,17（2）: 799–807.

[33] I C Paul Chu. Recent Developments and Applications of Plasma Immersion Ion Implantation[J]. J. Vac.Sci.Techn01.B 22(1), Jan/Feb 2004,289—296.

[34] J R Conrad. International Workshop on Plasma-Based Ion Implantation [R]. Workshop Overview, 1993, Aug: 4–6, Madison, Wisconsin.

[35] M Shamim, K M Sridharan, et al. Overview of Plasma Source Ion Implantation Research at University of Wisconsin-Madison[J]. J. Vac. Sci. Tecim01. B 12（2）, Mar／Apr 1994, 843—849.

[36] A P Yalin, V Surla, C Farnell, et al. Sputtering Studies of Multi-Component Materials by Weight Loss and Cavity Ring-Down Spectroscopy [R]. AIAA 2006–4338.

[37] A P Yalin, B Rubin, S R Domingue, et al. Differential Sputter Yields of Boron Nitride, Quartz, and Kapton Due to Low Energy Xe+ Bombardment [R]. AIAA 2007–5314.

[38] A P Yalin, L Tao, R Sullenberger, et al. High-Sensitivity Boron Nitride Sputter Erosion Measurements by Continuous-Wave Cavity Ring– Down Spectroscopy［R］.AIAA 2008–5091.

[39] J L Topper. Total and Differential Sputter Yields of Boron Nitride [D]. Colorado: Colorado State University, 2011.

[40] P Y Peterson, D H Manzella. Investigation of the Erosion Characteristics of a Laboratory Hall Thruster [R]. AIAA 2003–5005.

[41] M Britton, D Waters, R Messer, et al. Sputtering Erosion Measurement on Boron Nitride as a Hall Thruster Materia [R]. NASA–2002–211837.

[42] Y Garnier, V Viel, J F Roussel, et al. Low-Energy Xe-non Ion Sputtering of Ceramics Investigated for Stationary Plasma Thrusters [J]. Journal of Vacuum Science and Technology, 1999, 17（6）: 3246–3254.

[43] S Barral, K Makowski, Z Peradzy, et al. Wall Material Effects in Stationary Plasma Thrusters. II. Near– Wall and In-Wall Conductivity[J]. Physics of Plasmas, 2003, 10（10）: 4137–4152.

[44] N Gascon, M Dudeck, S Barral. Wall Material Effects in Stationary Plasma

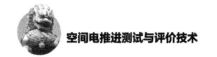

Thrusters I Parametric Studies of an SPT– 100[J]. Physics of Plasmas，2003，10（10）:4123–4136.

[45] 姚泽恩，陈尚文，董明义，等. 离子溅射对氚钛靶寿命的影响［J］. 原子能科学技术，2003，37（1）: 25–27.

[46] 谢国锋. 利用溅射原子角分布规律改进平行板静电场法［J］. 物理学报，2008，57（3）: 1784–1787.

第 7 章

电推进电磁兼容性试验技术

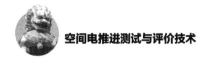

| 7.1　电推进电磁兼容性试验的必要性及特殊性 |

7.1.1　电推进电磁兼容性试验的必要性

电推进工作时产生的电磁发射对卫星的通信、制导、导航、有效载荷以及其他电子设备会造成潜在的影响。电磁干扰可能来自电源处理单元（PPU）、电缆线、电推力器以及引出羽流中的发射。在稳态和瞬态工作条件下，电推进与卫星要确保电磁兼容。这就要求电推进产生的电磁发射满足卫星电磁兼容性要求。因此，要实现电推进的星上应用，必须对电推进产生的电磁干扰以及与星上设备的电磁兼容性进行充分的了解。利用地面专用试验系统进行电推进的电磁辐射测量是必不可少且十分重要的。通过试验结果可以评估电推进产生的电磁辐射对星上其他系统的影响程度，并且找出防护和减轻电磁干扰的措施。

7.1.2　电推进电磁兼容性试验的特殊性

通常来说，电磁干扰(Electromagnetic Interference，EMI)测试都是遵循美国的军用标准 MIL-STD-461 关于星上设备的标准来进行的，但是到目前为止并没有任何一个电推进系统（无论是离子推力器还是其他类型的电推力器）能够完全通过该项标准中规定的测试。

电推力器可以归为电真空器件，其功能就是通过放电电离推进剂气体产生等离子体，在加速电场作用下高速引出离子，从而产生推力。一般其最高工作电压达到几千伏特，工作电流达到几十安培。电磁发射主要由点火瞬间等离子体起弧、正常工作室放电等离子体及羽流等离子体和电极间非预期放电击穿等过程产生。离子推力器电磁发射频段一般集中在几十兆赫兹到几百兆赫兹，霍尔推力器在 1 GHz 以上的电磁发射也被测到，电推力器电磁发射幅值一般在 1 dB 以内。

电推力器需工作在真空环境下，一般地面试验均在较大尺寸的金属材料制作的真空舱室中进行，而对于由电推力器工作产生的电磁辐射发射测试，需要使电磁波透射到真空舱外部，以被测试天线接收。因此，在电磁辐射发射测试时需要真空舱既要有维持工作真空环境的功能又要有透波功能，需要配置专门的透波副舱。

电推进不同于一般电子设备电磁兼容性（Electromagnetic Compatibility，EMC）试验的方面还有现场环境的复杂性，电推进系统地面试验系统包括真空系统、电控系统、推进剂供给系统以及其他测试诊断系统，因此对于电磁兼容试验所需要的设施的建设需要考虑的因素非常复杂，主要体现在暗室结构布局、电磁波在金属设备上的反射、本底噪声的抑制及处理、测试天线的布局等方面。

此外，电推进电磁兼容性试验的流程与一般电子设备也有很大不同，电推进系统从试验准备、前期预处理、点火启动到稳态工作各个阶段的工作特征有较大差异，因此对电磁兼容性试验的流程编制也带来较大困难，需要针对实际情况专门研究制定。

| 7.2　电推进 EMC 试验装置 |

7.2.1　电推进 EMC 试验装置组成

试验装置一般包括真空容器、真空系统、供电供气系统、控制系统、电波暗室和测试设备、仪器，如图 7-1 所示。其中真空容器中的透波舱、电波暗室和测试设备、仪器是整个系统的核心部分。真空容器主舱、真空系统和供电供气系统相应功能如下：

① 确保真空度满足电推进工作时的要求。

② 确保电能和推进剂能够稳定持续地输送。

③ 保证人员及周围环境的安全。

④ 隔离真空系统与大气，承受大气压压力。

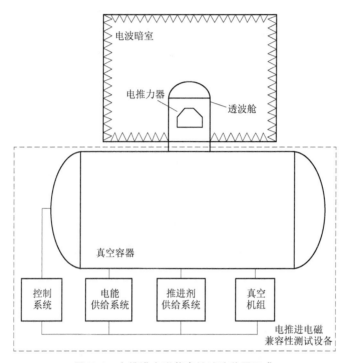

图 7-1　电推进电磁兼容性试验装置组成

7.2.2　透波舱

透波舱是一种非金属材质的真空容器，其对电磁波具有较高的透射率。此外，透波舱还要求具备绝缘性好、强度和刚度较高、耐高温、耐腐蚀等特点。一般能够满足要求的材料有玻璃纤维和石英玻璃两种，但是石英玻璃制造加工大型容器较为困难，且成本也比较高。所以，一般选用加工制造工艺成熟，且成本比较低的玻璃纤维材料制作。

例如，兰州空间技术物理研究所(LIPS-200)离子推力器电磁兼容性测试时所使用的透波副舱，其通径为 800 mm，长度为 1 600 mm，结构如图 7-2 所示。

透波舱的主要性能指标：

① 频率在 1 kHz~18 GHz 范围的电磁波透过率：≥60%。

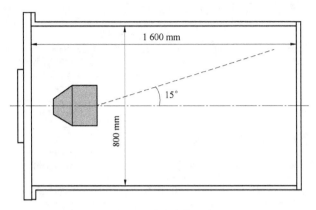

图 7-2　透波舱结构示意图

② 工作温度：≥120 ℃。

③ 承受外压：≥2 个大气压。

玻璃纤维材料则选用 S 玻璃纤维，主要成分为 SiO_2、Al_2O_3 和 MgO。此外，透波舱制造和加工时还需考虑材料真空出气问题，既能确保推力器在其内部稳定工作，同时对实验环境也不造成影响。

7.2.3　电波暗室

电波暗室要将真空室副舱和试验天线完全围在其中。根据国军标有关电磁兼容性试验的要求，电波暗室主要设计指标有：

① 屏蔽效能。14 kHz～1 MHz：＞60 dB；1～1 000 MHz：＞90 dB；14～18 GHz：＞80 dB。

② 吸波材料性能。80～250 MHz：≤6 dB；1～1 000 MHz：≤10 dB。

③ 地板接地电阻：≤1 Ω。

根据国军标电磁辐射试验的有关规定，辐射发射试验中电场接收天线距被测件的距离为 1 m，接收天线距地面的距离为 1.2 m，接收天线距电波暗室内墙壁的距离至少为 1 m。根据真空室结构和天线的布置要求，可以确定电波暗室结构尺寸。对外屏蔽用钢板，吸波材料选用铁氧体和泡沫。具体建造按有关标准进行。

7.2.4　仪器仪表

接收天线和测量仪器设备根据试验任务和未来需求，按照试验要求和测量标准进行配置。根据要求的试验范围，需要配置相应的试验仪器设备。接收天线及测量仪器测量的配置见表 7–1。

表 7–1　参试设备列表

序号	名称	频段	测试项目	备注
1	有源杆天线	10 kHz～30 MHz	电场发射	
2	双锥天线	30～300 MHz	电场发射	
3	对数周期天线	80 MHz～1 GHz	电场发射	
4	双脊喇叭天线	1～18 GHz	电场发射	
5	双脊喇叭天线	18～40 GHz	电场发射	
6	无源环天线	30 Hz～50 kHz	磁场发射	13.3 cm
7	测量接收机	10 kHz～40 GHz	电磁场传导发射	
8	前置放大器	30 MHz～40 GHz	电磁场发射	
9	频谱分析仪	10 kHz～40 GHz	电磁场发射	频域测量
10	示波器		电磁场传导发射	时域测量

整个试验还需要一套计算机系统用于数据采集与处理。

| 7.3　电推进 EMC 试验流程 |

7.3.1　试验布局

电推进电磁兼容性试验一般可分为传导和辐射两项测试。电磁辐射测试将推力器安装在玻璃纤维复合材料的透波舱内部,如图 7–3 所示。电磁辐射测试各个波段的接收天线布置在玻璃纤维舱外面,具体测试布置方案为:电场接收天线位于以推力器出口平面中心为圆心、半径为 1 m,与推力器轴线在同一水平面上的 180° 圆弧上;两个测量点分别与推力器出口平面夹角为 90°、180°(或 0°);电源处理单元放在主真空室接线法兰附近的非导电桌面上;在电源处理单元一次母线上进行传导测试。

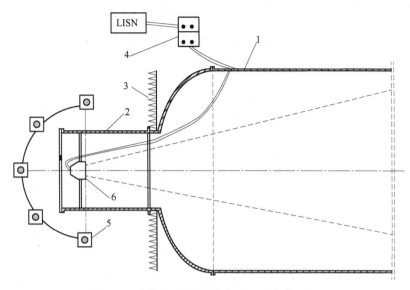

图 7-3　电推进系统传导与辐射测试方案示意图

1—主真空室；2—玻璃纤维副舱；3—吸波材料；4—电源处理单元（PPU）；

5—各个频段电场接收天线；6—推力器；

LISN—线路阻抗稳定网络（Line Impedance Stability Network)

7.3.2　试验流程

电推力器辐射发射测试包括稳态和瞬态电场辐射(RE102）发射。电源的传导发射测试包括电源线传导(CE102）和尖峰信号传导(CE107）发射。

1. 测试环境及设备要求

在测试过程中，测试环境一般要求如下：

① 实验室湿度要求为 30%～70%。

② 温度要求为 20～30 ℃。

③ 测试现场干净，空气中无明显浮尘。

参与测试的设备应满足以下要求：

① 真空室工作真空度：≤9×10⁻³ Pa。

② 透波副舱透波率：频率为 1 kHz～5 GHz 时≥70%。

③ 专用测试仪器设备的量程、精度满足测试要求，仪器仪表均检定合格在有效期内。

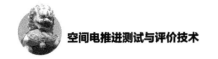
2. 测试前需要进行的准备工作

① 关闭实验室所有与本试验无关的设备仪器。

② 移去周围影响测试的可移动金属物体。

③ 用标准发射和接收天线标定透波舱对电磁波的衰减性能。

④ 将电推进系统各个单元按要求进行安装连接，检查连接的正确与可靠性，所有导线屏蔽良好。

⑤ 测试仪器设备准备齐全。

3. 测试顺序、步骤及方法

根据电磁兼容有关测试要求和电推进系统工作特点，制定电推进系统电磁辐射与传导测试的顺序、步骤及方法如下：

① 测试系统校准。

② 对环境电平进行测试，记录测试结果（在真空系统开启后，电推进系统工作启动前进行一次环境电平进行测试）。

③ 电源线传导发射(CE102)测试。

a. CE102 测试设备连接调试。

b. 电推进系统开机。

c. 电推进系统稳定工作状态，在电源处理单元电源输入母线上进行电源线传导发射(CE102)测试。

d. 电推进系统关机。

④ 电场辐射发射(RE102)测试。

a. RE102 测试设备连接调试。

b. 电推进系统开机。

c. 电推进系统稳定工作状态，在测试方案中规定的两个测量位置处分别对电磁辐射发射(RE102)进行测试。

d. 电推进系统关机。

⑤ 电源线尖峰信号（时域）传导发射(CE107)测试。

a. CE107 测试设备连接调试。

b. 在电源处理单元(PPU)电源输入母线上，按照规定工况进行电源线尖峰信号（时域）传导发射(CE107)测试，每个工况点至少测量 3 次。

c. 电推进系统关机。

⑥ 瞬态电场辐射发射测试。

a. 瞬态电场辐射发射测试设备连接调试。

b. 在测试方案中规定的两个测量位置处，按照规定工况点进行电推进系统电场辐射发射瞬态（时域）特性测试，每个工况点至少测量 10 次。

c. 电推进系统关机。

7.3.3　试验数据处理与分析

电推进系统 EMC 试验结果的处理与分析针对发射特性。发射特性主要包括：电场辐射发射(RE102)、电源线传导发射(CE102)、电源线尖峰信号传导发射(CE107)和瞬态电场辐射发射。RE102、CE102、CE107 和瞬态电场辐射发射的数据处理和分析以 GJB 151A–1997 和 GJB 152A–1997 为依据，属于一种标准分析。

1. RE102

1）目的

获取电推进分系统稳定工作情况下的电场辐射发射幅度，以确保航天器上的灵敏接收机不受接收天线耦合设备和直接耦合的干扰。

2）极限值

一般极限值的要求如图 7–4 所示，一般电推进系统的电场辐射发射测试选择飞机和空间系统的限值。

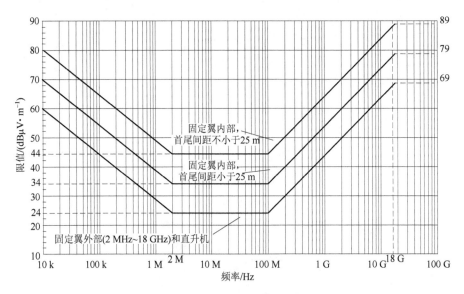

图 7–4　RE102 测试限值要求

3）分析评估

若电场辐射发射测量值在极限值曲线以下，则测试结果合格，表明电推进分系统产生的电磁辐射干扰不会对航天器平台内其他相关设备产生影响，同时也可推算得到远场辐射能量。

2. CE102

1）目的

控制设备正常工作时在电源线上产生的射频共模电压，减小设备间通过共电源线产生的相互干扰，净化供电电源。

2）极限值

一般极限值的要求如图 7-5 所示，电推进系统的电源线传导发射测试也以此极限值为基准。

3）分析评估

测量结果若没有超过极限值要求，则电源供电设备工作时不会造成整个电源网络品质的下降。若不满足极限值要求，则会影响电源的稳定输出，同时传导电流会通过耦合传导到其他设备的电源端，引起其他设备工作不正常。

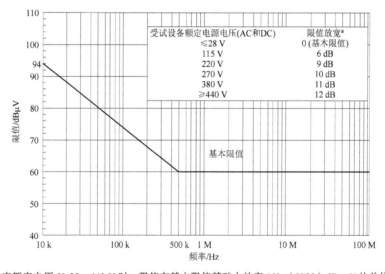

受试设备额定电源电压(AC和DC)	限值放宽[a]
≤28 V	0（基本限值）
115 V	6 dB
220 V	9 dB
270 V	10 dB
380 V	11 dB
≥440 V	12 dB

"a"代表额定电压 U=28～440 V 时，限值在基本限值基础上放宽 $10\lg(U/28)$ dB，U 的单位为 V。

图 7-5 CE102 测试限值要求

3. CE107

1）目的

控制由电推进分系统电源开关通断的瞬变过程在电源线上产生的突变电压。

2）极限值

在开关通断时产生脉冲信号，这种瞬变信号一般为毫秒级，这对供电网的品质和其他设备影响很大。手动开关而产生的开关瞬态传导发射不应超过下列值：

① 交流电源线：额定电压有效值±50%。

② 直流电源线：额定电压的+50%和-150%。

3）分析评估

若电源线尖峰信号（时域）传导发射满足极限值要求，则开关引起的电源电压瞬变一般不会对其他设备造成危害。若电源线尖峰信号（时域）传导发射不满足极限值要求，则自开关工作过程中，会对电网瞬态冲击过大，使电网恢复时间变长，卫星平台内其他设备供电受到影响；同时，开关动作产生的脉冲电压还会通过电源传导耦合、电缆间的分布电容耦合、空间辐射耦合对邻近设备的数据处理、控制逻辑电路带来影响。

4. 瞬态电场辐射发射

1）目的

获取电推进分系统推力器开关通断瞬变过程时的辐射发射幅度。

2）极限值

可参考 RE102 限值。

3）分析评估

若辐射发射幅度满足极限值要求，则开关引起的瞬变辐射发射一般不会对其他设备造成危害；若不满足极限值要求，则开关工作过程中会对系统内的敏感设备造成干扰，引起系统或部分设备的性能降级。

|7.4　离子电推进电磁兼容性试验|

7.4.1　美国深空一号 30 cm 离子电推进电磁兼容性试验

30 cm 离子电推进在地面和飞行过程中都进行了 EMC 试验，内容包括直流磁场测量、交流磁场测量、交变电场测量和羽流对无线电通信的影响。

30 cm 离子电推进工程样机 EMC 试验在美国太空总署格林研究中心(NASA Glenn Research Center)的 VF6 环模设备上进行。VF6 环模设备长 17.8 m，直径为 6.35 m。试验中所用的测量仪器有单级天线、双偶极子天线、磁场测量搜索线圈、等离子波频谱分析仪以及等离子波天线前置放大器等。

在 10 Hz～30 MHz 频率区间，等离子波频谱分析仪获得了电场测量数据。一个大的峰值出现在 1～15 MHz 频率区间，峰值为 $0.3V_{p-p}/m$，它由推力器等离子体电子噪声引起；一个较小的峰值出现在 200 Hz～4 kHz 区间，峰值小于 $0.1V_{p-p}/m$，其来源不太清楚；在 10～300 kHz 区间，几乎没有观察到干扰信号。

由单级天线和等离子波天线接收并通过实验室数字示波器记录了等离子波瞬态时域信号。这个瞬态信号发生在推力器放电期间。由单级天线探测到的信号最大幅值为 $8V_{p-p}/m$；偶极子天线探测到的信号振幅为 $2V_{p-p}/m$，是单极天线信号的 1/4。

EMC 试验中，对离子推力器的交变磁场信号进行了测量。在推力器点火和工况变化等状态，搜索线圈磁强计测到了弱的瞬态响应，而在推力器稳定工作时，没有观察到磁场干扰信号。

深空一号探测器在飞行过程中进行了离子电推进的电磁发射干扰试验，得到了大量数据。星上所用的测量仪器有一个 2 m 的偶极子天线、两个单轴磁搜索线圈磁强计、两个三轴通量门磁强计、一个等离子波频谱分析仪和一个等离子波天线前置放大器。

在飞行试验中，等离子频谱分析仪在 1～15 MHz 频率区间得到的频谱信号比地面试验得到的高 10 dB，在 200 Hz～4 kHz 区间没有观察到信号，而在 10～300 kHz 区间观察到一个明显的干扰信号。

在深空一号探测器飞行中，记录的推力器点火时的瞬态干扰时域信号峰值约为 1 V/m，在点火结束后，从等离子体发出的干扰信号依然被清楚地观察到。同时推力器点火时磁强计测到了瞬态磁场信号，磁场强度峰值约为 50 000 nT。最大的磁场信号发生在 1～5 kHz 频率区间。

在距推力器 1 m 处用通量门磁强计测到的由于推力器永久磁铁引起的磁场强度为 5 000 nT。

深空一号探测器的电磁干扰的飞行测量结果主要如下：

① 离子电推进系统电场连续干扰：<1 V/m，<15 MHz。

② 离子电推进系统电场瞬态干扰：<2 V/m，持续时间<1 ms。

③ 离子电推进系统磁场连续干扰：<10 μT，<10 kHz。

④ 离子电推进系统电场瞬态干扰：<200 μT，持续时间<2 ms。

7.4.2 日本 MUSES-C 的 12 cm 离子电推进电磁兼容性试验

MUSES-C 卫星离子电推进电磁兼容性试验的主要测试项目包括离子电推进系统的电场辐射发射(RE102)、X 波段接收机干扰、中和器辐射发射（RE102）

以及离子电推进系统的电源线传导发射(CE102)。

　　离子电推进的电场辐射发射（RE102）测量和 X 波段接收机干扰测试在图 7-1 所示的电磁干扰测试设备中进行。该设备由测量室和电波暗室组成。设备四周的墙壁、天花板和地板上都装有吸波材料，对整个内部环境进行电磁屏蔽。电场辐射发射测量仪器包括几种不同频率范围的天线（一个活动单级天线、一个双锥天线、两个圆锥对数螺旋线天线）、一个前置放大器、一个前置选择器和谱分析仪；X 波段接收机干扰测试仪器包括喇叭天线、谱分析仪和数字电压表。电场辐射发射测试项目的被测试系统包括离子推力器系统控制单元样机、离子源、中和器、飞行样机以及推进剂地面供应单元和电源地面单元；X 波段接收机干扰测试单元包括微波振荡器和行波管放大器飞行样机。

　　如图 7-6 所示，离子推力器和中和器组合置于电波暗室中的圆柱形玻璃真空室中，倒挂安装在玻璃真空室顶部的法兰上。玻璃真空室由一台低温泵抽真空。

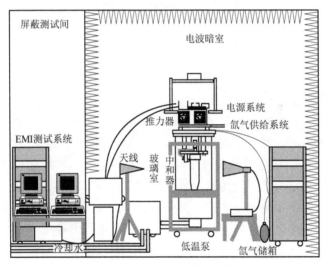

图 7-6　MUSES-C 离子推力器电磁发射试验系统

　　中和器电场辐射发射测量在图 7-7 所示的 EMI 测量设备中进行。该设备一般用来进行小的星上设备仪器的 EMC/EMI 试验，其电磁屏蔽性能好于前面描述的离子推力器系统电场辐射发射测量设备。由于前面所述的圆柱形玻璃真空室太大，不能放到该设备的 EMI 室中，因此该设备无法进行离子推力器系统电场辐射发射测量。中和器点火工作于一个小的 T 形玻璃真空室中，由一个油扩散泵抽气。中和器工作时，在距中和器出口正前方 20 mm 处放置一块 30 mm×30 mm 的冲压不锈钢板作为阳极。辐射发射 RE102 测量仪器除了前面用到的天线外，还有微波振荡器和固态放大器等。

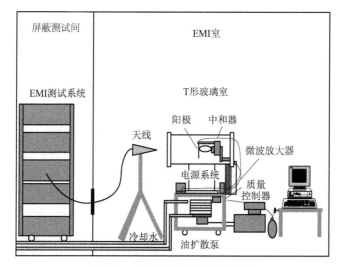

图 7-7 中和器电磁发射试验系统

在离子电推进系统和中和器点火工作之前对电波暗室和 EMI 测量室的本底噪声都进行了测量，以便在对测试对象的测量结果中减除，从而获得准确的结果。在离子电推进系统和中和器点火工作时，在各自的测试室中分别对它们进行了辐射发射 RE102 测量。

在低频段（14 kHz～1 GHz），离子源和中和器放电时的辐射噪声很低，满足 MIL-STD-461 C 要求。当加上屏栅电压引出离子束，离子推力器产生的宽带噪声在低于 5 MHz 的低频段超过规定值 30～40 dB。中和器单独放电时，产生的辐射噪声比它与离子推力器联合工作放电时高了许多，达到 20 dB，但是原因不清楚。当中和器电子流被阳极引出时，产生的噪声谱与离子推力器引出束流时产生的噪声谱很相似，从而表明低于 5 MHz 的低频噪声主要由中和器的等离子体产生。类似的结果在英国 T5 离子推力器试验中也得到过。

在低于 300 kHz 的低频段，屏栅和中和器电流线路中产生的传导发射噪声由电流探针测到。在离子源和中和器放电模式，屏栅和中和器电流线路中产生的传导发射噪声都比较低；在束流引出模式，中和器电流产生的噪声比屏栅电流产生的噪声大得多。它有一个基频为 160 kHz 的耦合振荡，谐振一直到 5 级。振荡产生的条件和特征频率与氙气流率和中和器电流相关。这个振荡不仅可在中和器线路的传导发射谱中观察到，而且可在中和器单独工作时的辐射发射谱中观察到。在高频段（500 kHz～5 GHz)，中和器线路的传导发射噪声几乎观察不到，而屏栅电流线路中产生了小的噪声。

试验结果表明,在低频段由离子推力器系统产生的超过 MIL-STD-461C 要求的电磁辐射发射主要由中和器引起。除了在行波管的振荡器频率和第二个谐振频率处从离子源和中和器出口泄漏的辐射噪声之外，高于 1 GHz 的高频段没有观察到辐射噪声。得出的结论是，基于在测试中使用 X 波段接收器所得出的结果，认为离子推力器系统工作时不会对 MUSES–C 卫星的 X 波段接收器产生干扰。离子推力器系统有些波段的电磁辐射发射超出了规定，有待在离子推力器系统和卫星整星的电磁兼容性试验中验证。目前该试验结果不详。

离子电推进系统的电源线传导发射(CE102）测量是在寿命考核试验真空室中进行的，真空室没有采取外部电磁场屏蔽措施。离子推力器各部分电源线上的传导发射简单地通过电流探针测量。离子电推进系统寿命考核过程中在以下三点处进行了传导发射测量：屏栅电流线路、中和器电流线路、电源母线模拟器的火线。该测试是在一个进行离子电推进系统寿命测试的房间中进行的，但是并没有屏蔽外部的电磁噪声。当在电线缆上安装了电流探头时，容易获得传导噪声，并且外部噪声带来的影响是无论如何也不能够观测到的。该测试是通过三个点来进行测量的，分别是屏栅电流线、中和器电流线盒和空间飞行器的总线仿真模拟器端。由于 IPPU 的电信件并没有完全调整合适，所以还没有考虑其电磁干扰（EMI）特性，但是肯定有它自己的开关噪声，不过该噪声与负载特性无关。同时也进行了利用地面设备使得离子推力器系统工作时所产生的噪声测量，这样做的目的是区分和辨别等离子羽流引起的噪声。

7.4.3　ARTEMIS 卫星离子电推进电磁兼容性试验

ARTEMIS 卫星用于南北位置保持的离子推力器采用了英国的 T5 离子推力器和德国的 RIT10 离子推力器。为了验证离子推力器满足 ARTEMIS 卫星的电磁兼容要求，先后对两种推力器进行了专门的 EMC/EMI 试验。

T5 离子推力器在地面进行了三次独立的电磁干扰试验，即中和器放电电磁干扰试验、两次独立的离子推力器电磁干扰试验。

在 50 kHz～18 GHz 频率，进行了中和器放电电磁干扰测量。这个试验是在一个放置于电波暗室中的玻璃真空室中进行的。玻璃真空室由一个涡轮分子泵来抽真空，极限真空 10^{-6} Pa。电波暗室与周围电磁环境进行了屏蔽隔离，其本底噪声在 10～50 dBμV/m，满足 ARTEMIS 卫星的要求。但是在涡轮分子泵和真空规工作时，在 100 kHz 和 14 GHz 频率点出现了两个孤立的尖峰，超出了 ARTEMIS 卫星的要求，认为是由涡轮分子泵和真空规产生的。中和器放电时产生的辐射干扰主要在 50 kHz～20 MHz 范围内，在有些频率段，超出了 ARTEMIS 卫星的要求（最大超出值达到 10 dB）。

推力器的第一次电磁干扰试验在慕尼黑的 DASA/MBB 实验室进行，所用的测量设备和技术与中和器的类似，只是玻璃真空室和涡轮分子泵的直径增大了。由于泵的能力有限，在离子推力器工作在最大推力 18 mN 时，真空度为 10^{-2} Pa。测量在 150 kHz～20 GHz 频率范围内进行，与中和器试验中的一样，涡轮分子泵和真空规产生的本底噪声比较显著，另外，虽然推力器供电电源放在电波暗室之外，但是也造成了显著的本底噪声。试验发现，推力器工作时产生的电磁干扰主要由中和器产生，放电室放电和羽流产生的干扰比较小，没有测量到窄带信号。

　　T5 离子推力器的第二次电磁干扰试验在卡姆勒（Culham）实验室的离子推力器寿命试验设备上开展，如图 7-8 所示。为了实现离子推力器电磁兼容性试验，对该设备进行了改造，就是在大真空室与束流靶相对的一端加了一个长 1 m、直径为 0.6 m 的玻璃管腔。推力器安装在玻璃管腔一端的特殊法兰上。除了一端敞开到大真空室中外，玻璃管腔其余部分完全置于一个临时的微波暗室中，布置结构如图 7-9 所示。测量天线有的放在电波暗室和玻璃管腔之间，有的放在大真空室中，它们的测量频率覆盖范围为 150 kHz～40 GHz。当天线安装完成后，利用信号发生器进行了校准。

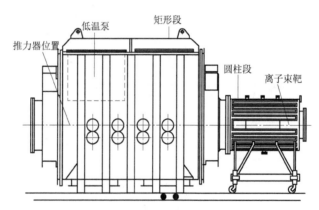

图 7-8　T5 离子推力器寿命试验系统

　　在三个推力等级（10 mN、18 mN、25 mN）上对 T5 离子推力器电磁发射进行了测量，没有发现有明显的区别。窄带干扰测试中，在三个主要频率区间（250～600 kHz，1.2～4.0 MHz，5～14 MHz）推力器产生的电磁干扰超过了 ARTEMIS 卫星的要求，超出值分别为 12 dBμV/m、20 dBμV/m、20 dBμV/m。在 30 MHz 以上，除了在 30～100 MHz 区间发现几个孤立的尖峰外（由外部干扰造成），推力器产生的电磁干扰很好地符合了 ARTEMIS 卫星的要求。在包括关键的卫星通信频段（2.0～2.3 GHz）的 100 MHz～40 GHz 区间，推力器产生的电磁干扰很小。

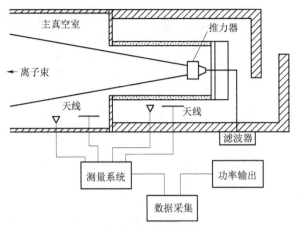

图 7-9　T5 离子推力器试验系统布置结构

在德国 RIT10 离子推力器所有工作模式下对该推力器的辐射发射进行了测量，试验是在位于慕尼黑的 DASA/MBB 实验室中进行的。电磁兼容性试验设施的整体结构分为 EMI 室和控制室。EMI 室结构尺寸为 16 m×11.5 m×6.6 m，是一个采取了对外屏蔽以及内壁装有吸波材料的电波暗室。推力器安装在置于电波暗室的圆柱玻璃真空室中，真空室垂直安装在一台涡轮分子泵（抽速 5 000 L/s）上。另一端装有一个法兰，用来安装推力器、真空规以及推进剂供应管路，如图 7-10 所示。圆柱玻璃真空室长 1 m，内径为 0.4 m，对电场和磁场没有屏蔽作用。控制室结构尺寸为 5.1 m×4.6 m×3.0 m，电源地面支持设备、泵电源控制单元、真空测量系统、推进剂控制单元以及测量控制与处理系统均位于控制室中。控制室与 EMI 室之间的电缆都采取了屏蔽措施，而且屏蔽层均接地。推力器电磁辐射发射测量仪器有环形天线、杆天线、双面天线、对数螺旋天线以及谱分析仪、接收机、计算机处理系统。如图 7-10 所示，测量天线距离推力器引出束流中心为 1 m。

在 10 kHz～20 GHz 频率区间，进行了窄带电磁干扰测量，在 10 kHz～1 GHz 区间进行了宽带电磁干扰测量。结果表明，RIT10 离子推力器产生的辐射发射电磁干扰在关键波段——L 波段（1.62～1.67 GHz）、S 波段（2.0～2.3 GHz）和 Ku 波段（14.22～14.26 GHz）满足 ARTEMIS 卫星 EMC 要求；在雷达频率段（400～500 MHz），辐射发射电磁干扰超过规定值 10 dB，事实上这个频率段只用在卫星发射阶段，卫星在轨工作时是不用的，因此该波段的辐射发射对卫星没有影响；在 150 kHz～20 MHz 波段，由推力器和中和器产生的辐射发射超过规定值 20～30 dB；在 3～15 MHz，超出值主要由离子推进系统电源与控制单元所产生。离子推进系统电源与控制单元是一个试验样机，没有考虑 EMC 设

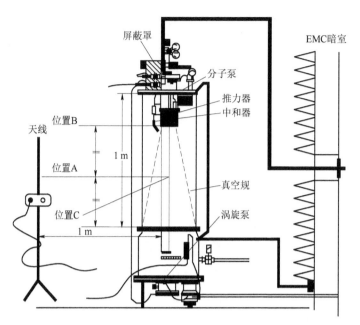

图 7-10 RIT10 推力器电磁兼容试验示意图

计，而且连接电缆长 4 m 多，仅仅用铝箔屏蔽；在推力器和中和器工作时微波发生器产生的宽带电磁干扰测量几乎是不可能的，这是由于推力器和中和器产生的随机噪声太高；由环形天线测到的磁场干扰完全满足卫星 EMC 要求。

7.4.4 国内 LIPS-200/300 离子电推进电磁兼容性试验

LIPS-200 和 LIPS-300 离子电推进主要应用于我国大、中型卫星平台的南北位置保持和轨道转移的航天任务。电推力器采用氙气作为推进剂，具有长寿命、高比冲的优点，是目前技术发展最为成熟的两款电推力器。

LIPS-200 离子电推进系统测试如图 7-11 所示，推力器安装在玻璃纤维复合材料透波舱内，透波舱与真空容器主舱相连接。测试各个频段电磁辐射的接收天线布置在玻璃纤维舱外。

LIPS-300 离子电推进系统测试如图 7-12 所示，推力器安装在玻璃纤维复合材料透波舱内，透波舱与真空容器主舱相连接。测试各个频段电磁辐射的接收天线布置在玻璃纤维舱外，推力器和天线完全处于电波暗室内部。具体测试布置方案与 LIPS-200 基本相同。

根据 GJB 电磁兼容有关测试标准要求以及电推进系统工作特点，制定 LIPS-200/300 电推进系统电磁辐射与传导测试的顺序、步骤及方法如下：

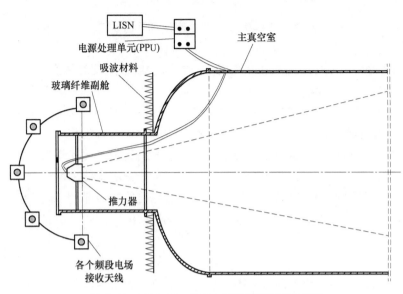

图 7-11　LIPS-200 离子电推进系统测试示意图

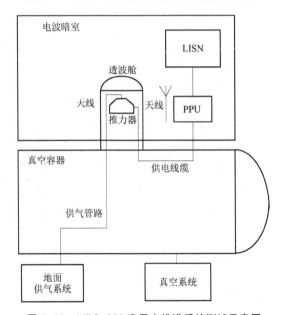

图 7-12　LIPS-300 离子电推进系统测试示意图

① 测试系统校准。

② 环境电平进行测试。

③ 电源线传导发射(CE102)测试。

④ 电场辐射发射(RE102)测试。

⑤ 电源线尖峰信号（时域）传导发射(CE107）测试。

⑥ 瞬态电场辐射发射测试。

LIPS-200离子电推进电源线传导发射测试表明最大发射频谱在300 kHz附近，发射幅值为95 dBμV。

电场辐射发射测试要求在具有屏蔽暗室的环境下进行，这样可以排除外界的干扰。由于本次测试尚未具备屏蔽暗室，因此先进行实验室场地的电磁环境测量，再进行离子推力器额定工况下电场辐射发射测量。要了解离子推力器的电场辐射发射，需要通过背景和实际工作时两种工况的比较来进行。这种方法仅能定性地了解被测件的辐射发射情况。在卫星接收带，通过多次重复进行测试明确在带内的接收频谱，当在接收带内发现异常的频谱时，重新确认背景环境中的发射频谱。

推力器额定工况下，测量接收天线在推力器的 90° 和 180° 两个位置，分别对背景噪声和推力器工作时的噪声进行了测量，测得的推力器电场辐射发射电平低于 100 dBμV/m。比较明显的是在 10～200 kHz 频段，信号高出 10～30 dB，4 MHz 频段附近信号高出 20 dB，30 MHz～1 GHz 频段噪声高出 10 dB。1～5 GHz 频谱几乎一致。测试结果如图 7-13（背景环境）和图 7-14 所示。

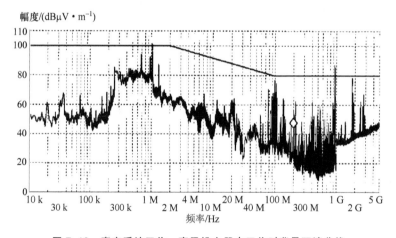

图 7-13　真空系统工作、离子推力器未工作时背景环境曲线

此外，利用频谱仪和示波器对中和器点火、放电室点火、引束流几个瞬态工况点进行瞬态频谱及波形的捕捉。由于整个瞬态信号的频谱能量主要集中在低频，采用低频棒状天线作为接收天线进行瞬态的时域抓取。每个工况进行重复性动作 15 min，频谱仪采取最大保持的状态进行数据采集，在未进行瞬态动作时，以 10 min 时数据作为背景环境数据。示波器获取时域信号的时间

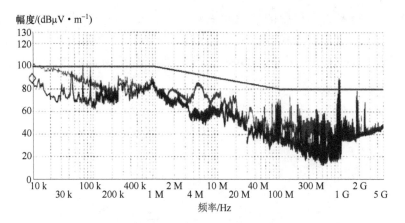

图 7-14　离子推力器在额定工况下电场辐射发射测试曲线

范围为 100 ms，为了能够观察瞬态信号的细节，给出两幅时域曲线，如图 7-15（a）、（b）所示，分别是整个数据曲线及瞬态细节曲线。采用带宽为 100 kHz～30 MHz 的棒状天线作为接收天线，同时示波器的采样率为 10 MS/s，测试结果反映了 0～5 MHz 带宽内信号的情况。

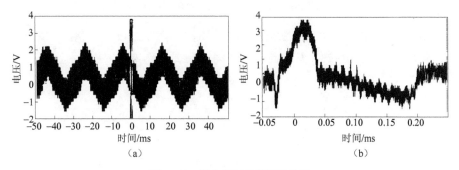

图 7-15　瞬态辐射发射测试结果
（a）全部采样数据；（b）脉冲细节部分

　　从瞬态频谱测试结果得到，中和器点火、放电室点火、引束流几个瞬态工况点的瞬态频谱辐射发射在 1 GHz 以下有明显不同于背景噪声的辐射干扰，最大幅值为 99.6 dBμV/m，低于 100 dBμV/m；高于 1 GHz 以上除了背景噪声，基本没有辐射干扰。放电室点火时会有相对较大的脉冲出现，约为 5 V，脉冲宽度约为 0.05 ms，然后会有一个相对幅度较低（不到 2 V）、维持时间稍长（0.15 ms）的负脉冲。

　　LIPS-300 离子推力器电场辐射发射测试是在电波暗室内进行的，虽然减小了外界的干扰，但是在测试过程中外界的电磁干扰并未完全消除，所以在测试之前仍需要进行相应的背景环境测试。LIPS-300 离子推力器的电场辐射发射测试频段在 30 MHz～18 GHz，测试过程中的天线位置摆放和测试步骤基本和 LIP-200 相同。LIPS-300 离子推力器电场辐射发射测试结果如图 7-16 所示。

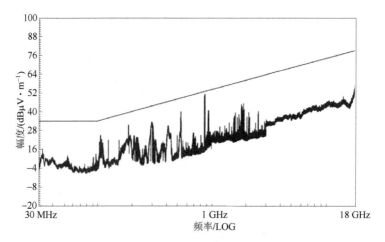

图 7-16 LIPS-300 离子推力器电场辐射发射测试结果

LIPS-300 离子推力器电源线传导发射测试在 10 kHz～10 MHz 频段下进行，测试步骤与 LIP-200 离子推力器相同，测试结果如图 7-17 所示（只列出正线结果）。

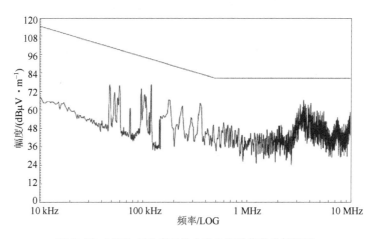

图 7-17 LIPS-300 离子推力器电源线传导发射测试

LIPS-300 离子推力器瞬态电场辐射发射测试，在 10 kHz～18 GHz 频段下开展，其中在 10 kHz～30 MHz 测试过程中，采用示波器作为接收装置；

30 MHz～18 GHz 采用频谱仪作为接收装置，且工作在最大保持模式。10 kHz～30 MHz 瞬态电场辐射发射测试结果如图 7-18 所示，30 MHz～18 GHz 瞬态电场辐射发射测试结果如图 7-19～图 7-21 所示（只给出天线垂直极化下放电室点火成功的瞬态测试结果）。

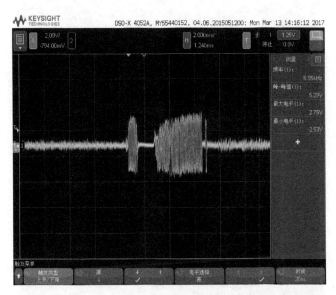

图 7-18　10 kHz～30 MHz 瞬态电场辐射发射测试结果

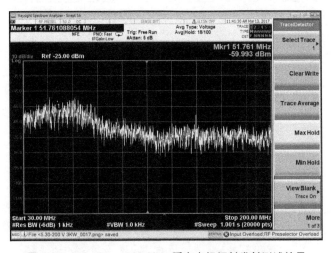

图 7-19　30 MHz～200 MHz 瞬态电场辐射发射测试结果

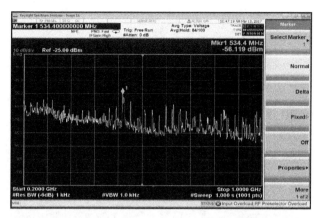

图 7-20 200 MHz～1 GHz 瞬态电场辐射发射测试结果

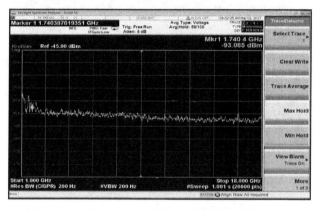

图 7-21 1 GHz～18 GHz 瞬态电场辐射发射测试结果

|7.5 霍尔电推进电磁兼容性试验|

7.5.1 美国 SPT-100 电推进电磁兼容性试验

对于霍尔电推进来说，有两个问题是必须认真考虑的，一个是当其工作时离子羽流对卫星表面的侵蚀以及随之而来的对卫星上的传感器、太阳帆板和其他光学表面的影响；另一个是其工作时产生的射频发射会对卫星上的通信系统造成影响。

在霍尔电推进系统中，工作的推力器会产生低电平的微波突发信号并对卫星上敏感的接收系统产生潜在的影响。这些主要的突发信号的频率范围主要集中在 1～

4 GHz 范围内，形式类似于静电放电或者脉冲噪声。下面对其测试方法进行介绍。

霍尔电推进电磁兼容性测试分为三个阶段。

1. 第一阶段

第一阶段的主要测试对象是在模拟 SPT-100 子系统设备飞行工作时特定通信频率上的瞬态噪声，其次还要查看噪声特性及其与其他设备的相关性，在 322 Hz 和 1 615 MHz 的频点处，在带有方向性的、极化性的、推力器的放电电流振荡、推力器羽流等各种情况下进行测试。

该阶段工作是在美国 NASA 的 Glenn#6 号真空舱体内进行的，该舱体长 70 ft，直径为 25 ft，所有测试用的天线都安装在距离 SPT-100 推力器 1 m 左右的位置。其中 1~18 GHz 的周期性天线放置在推力器的出射平面，其他天线放置在出射平面的前端。这样放置的目的是减少推力器羽流的直接影响。推力器与天线放置的位置如图 7-22 和图 7-23 所示。

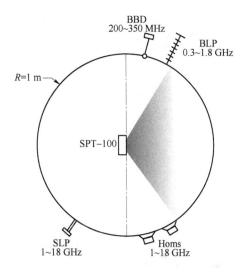

图 7-22　在第一阶段测试中天线放置的位置

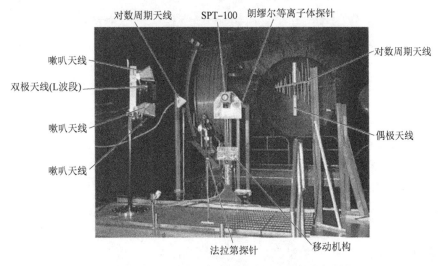

图 7-23　第一阶段测试过程中真空舱内部天线布置图

在第一阶段中进行了模拟飞行状态下的 RE102 测试,且提供相关的数据来说明 0.2～18 GHz 宽带噪声的测试和之前于 1993 年进行的测试结果类似。测试波形如图 7-24 和图 7-25 所示。

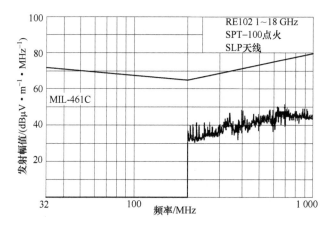

图 7-24　RE102 在 1 GHz 以下的测试波形

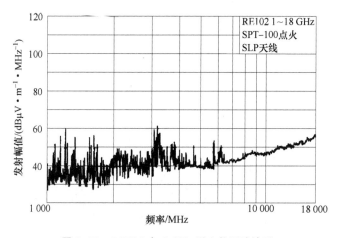

图 7-25　RE102 在 1 GHz 以上的测试波形

瞬态噪声特性说明噪声中含有类似脉冲的特性,这与高斯白噪声是相反的,而这些出现的脉冲宽度为 50～200 ns。这些噪声的噪声源出现在推力器的附近。所有测试中极化测试是没有什么结果的。另外,相关性测试说明了瞬态噪声的产生和放电电流振荡之间可能存在一个潜在的联系。脉冲信号似乎是伴随着放电电流振荡的上升沿产生的。但是由于试验条件的限制,在瞬态噪声和相关性测试中并没有取得什么重要的结果,这需要进行更进一步的测量。

在第一阶段中同时获得的天线噪声和放电电流振荡的噪声数据可以用来尝试说明当 SPT-100 进行 EMI 测试时产生脉冲噪声的原因。首先从数据中可以得出，这些脉冲噪声是由于设备工作产生的，于在轨的情况下不会发生。其次，脉冲噪声是推力器在工作过程中固有的噪声，而且这个噪声很有可能于在轨运行过程中出现。

其他方面，EMI 测试中尖峰噪声的产生有可能是由于机械构造中对 Al_2O_3 层的电子击穿造成的，其另外一个附属证据是 EMI 的尖峰噪声相对于 SPT-100 的放电电流振荡来说有更小的持续时间，100 V 电位的等离子电位完全可能造成 Al_2O_3 击穿，而在推力器出射平面处，当放电电流处于一个上升段的时候是完全有可能存在一个高达 300 V 的电位的。第一阶段的测试能够说明的问题有限，需要进行更进一步的测试。

2. 第二阶段

第二阶段主要是对模拟在轨飞行状态下的特定通信频率处进行脉冲噪声的特性测试，在第一阶段中 SPT-100 的 EMC 测试有可能被舱体的设置所影响，所以在该阶段中需要进行另外的配置。除此之外，还要寻找证据来说明是否噪声辐射是由在导体节点处发生的电弧放电造成的。

在这一阶段中将试验的设置重新进行修改，这里应用的电磁兼容性设备是按照美军标 MILSTD 461/462 中针对空间飞行推力器的测量要求而设计的。设备由三个部分组成。第一个是用来放置推力器的一个小型的完全绝缘的真空罐，而这个玻璃罐体对于电磁辐射来说是相对透明的并且需要配备一个不锈钢的真空罐。第二个设备是一个半消声室(Semi-anechoic Room)，这个设备的作用是保护推力器不受外部的电磁环境影响。这个容器内要布满能够吸收电磁辐射的材料。第三个设备是一系列测试设备，用来记录通过推力器发射出来的噪声。这些测试设备需要放在半消声室的外边，通过管路和线缆与天线相连接。试验设备如图 7-26 所示。

在第二阶段测试过程中进行了模拟 SPT 飞行状态下的 RE102 测试，并得出了一些数据。该测试阶段的宽带噪声范围与第一阶段类似，也是 0.2～18 GHz。测试得到的波形如图 7-27 所示。

从试验得出的数据可以说明，瞬态噪声的脉冲特性与高斯白噪声是相反的，脉冲宽度为 50～200 ns。但是在第二阶段的测试过程中，并没有显著地表明与放电电流有什么相关性。

在 SPT-100 测试的过程中，对比了采用陶瓷材料 Al_2O_3 和金属材料放电腔的电磁辐射特性。其测试结果如图 7-28 所示。

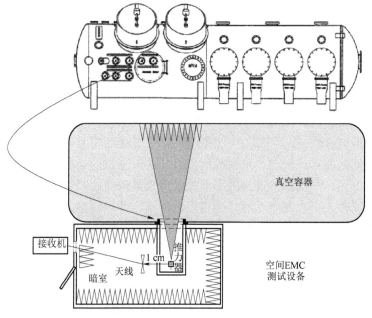

图 7-26 空间 EMC 测试设备

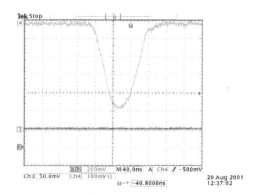

图 7-27 SPT-100 脉冲电磁噪声

该阶段的测试表明，陶瓷或者金属材料对于辐射发射的性能并没有显著的改善，而且脉冲噪声并不是设备引起的一个假象，这个现象在第一阶段的测试中并没有显示出来。

3. 第三阶段

在第三阶段的测试过程中包括三个方面的测试内容。首先，产生噪声的源并没有十分确定，而且由此造成的影响需要分析并评定。其中的噪声特性主要

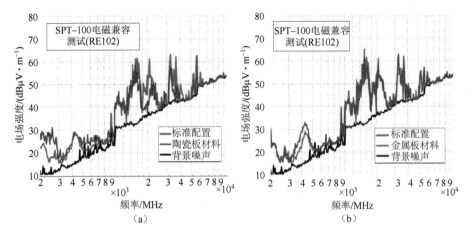

图 7-28　两种材料下的测试结果对比（见彩插）

(a) 陶瓷材料；(b) 金属材料

包括发射方向、极化相关性、发射速率、发射持续时间、发射的一致性以及推力器的老化影响。测试的第二个目的是使用不同的方法来验证如何能够减少噪声对于通信系统的影响。最后，如果时间允许的话，测试的最后一个目的是将噪声产生的源隔离并找到。

第三阶段测试是在同批次的 SPT-100 单元中进行的。其中主要的测试是在 S/N010 上进行的。这也是在第二阶段试验中用到的设备，在第二阶段测试中 S/N010 累计进行了 100 h 的工作。而在第三阶段测试过程中 S/N010 累计工作 500 h。而测试的其中一部分还在 S/N008 上进行，并且在第三阶段测试过程中 S/N008 累计工作 1 000 h。使用两个设备分别进行不同时间的测试，可以通过试验验证产生的潜在变化和老化影响。该测试主要关注在甚高频(UltraHigh Frequency，UHF)、L-Band、S-Band 和 C-Band 等商用卫星的通信接收频率。

第三阶段的测试还是在之前的 EMC 测试设备中进行，由于天线都是安装在舱体的外面，所以不用考虑天线的等离子体影响。在频率为 1 GHz 以上时，玻璃罐体壁对电磁波的吸收和干涉效应不能再被忽略。其中 1 cm 厚的 S2 玻璃壁的传递系数经历了一个频率为 7.5 GHz 的正弦振动，而通过此试验计算出来的透射量比起在舱体外部的来说低了 2～3 dB。而玻璃罐产生的影响是通过每 100 MHz 进行一次校准的。

测试主要针对辐射发射噪声的一致性、发射持续时间、发射重复率，还有一些项目是测试发射的带宽和光谱内容。时间和光谱的测试结果会与之前进行的测试结果相比较，来说明在不同的电源系统中产生的影响和老化效果。整个发射信号的波形通过一个高速的数字示波器来获取。通过对采样数据进行傅里叶变换来确定整个光谱含量和其他光谱含量的异同。

整个过程中包含三个基本的接收器装置。RE102 的测试检查是通过惠普(Hewlett Packard)的 8572A 微波接收器测试。信号都是来自天线，并且通过消音室中引出的线缆到达实验室的设备中去。在高于 1 GHz 的频率范围，使用的测试设备是 Agilent 的 8565EC 频谱分析仪和一个 Miteq LNA。通过软件对这些测试设备进行控制。所有的数据应存储下来以便进行后续的分析。

时间测量(Temporal measurements)主要测试配置如图 7-29 所示。测试时两套接收系统同时开始运行。当出现极化现象时，两个接收装置可测试到不同的极化数据。应用这种方法可使所有测试在同一时刻进行，并且保证相对独立。每个接收设备包含一个宽频率范围天线，后部紧接着一个滤波器和两个高增益放大器，这些设备被可调的衰减器分离开。一个连接器被用来将信号传输到频谱分析仪和晶体检波器中。晶体检波器之后是一个视频放大器，最后接入数字示波器中。频谱分析仪被设置为零挡，分辨带宽为 3 MHz，而示波器也同时被用来进行发射强度包络的检测。频谱分析仪与示波器之间的区别主要是测试带宽范围、采样深度和伪信号探测能力。

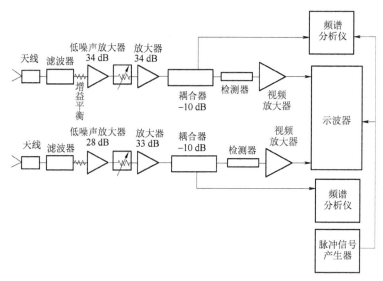

图 7-29　电磁发射瞬态测量配置图

第三个测试系统直接通过一个高速的示波器来对发射噪声进行测试，如图 7-30 所示。

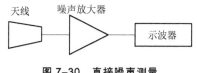

图 7-30　直接噪声测量

图 7-31 中显示了测试中天线及罐体的

位置状况。每一个测试天线都安装在距离推力器 1 m 的位置。阴极位于图中的位置 1、1a 和 2 一端。对于位置 1、1a、2、4、5 和 9 来说，测试的天线和 SPT-100 距离地面高度皆相同。位置#9a 处距离 SPT-100 也是 1 m 的距离，但是相对于羽流来说倾斜 45°。

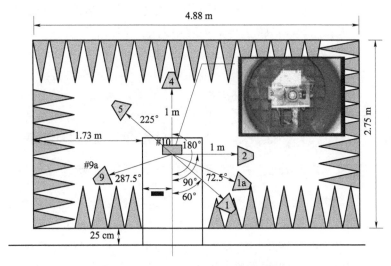

图 7-31　第三阶段测试天线布置位置

试验结果表明，SPT-100 工作时会产生低量级的爆炸式微波脉冲发射，发射频率主要在 1~4 GHz，在持续时间和相关性上类似于静电放电产生的脉冲。

瞬态噪声的脉冲特性与高斯白噪声特性是相反的，脉冲宽度在 50~200 ns 之间。

极化测量时水平极化与推力器羽流在同一平面上，垂直极化与羽流垂直。RE102 测量表明在一些频率处一个方向极化噪声比另一方向上的强，但是总的来看，任意方向的噪声强度是相同的。瞬态测量结果表明，重点关注频段的极化是脉冲到脉冲的变化。

用时域研究极化时，一个双极化天线放在 1a 位置，一个接收机连接在水平输出端，另一个接收机连接在垂直输出端。被测量的是 L 波段和 S 波段的时域信号。结果表明一些脉冲能量在水平方向高于垂直方向，另外一些脉冲则相反。

在 L、S 和 C 波段，大量的脉冲功率谱被高速示波器捕获到，所有的脉冲持续时间都在 5×10^{-8}~3×10^{-7} s 之间。频谱分析仪得到的每个脉冲的带宽都大于 100 MHz。为证明推力器周围不同位置接收到的辐射发射量级不同，用不同位置处的天线进行了测量。测量结果表明，与阴极位于同一侧的天线比另一侧和推力器后面的天线接收到的辐射量级高。由于散热安装板的隔离作用，推力器后面的天线接收到的辐射衰减比较大。图中 9 号位置的天线接收到的发射比

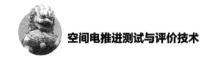

1a 号位置处低 15 dB，9a 号位置由于有个仰角而接收到的发射比 9 号处稍高。辐射发射的方向性可以为星上的通信天线的位置布置提供参考。

为了研究屏蔽产生的衰减作用，分别用铝板和铝网对推力器进行了屏蔽隔离。铝板安装在一个推力器散热安装板边缘，铝网包裹在另一个推力器阴极下面。在 2 号和 10 号位置对屏蔽前后的瞬态干扰进行了测量，结果表明在 10 号位置铝网对本底噪声有衰减作用，而对脉冲干扰没有作用，铝板对二者都有衰减作用。

根据试验结果分析，在通信卫星上应用 SPT–100 电推进系统时，为了防止 SPT–100 产生的脉冲发射指令对通信信号的影响，可以在推力器和天线布置中采取一些屏蔽隔离手段以及其他衰减措施。

在飞行试验中，劳拉空间系统公司发射的三颗应用 SPT–100 电推进系统的卫星在轨测量了 S、C、X、Ku、Ka 波段的 SPT–100 电磁发射，没有探测到可辨别的干扰。

7.5.2　美国 SPT–140 霍尔电推进电磁干扰试验

在格林研究中心的 VF6 环模设备上对其进行了 SPT–140 霍尔电推进电磁干扰试验。推力器和测量天线安装在可移动 EMI 试验平台上，平台位于 VF6 真空室中央。推力器安装在一根长 1.4 m 的与平台前边缘相连的铝支柱顶部，中心线低于 VF6 中点 0.9 m，束流直对着抽气口并与之同轴。电场测量天线排列在推力器出口平面背面半径为 1 m 的半圆上，如图 7–32 所示。所有天线都安装在玻璃纤维支撑上使其散射最小。用一个屏蔽棚将所有天线封起来，而将推力器暴露在外。屏蔽棚的作用是减少等离子环境对天线性能的影响。一个直径为 14 cm 的磁场环天线安装在推力器之后 7 cm 处，天线与推力器同轴。该天线被一个单独屏蔽棚包围，防止等离子的冲击。所有天线通过低损耗同轴电缆以最短距离原则与真空室外的接收仪器相连。接收仪器包括带有 85684A 预选器的 HP8566B 谱分析仪和用来增强 1 MHz 以上频率信号灵敏度的低噪声放大器。谱分析仪数据处理和频率扫描由程序自动完成。在所有测量中谱分析仪工作在峰值检测模式，在给定的时域或频域区间用来捕获峰值包络线和出现的噪声波动最大值。宽频范围由许多频率范围更小的单个扫描组合而成。

推力器不工作模式下，在真空状态进行了电场辐射发射和磁场辐射发射（RE101）的本底发射扫描。在推力器两个设计的稳态工作点（放电功率 3 kW 和 4.5 kW)重复了上述扫描。测量结果表明，4.5 kW 和 3 kW 放电功率下的电场发射相似，4.5 kW 下的发射量级稍高。在以下频率范围推力器工作时的电场发射都超过了本底量级和灵敏度极限：10 kHz～20 MHz，32～80 MHz，1～3 GHz。

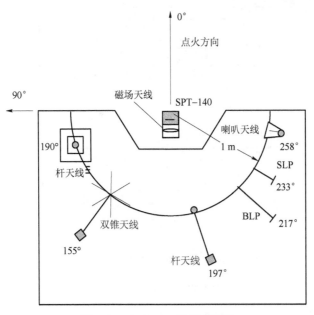

图 7-32　SPT-140 测试布局图

在 30～80 MHz 频率范围，几个可区分波段的辐射发射干扰是明显的，最大量级在 55 MHz，为 44 dBμV/m。然而在这个频率范围，所有探测到的发射干扰均满足 MIL-STD-461 C 要求。在 10 kHz～20 MHz 频率范围，宽带不相干式发射超过 MIL-STD-461C 规定值，在 45 kHz 达到 53 dB，但是这个频段处在传统的重要无线电通信波段之外。

在 1～3 GHz 频率范围，SPT-140 的非周期宽带发射超过了探测极限。在 1 GHz 以上没有 MIL-STD-461C 宽带限制，与普通标准相比这些发射是不明显的。

用 14 cm 环形天线探测到的磁场发射在 4.5 kW 放电功率时最高。根据 MIL-STD-461D 规定的测量带宽，推力器磁场发射本质上是宽带发射，在频率大于 300 Hz 以上，超过了本底噪声。最高的磁场发射量级发生在 20 kHz 处，这跟观察到的放电电流振荡现象是一致的。在 10～100 kHz 频率范围，发射超过了 MIL-STD-461D 规定的 RE101 发射极限，达到了 18 dBpT。

7.5.3　国内霍尔电推进电磁兼容性试验

电磁辐射发射测量范围为 10 kHz～18 GHz。电磁辐射测试和接收系统示意图如图 7-33 所示。

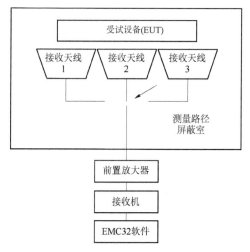

图 7-33　霍尔电推进电磁辐射测试和接收系统示意图

　　霍尔推力器安装在真空舱的中轴线上，推力器后部靠近一侧舱壁，保证羽流有一定的喷射空间。霍尔推力器辐射发射试验平台具体搭建方案如图 7-34 所示。设计加工专用的转接法兰，用来连接气路和电路到舱内。推力

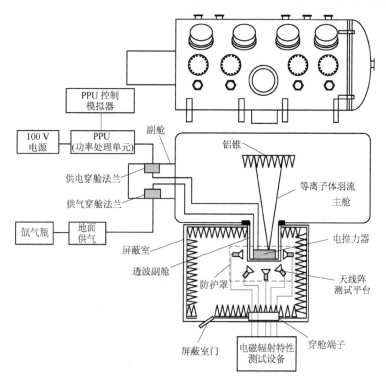

图 7-34　霍尔推力器电磁辐射特性测试系统布局

器的供气通过地面流量控制测试时信号反射作用，需在主舱中放置一排铝制器进入真空舱内管路。推力器的供电可以用地面电源，也可用功率处理单元直接供电，功率处理单元可以放置在真空舱内与推力器同时进行辐射发射测试。由于霍尔推力器产生的羽流是带电粒子束流，为了防止羽流溅射到主舱舱壁上和防止测试时信号的反射作用，需在主舱中放置一排铝锥。天线位于以推力器出口平面中心为圆心、半径为 1 m、与推力器轴线在同一水平面上的 180° 圆弧上。具体测量位置分别位于与推力器出口平面夹角为 0° 和 90° 处。

在进行电磁辐射试验时，霍尔推力器装在具有良好透波性能的透波副舱内，配置好仪器设备后，选择不同频段天线测试了 10 kHz～18 GHz 霍尔推力器不同工况下点火特性的电磁辐射情况。其中分别在透波副舱正面和侧面放置天线，接收机扫描 10 kHz～18 GHz 水平极化和垂直极化两个极化。图 7-35 给出了 1～18 GHz 的推力器垂直极化电磁辐射示意图，其中图 7-35（a）为副舱正面测试图，图 7-35（b）为侧面测试图。

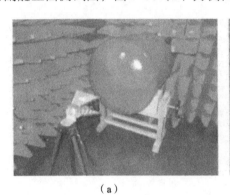 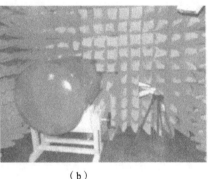

（a）　　　　　　　　　　　　（b）

图 7-35　霍尔推力器电磁辐射测试天线布置
（a）正面测试；（b）侧面测试

参 考 文 献

[1] M D Henry, D E Brinza. DS1 Ion Propulsion Emissions Characterization[R]. 0-7803-6599-2/01, 2001 IEEE.

[2] D E Brinza, M D Henry, A T Mactutis, et al. An Overview of Results from the Ion Diagnostics Sensors Flown on DSl[R]. AIAA-200 1-0966.

[3] J M Fife, W A Hargus, D A Jaworske, et al. Spacecraft Interaction Test Results of the High Performance Hall System SPT-140[R]. AIAA-2000-3521.

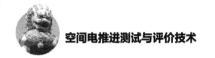

[4] I Kudo, K Machida, Y Toda, et al. Electromagnetic Noises from an Ion Engine System[R]. AIAA−81−0724.

[5] H Azuma, Y Nakamura, I Kudo, et al. EMI Test Chamber for Ion Engine Mounted on Satellite[R]. AIAA−81−0725.

[6] Kazutaka Nishiyama, Yukio Shimizu, Ikkoh Funaki, et al. Measurements of the Electromagnetic Emissions from the MUSES-C Ion Engine System[R]. IEPC−01−112.

[7] H Muller, R Kukies, H Bassner. EMC Test on the RITA Ion Propulsion Assembly for the ARTEMIS Satellite[R]. AIAA92−3208.

[8] D G Fearn, A R Martin, P Smith. Ion Propulsion Development in the UK[R]. AIAA 93−2603.

[9] J Edward. Beiting. Design and Performance of a Facility to Measure Electromagnetic Emissions from Electric Satellite Thrusters[R]. AIAA−2001−3344.

[10] William Hreha, Rabindra (Rob) Singh, Sun-Liang Liang, et al. SPT Interference Assessment in Communication Satellites[R]. AIAA2004− 3216.

第 8 章

推进剂流量控制与校准技术

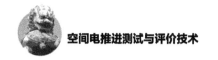
| 8.1 推进剂流量控制技术 |

电推力器是利用电离推进剂，并加速喷射产生推力的一个反作用式推力器。喷射速度比传统化学推进快很多，可减少卫星在轨期间推进剂的需求量。

为实现电推力器在轨正常工作，所需的推进剂流量在 0.1～15 mg/s 的范围内，精度一般控制在±5%。此外，要求推进剂的流量调节能够快速响应和连续可调。推进剂微小流量的单次调控时间由电推力器单次工作的时间决定。电推力器任务性质不同，在轨工作方式也不同，相应的微小流量单次调控时间也就有所区别，新技术试验卫星上的电推力器单次工作时间，通常从几分钟到几十分钟，最长为数小时。GEO 长寿命卫星上，承担在轨位保任务的电推力器单次工作时间一般为 3 h 左右，轨道转移所对应的单次工作时间通常在数小时到数十小时，用于深空探测的电推力器单次工作时间更长。

长时间稳定维持的推进剂流量，在电推力器地面试验期间一般利用热节流器，通过控制器门开度，配置一套复杂的测量和电路控制系统来实现，但该方法无法满足空间应用的需求。因此，为了既能实现推进剂微小流量的精确控制，又能满足空间应用中体积小、质量小、简单可靠的要求，必须采用不同的流量控制技术。

传统的节流装置（孔板、文丘利管），在微小流量控制的应用过程中存在结构不紧凑、加工难度大的问题。综合节流装置的整体结构强度要求及其空间应用环境特点等多方面因素，实现空间应用的流量控制装置主要采用基于粉末冶金多孔材料的热节流控制技术和基于功能材料应变特性的比例流量控制技术，从而实现推进剂流量的精确控制。

8.1.1　流量控制方法与原理

1. 热节流控制技术

粉末冶金多孔金属塞片是以金属粉末为原料，通过压制成型和高温定型等过程形成的具有刚性结构的多孔金属塞片，具有较好的机械加工性，适宜在较高或超低的工作温度和热冲击环境下长期工作。同时，金属微孔孔径与孔隙可通过调整基材结构、微孔结构、外形结构等多种手段，有效地控制微孔的宏观形貌和微观通孔结构，制成各种复杂的形状。常选择粉末冶金多孔金属塞片，作为微小流量控制的核心元件材料。

结合电推力器在轨工作环境，推进剂微小流量控制的基本原理是：在给定推进剂入口压力及精度的情况下，采用节流元件进行推进剂的节流，同时，利用推进剂黏性系数随温度升高而增大的特性，调节流经节流元件的推进剂温度，实现给定压力下的微小流量控制。

对推进剂微小流量进行精确控制的关键技术主要包括流阻器流量调节技术和加热器温度调节技术。

1）流阻器流量调节技术

流阻器多孔金属塞片，要求毛细孔直接连通且直径相等，推进剂流量为

$$\dot{m}_e = \frac{\pi d^4}{254 \mu LR} \cdot \frac{P_{in}^2 - P_{out}^2}{T} \tag{8-1}$$

式中　$\dot{m}_e$——多孔金属塞片毛细孔的推进剂流量，单位为 mg/s；

d——毛细孔直径，单位为 μm；

L——毛细管长度，单位为 mm；

μ——推进剂黏度，单位为 Pa·s；

R——摩尔气体常数，其值为 8.314 3 J/（K·mol）；

T——热节流器中推进剂加热温度，单位为℃；

P_{in}，P_{out}——热节流器进出口气体压力，单位为 MPa。

已知电推力器正常工作所需的推进剂流量为 $\dot{m}$，放电室、阴极多孔材料流阻器有效流通面积用下式表示：

$$S_e = \frac{\dot{m}}{\dot{m}_e} \cdot \frac{\pi d^4}{4} \qquad (8-2)$$

流阻器多孔金属塞片的孔隙度为 ε，因此，为得到要求流量，实际需要的放电室、阴极多孔材料流阻器的节流面积可表示为

$$S = \frac{S_e}{\varepsilon} \qquad (8-3)$$

针对电推力器正常工作的特定推进剂流量要求，在热节流器工作加热温度及推进剂稳压罐内温度确定的情况下，控制出气口的压力在一定量级的条件下，设计出孔隙率、厚度及有效流通面积均确定的多孔材料流阻器。

2）加热器温度调节技术

热节流器在轨期间的工作环境温度为 5～50 ℃，为达到热控目的，热节流器的热控温度需高于其工作环境温度。因此，加热器的加热温度多为 50～120 ℃，采用具有一定阻值的阻性负载，工作中通以恒定的电流，利用 Pt100 薄膜热敏电阻测量加热温度，通过 PID 调节方式控制加热器的加热，在要求的温度调节范围内调节温度，实现推进剂微小流量的精确控制。热节流器加热器控制原理如图 8-1 所示。

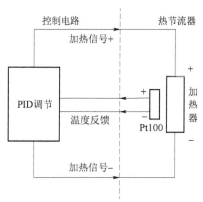

根据热节流器加热原理，并结合其在轨应用要求，多选用结构紧凑、加热效率高且具有良好的绝缘性及强度特性的铠装加热丝

图 8-1　加热器控制原理

作为加热器。加热器通以恒定的电流，利用 PID 调节方式，实现热节流器的温度调节控制。

2. 比例流量控制技术

采用热节流控制技术进行推进剂微小流量控制，在必须配以复杂的机械或电子压力隔离及调节模块的同时，对相关阀门的启闭可靠性及寿命提出了很高的要求。

地球重力场是地球的基本物理场之一，卫星重力测量可获得全球重力场的参数，为资源勘探、环境监测、精确导航等领域提供重力场和海洋环流数据支持。重力梯度仪是重力梯度测量卫星的核心载荷，为了保证重力梯度仪的测量范围和灵敏度，需要卫星推进器对卫星飞行过程中非重力因素进行补偿。

欧空局的地球重力场和海洋环流探测器（Gravity and steady state Ocean

Circulation Explorer，GOCE 卫星）采用 T5 离子推力器进行卫星在轨期间的大气阻尼补偿。针对 GOCE 卫星探测任务需求，T5 离子推力器的放电室供气采用比例流量控制技术进行推进剂微小流量的调节，并采用闭环控制算法，通过调节电推力器推进剂流量、阳极电流及励磁电流实现电推力器推力的精准控制。

随着图像应用领域的拓展，光学遥感探测卫星的图像分辨率要求也越来越高。为提高光学遥感卫星的应用效能，通过降低卫星轨道高度，提高相机的地面分辨率的方式来实现。卫星在低轨成像的同时要具备快速、稳定、宽范围的姿态机动能力，以提高整星成像系统的幅宽和时间分辨率，实现低轨高分辨率的遥感成像。为确保卫星在轨道中飞行，必须进行频繁的轨道维持。传统的化学推进方式消耗燃料多且推力扰动大，无法实现连续阻尼补偿。因此，采用比例流量控制技术的推力连续可调的离子推力器，达到在进行轨道维持的同时正常高精度成像不中断的目标。

比例流量控制技术的推进剂微小流量控制，包括压力控制技术和流量控制技术两大类。压力控制技术是推进剂气瓶中的气体由高压状态（15～20 MPa）调节到下游流量控制所需的低压状态（0.20～0.35 MPa），流量控制技术根据推力器工作需要提供准确的推进剂流量。图 8-2 所示为推进剂流量闭环控制线路原理图。

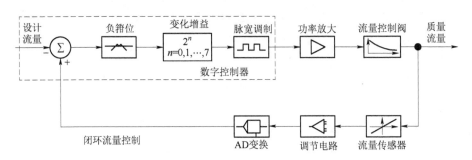

图 8-2　推进剂流量闭环控制线路原理图

如图 8-2 所示，推进剂比例流量调节由一个比例流量控制器和一套利用热测量原理的流量传感器系统组成，流量传感器的输出信号反馈给流量控制器来实现闭环控制。

成熟的比例流量控制技术，主要利用材料的应变特性和微小流量通道的节流作用，通过调节和控制材料的应变量进而改变流道的结构尺寸，可满足推进剂流量的高精度、宽范围、低噪声调控。

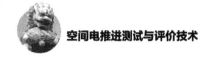
8.1.2 流量控制装置

1. 热节流器

基于热节流控制原理的热节流器，包括具有节流功能的流阻器和加热功能的加热器。图 8-3 所示为热节流器的结构示意图。采用热节流器进行微小流量控制的离子电推进产品已成功在轨飞行应用。

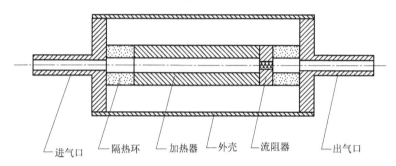

进气口　隔热环　加热器　外壳　流阻器　出气口

图 8-3　热节流器结构示意图

热节流器结构包括推进剂进/出气口、外壳、隔热环、加热器及节流元件流阻器。在热节流器前级进气口工作压力确定的情况下，推进剂流量只与流过流阻器的推进剂温度有关。当热节流器前级进气口工作压力和加热温度稳定后，流过流阻器的推进剂流量是推力器正常工作所要求的微小流量。

2. 比例流量控制器

比例流量控制器在国外航天器产品中得到广泛应用，国内的发展与应用尚处于起步阶段。

1）美国 Moog 公司流量控制器

美国 Moog 公司的比例流量控制器，是一种常闭比例电磁阀，通过调整核心驱动结构，Moog 公司形成了一系列能够满足不同流量要求的比例流量控制阀，如图 8-4 所示。

控制器以磁致伸缩材料为基础，通过调整伸缩材料外围励磁线圈的输入电流，以改变磁场的大小。阀门磁致伸缩材料的伸缩，实现阀芯组件位置的变化，提供所要求的流率（压力）。一般情况下，比例流量控制器与下游的反馈元件共同使用，实现流率（压力）的闭环控制，而下游的反馈元件多为流量（压力）传感器，它是电推力器储供单元的"心脏"，具有多重功能，在调节压力及流量的同时能够在很宽的压力范围内提供可靠的压力隔离。图 8-5 所示为 Moog 公

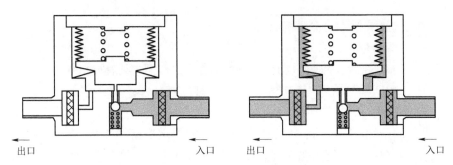

图 8-4　Moog 公司比例流量控制阀

司 Model 51E339 型比例流量控制器。表 8-1 所示为 Model 51E339 型比例流量控制器关键指标。

图 8-5　Moog 公司 Model 51E339 型比例流量控制器

表 8-1　Model 51E339 型比例流量控制器关键指标

序号	参数名称		性能指标
1	工作流率范围（Xe）		0～30 mg/s
2	入口压力范围	压力调节	0～18.6 MPa
		流量调节	0.241～0.275 MPa
3	出口压力范围	压力调节	0.241±0.013 8 MPa
		流量调节	0～0.275 MPa
4	工作温度范围		−10～100 ℃
5	压力控制精度		<±1%
6	外漏率		$<1\times10^{-7}$ Pa·m³/s
7	内漏率		$<1\times10^{-5}$ Pa·m³/s
8	循环寿命		>10 万次
9	开/关响应时间		≤20 ms

比例流量控制器的主要特点有：

① 非滑动配合，悬置式衔铁，有利于控制多余物的污染。

② Vespel 密封，良好气密性的同时吸放气少，不影响推进剂。

③ 采用通用接口界面，产品之间有较好的互换性。

④ 全结构焊接。

欧空局于 2009 年 3 月 17 日发射的 GOCE 卫星配备了 2 套 Moog 公司比例流量控制器推进剂比例供给单元，卫星在轨运行 4 年，推进器累计工作时间接近 40 000 h。鉴于 GOCE 卫星的成功应用，欧空局在 BepiColombo 水星探测器中为 T6 离子电推力器开发了以 Moog 公司比例流量控制器为基础的推进剂流量比例控制单元。图 8-6 所示为 T6 离子电推力器推进剂比例控制单元功能图。

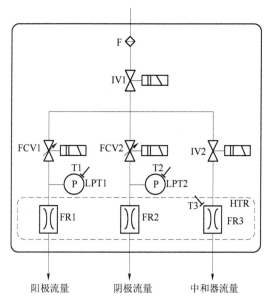

图 8-6　T6 离子电推力器推进剂比例控制单元功能图

F一过滤器；IV1，IV2一隔离阀；T1，T2，T3一测试端口；
LPT1，LPT2一低压传感器；FR1，FR2，FR3一单模式恒节流器；FCV1，FCV2一流量控制阀

T6 离子电推力器推进剂比例控制单元中，推进剂通过隔离阀后分为三路，分别向放电室阳极、主阴极及中和器供气。其中，放电室阳极及主阴极均采用了比例流量控制器，利用压力传感器实现比例流量控制器的闭环控制。

此外，美国空军的 TechSat-21 卫星 BHT-200 霍尔电推力器及 NASA 未来开展太阳系外行星探测使命的 NEXT-40 离子电推力器储供单元均采用 Moog 公司的比例流量控制器进行推进剂比例流量控制。

2）英国 Marotta 公司流量控制器

针对星载电推力器推进剂比例流量控制需求，英国 Marotta 公司采用三种不同类型的驱动因子，形成了相应的比例流量控制器：温控形式、压电陶瓷形式和磁致伸缩形式。

利用推进剂氙气黏性随温度变化明显和毛细管节流原理的特性，Marotta 公司温控结构形式的比例流量控制器如图 8-7 所示。该控制器通过对毛细管通电加热改变其内部氙气的黏度和密度等特性，使得其流阻特性发生变化，实现推进剂流量随温度的升高而按比例下降的目标，实现推进剂流量的精准变化。

图 8-7　温控结构比例流量控制器

图 8-8 所示为 Marotta 公司压电陶瓷的比例流量控制器，控制器满足微小推力电推进卫星的推进剂流量控制要求，在推进剂入口压力为 0.25 MPa 时，流量控制范围为 0～25 mg/s。

图 8-8　压电陶瓷比例流量控制器

图 8-9 所示为 Marotta 公司磁致伸缩的比例流量控制器，控制器有多重功能。具有以下特点：

① 处于正常闭合状态，压力在 0.25～20.7 MPa，温度在 -54～93 ℃的范围

内漏率低于 1.0×10^{-6} Pa·m³/s。

② 温度在 0～80 ℃范围内，流量/压力闭环控制。

③ 推进剂流量调节范围：0.02～25 mg/s。

④ 整体质量：<318 g；寿命循环次数：>100 000 次；功耗：小于 10 W。

图 8-9 磁致伸缩比例流量控制器

Marotta 公司的比例流量控制器，主要以满足 ROS 2000 等离子体电推力器和 T6 离子电推力器的工程化应用为目标。采用温控结构比例流量控制器的 ROS 2000 等离子体电推力器储供单元已通过真空热试验和力学试验。图 8-10 所示为 ROS 2000 等离子体电推力器储供单元。

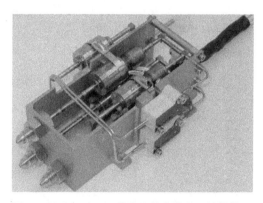

图 8-10 ROS 2000 等离子体电推力器储供单元

3）意大利 AAS-I 公司流量控制器

针对不同类型空间轨道对电推力器的需求，在欧空局"通用支持技术计划"支持下意大利 AAS-I 公司研制出压电陶瓷材料的比例流量控制器，该控制器主要包括压电陶瓷盘、S 形弹簧、活塞及相关电气接口与机械外壳等。选择压电陶瓷驱动主要有两点考虑：压电陶瓷驱动方式可减小功耗；良好的微位移控制能力。图 8-11 所示为压电陶瓷片及组件剖面图。图 8-12 所示为压电陶瓷式比例流量控制器。

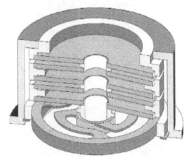

图 8-11　压电陶瓷片及组件剖面图

主要性能特点如下：

① 流量调节范围：0～30 mg/s。

② 压力调节范围：0.2～17 MPa。

③ 控制相应速度快：＜200 ms；内/外漏率低：5.0×10^{-9} Pa·m³/s。

④ 质量小（＜200 g），功耗低（＜0.1 W）。

⑤ 工作温度范围：–30～50 ℃

⑥ 具有加热功能，可对入口气体相态进行控制。

图 8-12　压电陶瓷式比例流量控制器

⑦ 采用 PID 闭环控制，实现气体压力/流量的实时可调。

⑧ 非工作状态下，产品断电，在弹簧预紧力作用下，活塞与闸阀基座紧密贴合，阀门处于关闭状态，起隔离阀作用。

4）印度 LPSC 公司流量控制器

针对小型化、轻量化电推力器研制要求，印度液体推进系统中心（Liquid Propulsion Systems Center，LPSC）研制出压电陶瓷材料的比例流量控制器，如图 8-13 所示。

如图 8-13 所示，控制器核心元件是 AISI 440C 不锈钢基座和钨碳合金球头。不锈钢基座与合金球头具有良好的密封接触面，满足阀门整体的漏率要求。采用 C75S 材质的盘形不锈钢弹簧，为不锈钢基座与合金球头密封提供所需预紧力的同时，为压电陶瓷环提供预紧载荷。

主要技术特点如下：

① 控制器中堆叠起来的压电陶瓷环受盘形不锈钢弹簧产生的预紧压力。

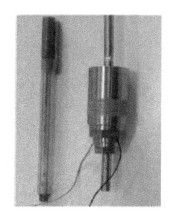
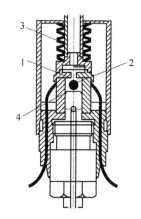

图 8-13　压电陶瓷式比例流量控制器

1—AISI 440C 不锈钢基座；2—钨碳合金球头；3—盘型不锈钢弹簧；4—压电陶瓷环

② 采用硬质钨碳合金球头和不锈钢基座实现球面间的硬接触密封，提高阀门抵抗多余物的能力。同时球头在有限的空间内可自由转动，从而将球头与不锈钢基座频繁接触的磨损降至最低。

③ 盘形不锈钢弹簧所受极限应力远低于其屈服应力强度。

④ 使用与压电陶瓷材料热膨胀系数相接近的材料，尽量减小热因素导致的流量及阀体载荷的变化。

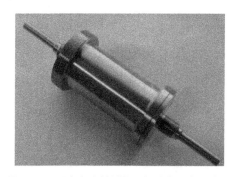

图 8-14　压电陶瓷材料的比例流量控制器样机

5）国内航天系统流量控制器

航天科技集团公司五院北京控制工程研究所、兰州空间技术物理研究所及六院西安航天动力研究所、上海空间推进研究所均开展了比例流量控制器的研制。相关研究多停留在关键技术巩固阶段，产品技术成熟度远不能满足开展空间环境应用的要求。图 8-14 所示为五院北京控制工程研究所研制的压电陶瓷材料的比例流量控制器原理样机。

8.1.3　应用实例

1. 热节流器

美国的深空一号探测器、黎明号探测器中的 NSTAR-30 离子电推力器、

NEXT-40 离子电推力器,中国的 SJ-9A 卫星的 LIPS-200 离子电推力器及 SJ-17 卫星的 LHT-100 霍尔电推力器储供单元,采用了粉末冶金多孔金属塞片的热节流器进行推进剂气体流量控制。控制方案有较强的调节灵活性,在既定的推进剂入口压力下通过调整温度可获得所需要的流率。

图 8-15 所示为热节流器产品照片,图 8-16 所示为采用热节流器进行推进剂微小流量调节的 SJ-17 卫星霍尔推力器及其点火照片。

图 8-15　热节流器产品照片

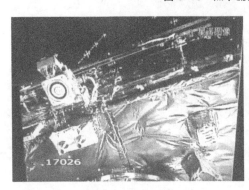

图 8-16　采用热节流器的 SJ-17 卫星霍尔推力器及其点火照片

2. 比例流量控制器

GOCE 卫星是欧洲航天局于 2009 年 3 月 17 日发射的一颗地球引力场测量和海洋环流探测卫星。GOCE 卫星上共搭载 2 套离子推力器,承担对卫星的大气阻尼补偿和轨道提升,每套离子推力器均由 1 台氙气瓶、2 套氙气比例供给组件、2 套离子推进控制单元和 2 台英国的 T5 离子推力器组件组成。GOCE 卫星在轨运行 4 年间,离子推力器累计工作时间接近 40 000 h。

图 8-17 所示为 T5/T6 离子推力器氙气比例供给单元实物照片。

在 T5 离子推力器中,要求 PXFA 能够向离子推力器主放电室(即阳极)入口提供可变的质量流率,主流率由航天器所经历的实时大气阻尼和离子推力器需求综合决定。针对氙气供给单元性能需求,选用美国 Moog 公司的磁致激

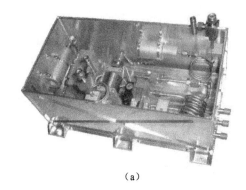
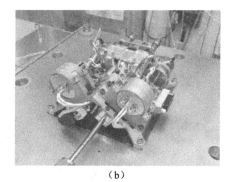

（a）   （b）

图 8-17　T5/T6 离子推力器氙气比例供给单元实物照片
（a）T5 离子推进系统氙气比例供给单元；（b）T6 离子推进系统氙气比例供给单元

励器的比例流量控制器。该阀门中的磁致激励器响应达到微秒（μs）量级，利用频率为 18 kHz 的脉宽调制（Pulse Width Modulating，PWM）信号驱动。通过改变 PWM 信号的占空比，调整阀门中线圈产生的磁场强度，使磁致激励器产生相应的长度变化调节流量。

在 T6 离子推力器中，通过采用比例流量控制器，流量控制单元（Flow Control Uint，FCU）将输入压力控制在 0.25～0.35 MPa 范围内，根据上游高压组件压力情况，以 0.01 MP/s 的速率调节压力，同时兼容机械调压、电子调压两种方式。根据结构，FCU 包括 3 类主活动组件：隔离阀、比例流量控制器及传感器。

通过压力传感器实现常温下比例流量控制器的输出压力，即流阻器入口压力的闭环控制，进而实现流量的调整。

如图 8-18 所示，在 T6 离子推力器的 FCU 中，为防止微小颗粒的污染，在其入口安装过滤器，在此之后设置了单稳态隔离阀。氙气通过隔离阀后分为三路，分别向放电室阳极、主阴极及中和器供气。放电室阳极及主阴极采用了比例流量控制器，在比例流量控制器之后安装了限流器，通过限流器的氙气直通放电室阳极及主阴极；对中和器的供气采用了单稳态隔离阀和限流器。当全系统闭合时，每种类型的阀门、限流器的内漏率满足要求。同时，所有阀门都处于闭合状态，在没有驱动信号的情况下，相关阀门都自动闭合。

BHT-200 是 2001 年美国 TRW 公司的 200 W 霍尔推力器，也是美国制造的第一台空间飞行霍尔推力器，功率范围为 50～300 W，在功率 200 W、质量流量 0.94 mg/s 的条件下产生的推力为 12.8 mN，比冲为 1 390 s，效率为 43.5%。图 8-19 所示为 BHT-200 霍尔推力器中氙气供给系统的方案示意图。图 8-20 所示为该氙气控制器的飞行部件实物图片。

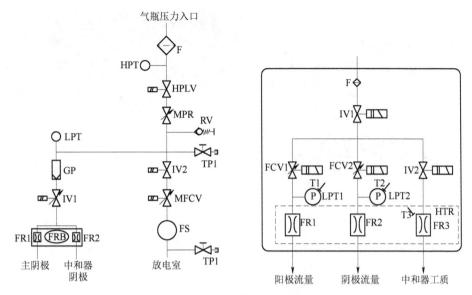

图 8-18　PXFA 与 FCU 功能图

MFVC—磁阻控制阀；F—过滤器；IV1，IV2—隔离阀；HPLV—高压自锁阀；
MPR—机械式压力调节器；RV—安全阀；T1，T2，T3—测试端口；LPT1，LPT2—低压传感器；
HPT—高压传感器；GP—气体净化器；FR1，FR2—单模式恒节流器；FRB—限位块；
FS—流量传感器；FCV1，FCV2—流量控制阀

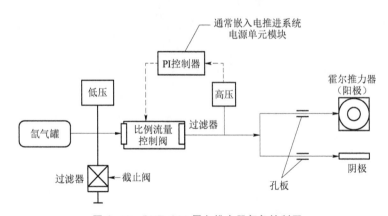

图 8-19　BHT-200 霍尔推力器氙气控制图

如图 8-19 和图 8-20 所示，采用比例流量控制器后氙气控制器的整体结构
得到很大简化，比例流量控制器主要用作隔离阀，非工作模式下处于常闭状态，
并通过 PI 控制器调节输入电流，提供压力范围内的输入压力，在比例流量控制
器下游配置有两路流量控制器，分别向推力器阳极、中和器供气，如图 8-21
所示。

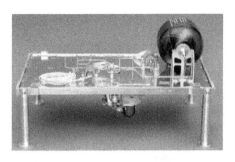

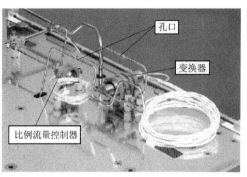

图 8-20　BHT-200 霍尔推力器氙气
控制系统飞行部件

图 8-21　BHT-200 霍尔推力器氙气
控制系统局部结构

　　BHT-200 霍尔推力器所采用的比例流量控制器是美国 Moog 公司的常闭、螺线管电磁阀。通过调整阀门线圈的输入电流，衔铁冲程成比例地变化，提供要求的流量/压力。

　　为降低产品质量和体积，NEXT-40 cm 离子推力器采用 Moog 公司的比例流量控制阀，完成推进剂供给单元中的两级压力调节，以简化调压模块的组成。图 8-22 所示为 NEXT-40 cm 离子推力器推进剂储供单元原理图。

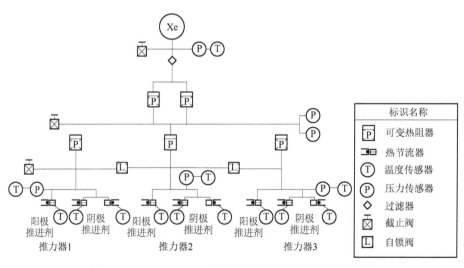

图 8-22　NEXT-40 cm 离子推力器推进剂储供单元原理图
P—测试点压力；T—温度传感器

|8.2　推进剂流量校准技术|

8.2.1　校准原理

通过对国内外电推进推进剂流量校准技术的研究，对推进剂流量控制仪器包括热节流器、比例流量控制器、质量流量控制器进行了性能研究，提出了绝压定容升压法和差压定容升压法两种推进剂流量测量仪器校准方法。

1. 绝压定容升压法

绝压定容升压法原理：在温度不变的情况下，将推进剂流量控制仪器流出的校准气体引入一定容积的校准室中，通过测量校准室中的气体压力的上升变化率，计算出气体流量。在温度已知的情况下，绝压定容升压法是通过直接测量校准室内压力变化而获得流量的校准方法。绝压定容升压法校准时，推进剂流量控制仪器的出口端为真空（一般＜1 000 Pa），气体流入以后，测量已知容积内压力的上升。

考虑到温度修正，绝压定容升压法校准流量的计算见式（8-4）。

$$Q_s = \left[\frac{273.15}{273.15+T} \right] \frac{\Delta p}{\Delta t} CV \tag{8-4}$$

式中　Q_s——测得的被校质量流量计的流量，单位为 mg/s；

　　　C——转换常数（对氙气 C 值为 80），单位为 mg/（Pa·m³）；

　　　T——定容室内气体温度，单位为℃；

　　　Δp——定容室压力差，单位为 Pa；

　　　Δt——气体填充系统的时间间隔，单位为 s；

　　　V——定容室有效体积，单位为 m³。

图 8-23 所示为绝压定容升压法校准微流量计的原理图。在时间间隔 Δt 内，流量为 Q 的气体通过推进剂流量控制仪器流入已知容积为 V 的校准室中，引起的压力变化为 Δp。根据式（8-4），实现对推进剂流量控制仪器的校准。

2. 差压定容升压法

差压定容升压法原理：在温度不变的情况下，将本底气体同时引入校准室及参考室，然后将推进剂流量控制仪器流出的校准气体引入校准室中，通过

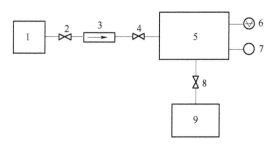

图 8-23　绝压定容升压法校准微流量计原理图

1—校准气源；2，4，8—真空阀门；3—推进剂流量控制仪器；5—校准室；
6—绝压真空计；7—温度计；9—抽气机组

测量校准室与参考室之间的气体压力上升变化率，计算出气体流量。差压定容升压法校准时，推进剂流量控制仪器的出口压力可调节，一般出口压力小于 0.2 MPa，气体流入以后，测量其在已知容积内压力的上升。

图 8-24 所示为差压定容升压法校准推进剂流量控制仪器的原理图。首先向参考室和定容室充入具有额定压力的气体，关闭参考室与定容室之间的阀门，随着推进剂流量控制仪器的气体流入校准室中，引起校准室中压力上升，用参考室与校准室之间的差压真空计测量在 Δt 时间内定容室中压力变化值 Δp，根据式（8-4）实现对推进剂流量控制仪器的校准。

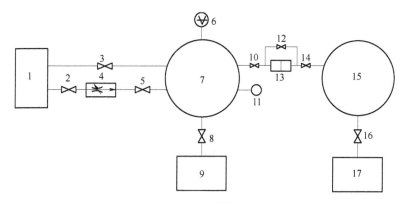

图 8-24　差压定容升压法校准推进剂流量控制仪器原理图

1—校准气源；2，3，5，8，10，12，14，16—真空阀门；4—推进剂流量控制仪器；
6—绝压真空计；7—校准室；9，17—抽气机组；11—温度计；13—差压真空计；15—参考室

差压定容升压法具有以下优点：

① 校准室和参考室选用的材料、处理工艺、几何结构参数和环境条件等完全一样，降低温度变化引起的本底流量对推进剂流量校准的影响；双通道结构同时相互独立地校准两台仪器，提高了校准效率。

② 采用对称结构，校准推进剂流量控制仪器时可以将参考室作为定容室使用，可解决高压力下小流量校准的难题，用不同量程的差压真空计测量压力变化，可以降低测量不确定度。

8.2.2　推进剂流量校准装置

推进剂流量校准装置采用双通道对称结构，由抽气系统、校准系统、容积测量系统、稳压系统、推进剂气路转换系统、恒温及烘烤系统、数据采集系统等组成，如图 8-25 所示。

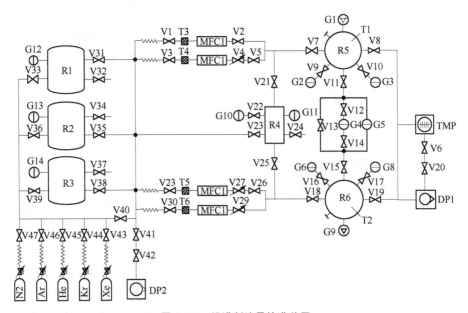

图 8-25　推进剂流量校准装置

R1，R2，R3—稳压室；R4—容积测量室；R6—校准室；R5—参考室；T1，T2—铂电阻；T3～T6—过滤器；TMP—分子泵；DP1，DP2—机械泵；G1，G9—监测规；G2，G3，G4，G5，G6，G8，G10—电容薄膜真空计；G11～G14—压力计；MFC1～MFC4—推进剂流量控制仪器；V7，V9，V10，V11，V13，V15，V16，V17，V18，V21，V22，V23，V25，V31，V35，V38，V40，V41—手动波纹管截止阀；V1，V2，V3，V5，V12，V14，V24，V26，V28，V29，V30，V32，V33，V34，V36，V37，V39，V43，V44，V45，V46，V47—手动波纹管截止阀；V4，V27—微调阀；V8，V19—全金属手动角阀；V6—电磁阀；V20，V42—防返阀；N₂，Ar，He，Kr，Xe—气瓶

1. 抽气系统

抽气系统由干泵、分子泵、截止阀及放气阀等组成。抽气系统采用干泵和分子泵串联抽气的方式，选择组合抽气方式不仅能够消除抽气机组对真空容器造成的污染，同时还可以提高对氢气等分子量较小的气体的抽速。

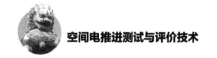

分子泵采用 Leybold 的 MAG300、CF100 接口，MAG 系列为磁悬浮分子泵，该系列泵对氢的压缩比很大，泵极限真空达 1×10^{-8} Pa，有利于真空室的极限获得。分子泵抽气系统与校准室、参考室之间采用 VAT 的全金属手动角阀进行隔断。分子泵的前级采用涡旋干泵。

2. 校准系统

校准系统为双通道对称结构，由校准室、参考室、绝压电容薄膜真空计、差压电容薄膜真空计、冷阴极电离真空计、全金属角阀、铂电阻温度计及截止阀等组成。

校准室用 $\phi 300$ 的不锈钢球体，容积为 10 L，压力为 0.25 MPa。球体内表面机械抛光处理，以提高腔室的洁净度，外表面喷砂喷丸钝化处理。腔室接口焊接采用真空焊接。校准室采用了真空除气工艺，以降低腔室材料表面出气率，减少材料表面出气对装置校准结果的影响。参考室也采用 $\phi 300$ 的不锈钢球体，设计容积为 10 L，压力为 0.25 MPa。

校准室、参考室配有多个测试接口，分别连接温度测量铂电阻、测量真空计及真空阀门；底部为 DN40 的抽真空接口。在校准室（参考室）和抽气机组之间采用 DN40 CF 真空角阀连接。校准室的接口全部采用 VCR 或 CF 法兰等金属密封形式。温度计采用 $\phi 2$ 丝，VCR 固定，传感器伸入校准室及参考室内。

3. 容积测量系统

容积测量系统包括容积测量室、标准容器、电容薄膜真空计、压力计及截止阀等。其中容积测量室上配有多个外接接口，分别接标准容器、电容薄膜真空计、压力计、截止阀，接口采用金属密封形式，降低系统放气及泄漏率。容积测量室、标准容器为 1 L，设计压力为 0.25 MPa。

4. 稳压系统

稳压系统包括稳压室、压力计、放气阀及截止阀等。稳压室共有 3 个，每个容积为 50 L，压力为 0.60 MPa。

5. 推进剂气路转换系统

推进剂气路转换系统为一套高纯气体供气系统，包括 2 路推进剂管路及 3 路试验气体管路，由高压气瓶、压力表、截止阀及管道等，主要提供 Xe、Kr、Ar、He 和 N_2 等 5 种高纯气体，通过阀门开关，可分别将单一高纯气体引入稳压室，气瓶与阀门之间采用金属软管连接。转换阀门布置在台面。

通过阀门及管道与抽气系统连接，对供给校准气体的压力进行调节及控制，从而实现推进剂气体的转换，保证推进剂气体的纯度。

6. 恒温及烘烤系统

恒温及烘烤系统采用夹克式形状，定容室外侧夹克内包裹加热丝，加热丝根据所需功率大小均匀分布于夹克式加热套内，能够减小定容室器壁上的温度变化，保证加热过程中温度受热分布均匀。温度控制与监测系统采用网络分布结构，采用温度计测量温度，温度控制范围为 23～300 ℃。

7. 数据采集系统

数据采集系统包括控制柜和数据采集工控机。控制柜包括触摸屏、PLC、交流接触器、压力显示、真空计、温度显示等元器件。控制操作包括分子泵、机械泵的启停控制，还有烘烤加热操作可以实现系统烘烤加热的启停。交流接触器、继电器等电气元器件位于控制柜后板上，打开后门板后方便进行维护操作。真空计用于真空计的信号输出显示。

数据采集计算机以工控机作为上位机，通过 PCI1610 串口扩展卡、PCI1716 多功能数据采集卡实现对不同真空计、压力计、冷阴极电离真空计、温度传感器等的控制及数据采集。控制及数据处理程序采用 LabVIEW 软件编写。软件采用模块化的程序，将不同的校准内容设计成单独的功能模块。

8.2.3　校准结果及分析

1. 典型推进剂流量控制仪器校准数据

1）推进剂流量控制仪器的校准

标准结果如表 8-2 所示。

表 8-2　满量程 0.20 mg/s 的推进剂流量控制仪器 N_2 校准结果

校准气体 N_2							
序号	被校值/ （mg·s⁻¹）	标准值/ （mg·s⁻¹）	修正因子	重复性/%	重复性 最大值/%	线性/%	修正因子 平均值
1		0.066	0.987				
2	0.067	0.066	0.987	0.06	0.06	0.30	0.984
3		0.066	0.988				

续表

校准气体 N_2							
序号	被校值/（mg·s⁻¹）	标准值/（mg·s⁻¹）	修正因子	重复性/%	重复性最大值/%	线性/%	修正因子平均值
4		0.133	0.983				
5	0.135	0.133	0.983	0			
6		0.133	0.983				
7		0.196	0.982				
8	0.200	0.197	0.983	0.06			
9		0.197	0.983				

2）满量程 10 mg/s 的推进剂流量控制仪器校准

校准结果如表 8–3 和表 8–4 所示。

表 8–3　满量程 10 mg/s 的推进剂流量控制仪器 N_2 校准结果

校准气体 N_2							
序号	被校值/（mg·s⁻¹）	标准值/（mg·s⁻¹）	修正因子	重复性/%	重复性最大值/%	线性	修正因子平均值
1		2.31	0.695				
2	3.32	2.32	0.698	0.25			
3		2.32	0.698				
4		4.64	0.694				
5	6.68	4.64	0.695	0.09	0.25	0.29	0.696
6		4.65	0.695				
7		6.95	0.695				
8	100.0	6.95	0.695	0.09			
9		6.96	0.696				
装置的相对合成标准不确定度					1.5%		
测量结果的相对合成标准不确定度					1.6%		

表 8–4　满量程 10 mg/s 的推进剂流量控制仪器 Xe 校准结果

校准气体 Xe			
序号	被校值/（mg·s⁻¹）	标准值/（mg·s⁻¹）	修正因子
1	3.33	3.21	0.961
2	6.67	6.43	0.964
3	10.00	9.79	0.979

2. 推进剂流量控制仪器校准结果不确定度评定

1）数学模型

（1）推进剂流量控制仪器修正因子测量模型

推进剂流量控制仪器修正因子按式（8-5）计算：

$$K = \frac{Q_s}{Q_r} \tag{8-5}$$

式中　K——修正因子；

　　　Q_s——测得推进剂流量控制仪器流出的标准流量，单位为 mg/s；

　　　Q_r——对应质量流量计的示值，单位为 mg/s。

（2）推进剂流量控制仪器修正因子的相对标准不确定度 $u_r(K)$

根据式（8-5）分析，推进剂流量控制仪器修正因子的相对标准不确定度 $u_r(K)$ 按式（8-6）计算：

$$u_r(K) = (u_r^2(Q_s) + u_r^2(Q_r))^{1/2} \tag{8-6}$$

式中　$u_r(K)$——修正因子的不确定度；

　　　$u_r(Q_s)$——校准测得推进剂流量控制仪器流出的标准流量引入的不确定度；

　　　$u_r(Q_r)$——待校推进剂流量控制仪器流量读数引入的不确定度。

（3）校准装置测得推进剂流量控制仪器流出的标准流量 Q_s 引入的不确定度 $u_r(Q_s)$

校准装置的推进剂流量控制仪器流出的标准流量 Q_s 按式（8-7）计算：

$$Q_s = \left(\frac{273.15}{273.15+T}\right)\frac{\Delta p}{\Delta t}CV = 80\left(\frac{273.15}{273.15+T}\right)\frac{\Delta p}{\Delta t}V \tag{8-7}$$

式中　Q_s——测得的被校质量流量计的流量，单位为 mg/s；

　　　C——转换常数（对氙气 C 值为 80），单位为 mg/（Pa·m³）；

　　　T——定容室内气体温度，单位为℃；

　　　Δp——定容室压力差，单位为 Pa；

　　　Δt——气体填充系统的时间间隔，单位为 s；

　　　V——定容室有效体积，单位为 m³。

按照不确定度传递率，$u_r(Q_s)$ 按式（8-8）计算：

$$u_r(Q_s) = \left(\frac{\partial Q_s}{\partial \Delta p}\right)^2 u_r^2(\Delta p) + \left(\frac{\partial Q_s}{\partial V}\right)^2 u_r^2(V) + \left(\frac{\partial Q_s}{\partial \Delta t}\right)^2 u_r^2(\Delta t) + \left(\frac{\partial Q_s}{\partial T}\right)^2 u_r^2(\Delta T) \tag{8-8}$$

式中的灵敏度系数分别按式（8-9）～式（8-12）计算。

$$c_1 = \frac{\partial Q_s}{\partial \Delta p} = \frac{Q_s}{\Delta p} \tag{8-9}$$

$$c_2 = \frac{\partial Q_s}{\partial V} = \frac{Q_s}{V} \tag{8-10}$$

$$c_3 = \frac{\partial Q_s}{\partial \Delta t} = \frac{Q_s}{\Delta t} \tag{8-11}$$

$$c_4 = \frac{\partial Q_s}{\partial T} = -\frac{Q_s}{273.15 + T} \tag{8-12}$$

由于各分量独立不相关，可得校准装置测得推进剂流量控制仪器流出的标准流量不确定度按式（8-13）计算：

$$u_r(Q_s) = \left[u_r^2(\Delta p) + u_r^2(V) + u_r^2(\Delta t) + \left(-\frac{T}{273.15 + T} \right)^2 u_r^2(T) \right]^{1/2} \tag{8-13}$$

式中　$u_r(\Delta p)$——定容室压力测量引入的不确定度分量，由真空计校准证书的测量不确定度确定；

$u_r(V)$——定容室体积测量引入的不确定度分量，由静态膨胀法测量体积确定；

$u_r(\Delta t)$——时间测量引入的不确定度分量，由测时装置校准证书的测量不确定度确定；

$u_r(T)$——温度测量引入的不确定度分量，由测温装置校准证书的测量不确定度确定。

由于 $-\frac{T}{273.15 + T}$ 小于 1，为了简化计算过程，在实际计算中，令 $-\frac{T}{273.15 + T} = 1$，则式（8-13）可变为式（8-14）。

$$u_r(Q_s) = (u_r^2(\Delta p) + u_r^2(V) + u_r^2(\Delta t) + u_r^2(T))^{1/2} \tag{8-14}$$

（4）待校推进剂流量控制仪器流量读数 Q_s 引入的不确定度 $u_r(Q_r)$

流量计修正因子的重复性引入的不确定度 $u_r(K_i)$，每个校准点修正因子的重复性引入的不确定度采用极差法，按式（8-15）计算。

$$u_r(K_i) = \frac{(K_{ij})_{\max} - (K_{ij})_{\min}}{d_m \bar{K_i}} \tag{8-15}$$

式中　$u_r(K_i)$——第 i 校准点的重复性引入的不确定度；

$(K_{ij})_{\max}$——第 i 校准点中最大的修正因子值；

$(K_{ij})_{\min}$ ——第 i 校准点中最小的修正因子值；

d_m ——极差系数。

极差系数 d_m 如表 8-5 所示。

表 8-5　极差系数 d_m 的数值

测量次数	2	3	4	5	6	7	8	9	10
极差系数 d_m	1.13	1.69	2.06	2.33	2.53	2.70	2.85	2.97	3.08

流量计修正因子的重复性引入的不确定度由式（8-16）计算：

$$u_r(K) = (u_r(K_i))_{\max} \qquad (8\text{-}16)$$

式中　$u_r(K)$ ——流量计修正因子的重复性引入的不确定度；

$(u_r(K_i))_{\max}$ ——各校准点重复性的最大值。

流量计修正因子的线性度引入的不确定度 $u_l(K)$ 由式（8-17）计算：

$$u_l(K) = \frac{(\bar{K}_i)_{\max} - (\bar{K}_i)_{\min}}{(\bar{K}_i)_{\max} + (\bar{K}_i)_{\min}} \qquad (8\text{-}17)$$

式中　$u_l(K)$ ——流量计修正因子的线性度引入的不确定度；

$(\bar{K}_i)_{\max}$ ——各校准点修正因子的最大值；

$(\bar{K}_i)_{\min}$ ——各校准点修正因子的最小值。

推进剂流量控制仪器引入的不确定度 $u(Q_r)$ 由式（8-18）计算：

$$u(Q_r) = (u_r^2(K) + u_l^2(K))^{1/2} \qquad (8\text{-}18)$$

（5）推进剂流量控制仪器校准结果的相对合成标准不确定度

流量控制仪器校准结果的相对合成标准不确定度按式（8-19）计算：

$$u_{c,r} = (u_r^2(Q_s) + u_r^2(Q_r))^{1/2} \qquad (8\text{-}19)$$

式中　$u_{c,r}$ ——校准结果的相对合成标准不确定度。

（6）推进剂流量控制仪器校准结果的相对扩展不确定度

流量控制仪器校准结果的相对扩展不确定度按式（8-20）计算。

一般取 $k = 2$，其置信水平约为 0.95，则扩展不确定度 U 为

$$U = ku_{c,r} \qquad (8\text{-}20)$$

式中　U ——校准结果的相对扩展不确定度；

k ——包含因子，一般取 $k = 2$。

2）不确定度的评定示例

选用满量程为 0.50 mg/s 的推进剂流量控制仪器进行校准。校准点选取

0.167 mg/s，0.333 mg/s，0.499 mg/s，每个校准点都校准 3 次，校准数据如表 8-6 所示。

表 8-6　校准数据

序号	标准值/ （mg·s⁻¹）	被校值/ （mg·s⁻¹）	修正因子
1	0.147	0.167	0.879
2	0.147	0.167	0.878
3	0.147	0.167	0.879
4	0.292	0.333	0.878
5	0.293	0.333	0.880
6	0.293	0.333	0.881
7	0.452	0.499	0.906
8	0.452	0.499	0.905
9	0.452	0.499	0.906
平均值			0.888

推进剂流量控制仪器流出的标准流量引入的不确定度 $u_r(Q_s)$ 如表 8-7 所示。

表 8-7　$u_r(Q_s)$ 标准不确定度计算数据

序号	不确定度/%
$u_{c,r}(\Delta p)$	1.0
$u_{c,r}(V)$	1.0
$u_{c,r}(\Delta t)$	0.1
$u_{c,r}(T)$	1.0
$u_r(Q_s)$	1.8

推进剂流量控制仪器引入的不确定度 $u_r(Q_r)$ 如表 8-8 所示。

表 8-8　$u_r(Q_r)$ 标准不确定度计算数据

序号	不确定度/%		
流量计设定点	33	66	100
流量计重复性引入的不确定度 $u_r(K_i)$	0.07	0.21	0.05
流量计重复性引入的不确定度最大值 $(u_r(K_i))_{max}$	0.21		
流量计线性度引入的不确定度 $u_l(K)$	1.6		
$u_r(Q_r)$	1.7		

推进剂流量控制仪器修正因子的相对合成标准不确定度计算：

$$u_{c,r} = (u_r^2(Q_s) + u_r^2(Q_r))^{1/2} = 2.6\%$$　　　　（8–21）

流量计修正因子相对扩展不确定度计算：

$$U = ku_{c,r} = 5.2\%$$

　　研制的推进剂流量标准装置设计了双通道对称性结构，采用了绝压定容升压法和差压定容升压法两种校准方法，实现了不同压力条件下推进剂流量的精确校准。

参 考 文 献

[1] 陈琳英，宋仁旺，邱家稳. 离子推进技术及其发展状况[J]. 火箭推进，2005，31（4）：30–35.

[2] 方玉诚，王浩，周勇，等. 粉末冶金多孔材料新型制备与应用技术的探讨[J]. 稀有金属，2005，29（5）：791–796.

[3] 胡竟，张天平，杨福全，等. 电推力器气体比例流量控制技术的展望[J]. 真空与低温，2017，23（1）：13–19.

[4] 顾临，邱世庭，赵扬. 烧结金属多孔滤材技术综述[J]. 流体机械，2002，30（2）：30–34.

[5] 刘海涌，孔满昭，刘松龄，等. 有错排射流冲击的受限长通道及出流孔流场的实验研究[J]. 推进技术，2006，27（4）：307–311.

[6] 孙淮清，王建中. 流量测量节流装置设计手册[M]. 北京：化学工业出版社，2005.

[7] 王海军. 文丘里管射流装置的结构及工作原理[J]. 西南科技大学学报，2004，19（2）：41–44.

[8] 杨福全，高军，顾佐. 多孔金属塞片在微小流量节流器上的应用[J]. 粉末冶金工业，2007，17（1）：34–37.

[9] 杨福全，孙运奎，高军. 离子推力器流率调节热节流器性能测试[J]. 真空与低温，2011，17（3）：170–175.

[10] 胡竟，杨福全，孙运奎，等. 用多孔塞片实现推进剂微小流量的控制[J]. 航天器环境工程，2015，32（1）：95–98.

[11] M P David. Continuing Development of the Proportional Flow Control Valve（PFCV）for Electric Propulsion Systems[R]. IEPC 2007–346.

[12] G Matticari，G E Noci，O P Sicilan. New Generation Propellant Now Control

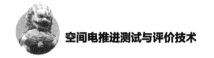
Components for Electric Propulsion Systems: Status of Achievements at Alcatel Alenia Space Italia/Laben-Proel [R]. IEPC 2005-23.

[13] R George. The NASA Evolutionary Xenon Thruster（NEXT）: the Next Step for US Deep Space Propulsion[R]. IAC-08-C4.4.2.

[14] K Kenichi, I Masafumi, K Hirpki, et al. ETS-VIII Ion Engine and Its Operation on Orbit[R]. IEPC 2009-048.

[15] D Milligan, D Gestal, O Camino, et al. SMART-l Electric Propulsion Operational Experience[R]. IEPC 2005.

[16] D T Schappell, C Geangu. BMDO SBIR Multi·Function Valve Development Testing[R]. AIAA 98-3809，July 1998.

[17] D T Schappell, J Sankovic. The BMDO SBIR Program A Magnetostrictive Actuated，Multi-Function Xenon Gas Valve[R]. AIAA 98-3496，July 1998.

[18] D T Schappell. Multi-Function Valve Extended Development Testing[R]. AIAA 99-2561，June 1999.

[19] C H McLean, J B McVey. Testing of U.S.-Built HET System for Orbit Transfer Applications[R]. AIA A 99-2574，June 1999.

[20] JJF 1059.1—2012 测量不确定度评定与表示[S]. 北京：中国标准出版社，2012.

[21] GB/T 3163—2007 真空技术术语[S]. 北京：中国标准出版社，2007.

[22] GB/T 5828—2006 氙气[S]. 北京：中国标准出版社，2006.

[23] JJG897—1995《质量流量计检定规程》[S]. 北京：中国标准出版社，1995.

[24] D E Kirtley, S F Engelman Analysis of Xenon Flow Calibration Techniques for Electric Thruster Testing[R]. AIAA 2002-3817.

[25] 赵澜，张涤新. 气体质量流量计的校准研究[J]. 液压与气动，2009（11）：66-68.

[26] 赵澜，冯焱，成永军. 氙气质量流量计校准装置的设计[A]. 中国真空学会学术交流会，2012.

[27] 苏乾益. D07 系列质量流量控制器的工作原理[J]. 中国计量流量增刊，2006，zl：27-29.

[28] P D Levine, J R Seda. Precision Gas Flowmeter for Vacuum Calibration[J]. J Vae Sci Teehnol，1997，A15：747.

[29] 国防科工委科技与质量司. 计量技术基础[M]. 北京：原子能出版社，2002.

第 9 章

电推进试验设备系统

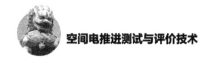

|9.1 概　　述|

9.1.1　电推进试验项目

卫星入轨后处于高真空、冷热交变、太阳辐照、原子氧、太阳磁暴、带电粒子干扰等诸多因素影响的太空环境，为确保卫星在轨稳定可靠运行，满足可靠性、安全性、寿命等关键指标，必须在地面做好充分的试验验证。"只要地面试验工作做好了，天上就不会出问题"（两院院士王希季语）。卫星在轨运行时，受日月的摄动，每年在轨位置，特别是南北位置都有较大的速度增量，该增量会使卫星偏离运行轨道，因此在轨卫星要通过推进分系统进行位置保持（North and South Station Keeping，NSSK）。电推进作为卫星先进的推进分系统，承担着卫星在轨位置保持的关键任务。电推进要在地面进行必要的测试，才能保证在轨运行的可靠性和安全性。电推进地面测试内容包括性能测试及环境适应性测试等项目。

性能测试的主要目的为验证单机及系统是否满足设计要求，如电推进的推力（mN）、比冲（s）、功耗（kW）、效率、推进剂利用率、羽流发散角（°）、推力矢量偏角（°）、漏率（Pa·L/s）、可靠性、点火启动时间（s）、开关机次数（次）及寿命（h）等指标。

环境适应性测试主要目的是确保单机及系统的可靠性和安全性，由于卫星在发射过程中会承受较大的振动，卫星的单机产品及整星必须考虑抗力学环境设计。力学试验就是为了验证结构设计是否满足设计要求，试验内容包括加速度、冲击、随机振动及正旋振动等。试验量级包括鉴定级和验收级。鉴定级试验安排在初样研制阶段，一般量级都比较大，可以充分验证产品结构设计的可靠性。验收级试验安排在正样阶段，量级都比较小，以排除隐患。

另外，电推进用于卫星的南北位置保持（NSSK），每天工作2次，每次2 h，分别在卫星椭圆轨道的升交点和降交点工作。卫星在环绕地球飞行过程中，都会经过太阳的正阳面和阴影面。以安装在卫星推进舱的离子推力器为例，正阳面时受太阳照射，推力器表面温度可达200 ℃以上，在阴影面时受冷黑环境影响，推力器表面温度可达–100 ℃左右。因此，单机产品及整星要在地面做热真空试验，以模拟空间环境热适应性要求。跟力学环境试验一样，热真空试验同样包括鉴定级和验收级试验。

9.1.2　电推进试验设备组成及功能简介

电推进由推力器、储供单元、电源处理及供配电单元（PPU）、数字接口及控制单元及推力矢量调节机构组成。推力器是产生推力的器件，储供单元为推力器提供额定流率（氙气）的推进剂，电源处理及供配电单元为推力器正常工作供电，数字接口及控制单元控制推力器的开关机、工作模式及数据采集及传输。推力器装在推力矢量调节机构上，通过角度调节，使推力器产生的推力始终通过卫星的质心。一般推力器及推力矢量调节机构装在卫星的推进舱内，其余单元装在卫星的仪器舱内。

电推进试验地面设备可分为通用试验设备和专用试验设备两类，通用试验设备诸如机加工设备、焊接设备、电装及测试设备及力学环境试验设备等与其他航天器件的研制设备一致，这里不再赘述。电推进研制所需的专用设备组成如图9–1所示。以下对电推进研制主要关键设备进行介绍。

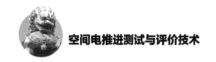
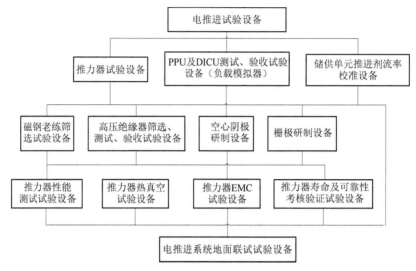

图 9-1 电推进试验设备组成

PPU—电源处理及供配电单元；DICU—数字接口及控制单元

|9.2 典型电推进试验设备系统|

9.2.1 电推进性能试验设备

电推进性能试验设备既是推力器单机产品性能测试设备，又是推力器与PPU 单元联试及整个电推进联试的性能测试专用设备。

对于推力器单机产品，一般在推力器组装完成后、力学试验前、力学试验后、单机产品交付前均要进行性能测试。对于离子电推进的系统联试，分为推力器与 PPU 单元的联试及整个电推进的联试，在联试过程中测试推力器的性能及与其他单元的匹配性。

推力器性能测试设备的主要功能是尽可能模拟推力器性能测试试验环境，包括真空度要求、羽流展开及测试、高低温、电磁辐射等。

性能试验设备主要由真空舱、抽气系统、供气系统、供电系统、测控系统、推力器热沉及温度控制系统组成。各部分主要功能如下：

1. 真空舱

真空舱一般由主、副舱组成。主舱为推力器正常工作提供必要的工作空间，使推力器的羽流能够充分展开并便于测试。副舱要便于推力器的安装、配电、配气、热真空试验等。

2. 抽气系统

抽气系统为清洁无油的真空系统，为推力器正常工作提供真空环境，抽气系统极限真空度≤5×10^{-5} Pa。从大气环境启动后，12 h 内抽气达到系统本底真空度。由于抽气系统需要连续工作，需满足高可靠性及长寿命要求。

真空度能够实时监测、显示、自动记录，真空度数据及试验数据实现同步自动，测量范围能满足 $1.0\times10^{5}\sim1.3\times10^{-5}$ Pa 的要求。

3. 供气系统

地面供气按两个模块设计，一个为舱外模块，一个为舱内模块。舱外模块由工业氙气瓶供气，实现减压、稳压功能，由于该部分工作气压高于大气压，置于舱外，即使发生泄漏，也只能向外泄漏，舱外大气不能通过泄漏到达推力器，保证该部分即使发生泄漏也不会对推力器构成威胁。

舱内模块工作气压较低，输出端压力低于大气压，若在大气环境下发生泄漏，大气将漏入推力器，对空心阴极和中和器造成不良影响，因此将该模块放入舱内，在真空环境下可防止模块漏气。舱内模块主要提供 3 路供气，每路氙气按要求流率供气。

4. 供电系统

供电系统的主要功能是为推力器工作提供所需要的多路电源组，另外还需具备以下功能：具备输出保护及恢复功能，在供电负载异常后，输出进行保护，在负载正常后自动恢复供电；具备各电源输出参数遥测功能；提供与电推进控制计算机之间的电接口。

5. 测控系统

测控系统由工业控制计算机实施控制，具有单点操作和自动运行的功能，可以按照程序自动运行，并自动记录设备的各种运行参数。

测控系统按照试验流程完成对抽气系统各个泵和阀门的开闭，控制供气系统的供气时间及流量，控制各个供电电源的开闭及供电时间，并可在试验过程中监测抽气、供气、供电系统中各个设备的状态，并记录它们返回的参数，必要时提供报警，同时可以实时记录、存储、打印试验数据。

6. 推力器热沉及温度控制系统

① 在推力器底座上设有温度传感器，用以检测推力器工作温度，该传感器为 Pt100 铂电阻。推力器温度测量以此为准，温度控制也以此点温度为控制目标。要求在−150～350 ℃范围内，测量精度必须达到 0.1%FS。

② 推力器温控装置的温控极限为高温 160 ℃、低温−100 ℃，具体试验时按照型号试验要求设定高低温温度控制值，控制装置按设定的目标值进行控制。温度控制精度为±1 ℃。

③ 升降温速率不小于 1 ℃/min，但也不大于 3 ℃/min。

9.2.2 电推进寿命考核及可靠性验证试验设备

电推进寿命考核及可靠性验证试验设备是电推进用于长寿命考核试验及系统可靠性验证试验的专用设备。由于离子电推进的特殊性，其寿命试验要求试验设备的极限真空度为 10^{-5} Pa 数量级、工作真空度为 10^{-4} Pa 数量级，设备的容积空间、洁净程度也达到一定水平。为了尽可能消除地面环境因素对寿命试验结果的影响，系统级和推力器寿命鉴定试验需要在高洁净度、高真空度的大型设备上进行。

电推进寿命考核及可靠性验证试验设备主要组成为真空舱、抽气系统、诊断设备仪器、辅助设备及测量控制系统 5 部分，如图 9-2 所示。

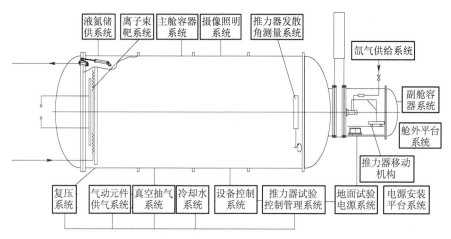

图 9-2　电推进寿命考核及可靠性验证试验设备组成

① 真空舱，包括 1 个主舱和 1 个副舱，真空舱主要为电推进工作提供必要的洁净真空环境。

② 抽气系统，分别配置于真空主舱和副舱，用于维持电推进工作和储存时需要的舱内环境压力（真空度）。

③ 诊断设备仪器，放置在真空舱内，主要用于电推进工作性能和关键部位磨损情况的监测。

④ 测量控制系统，主要用于试验设备系统和电推进工作过程的程序控制、工作参数和状态的监测、数据获取及储存和显示、故障诊断和处理等。

⑤ 辅助设备，主要用于支持离子电推进试验的进行和以上设备/系统的运行。

电推进寿命试验前，需检查所有辅助设备运行状况，保证寿命试验所必需的电路、气路、水循环等条件；接下来无油抽气系统工作，使得真空舱内真空度小于 3×10^{-4} Pa，为寿命试验提供一个清洁、高真空度的环境；寿命试验期间，诊断设备与测量控制系统实时监控推力器的工作运行状况并且记录所有的试验数据。

9.2.3　电推进热真空试验设备

热真空试验是电推进各单机产品必须进行的例行试验，对电推进而言，储供单元、电源处理及供配电单元（PPU）、数字接口及控制单元、推力矢量调节机构组成 4 个单机产品，属于常规航天产品，可以用通用的热真空试验设备进行热真空试验，最后做好地面联试。推力器热真空试验时必须点火工作，这对试验提出了特殊要求，需要研制专用的电推进推力器热真空试验设备。

热真空试验设备的功能是在推力器点火工作时，通过加温和降温，模拟卫星在太空运行时在正阳面受太阳照射和阴影面受冷黑环境交替影响的实际环境，并通过一定的拉偏和降额测试，以确保电推进及推力器工作的可靠性和安全性。

9.2.4　电推进地面联试试验设备

电推进各分系统及单机研制完成后，要利用电推进地面联试试验设备进行系统级的联试，电推进地面联试试验设备功能就是通过地面试验验证电推进的兼容性、匹配性和适应性。同时通过地面联试，可以测定电推进的各项参数（如推力、比冲、推进剂流率、功耗等）是否满足设计要求。

由于推力器寿命试验设备结构尺寸较大，配置较为完善，推力器寿命试验

设备可以兼容电推进地面联试试验设备，不必单独研制。

|9.3 电推进试验设备设计|

9.3.1 布局设计

电推进试验设备中，真空舱采用卧式布置，分为主舱与副舱两部分。考虑到设备高度的影响，为便于对设备操作和对内部工作状态进行观察，设备周围要搭建操作平台，主舱要易于观察，副舱既要便于观察，又要便于人工操作。操作平台扶梯要平缓，符合国家标准，平台表面要做防滑处理，平台周围有防护栏。设备布局示意如图 9-3 所示。

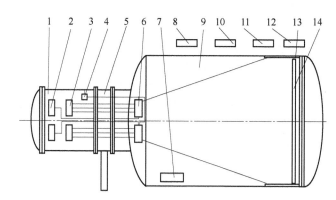

图 9-3 电推进试验设备结构示意图

1—副舱；2—离子电源处理单元；3—离子储供单元（地面供气低压部分）；4—推力器固定装置；
5—闸阀；6—推力器；7—束流发散角测量装置；8—地面试验电源；9—主舱；
10—地面供气系统气瓶及减压单元；11—计算机控制和数据采集系统；
12—设备抽空系统；13—防溅射屏；14—离子束靶

9.3.2 真空舱设计

1. 真空舱关键尺寸设计

如图 9-4 所示，L 为推力器出口平面距离子束靶的距离，D 为设备室体防溅射屏直径。地面试验设备的关键尺寸为试验主舱的直径和长度。

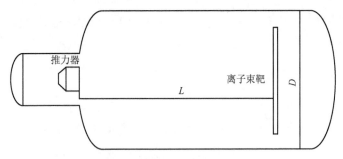

图 9-4 电推进试验设备关键尺寸

1）设计原则 1

地面试验设备推力器出口平面距离子束靶的距离要大于推力器工作真空度下的残余气体分子的平均自由程，即

$$L > \lambda \qquad (9-1)$$

式中 L——推力器出口平面距离子束靶的距离，单位为 m；

λ——残余气体分子的平均自由程，单位为 m。

试验设备开启后要抽到本底真空度，本底真空度比推力器工作真空度要高一个到半个数量级。试验设备抽到本底真空度后开启推力器供气系统，对管路系统进行清洗置换。推力器正常工作时三路供气支路连续供给推进剂，因此试验正常进行时，由于抽除及不间断置换的作用，与推进剂的浓度相比，空气内的残余成分可以忽略不计。这样推力器正常工作时，其工作环境近似为氙离子在低密度的氙气中的定向流。表 9-1 所示为 25 ℃、133.32 Pa 时一些气体的分子自由程、离子自由程和电子自由程。

表 9-1 25 ℃、133.32 Pa 时一些气体的分子自由程、离子自由程和电子自由程（×10⁻⁵ m）

气体	H_2	He	N_2	空气	O_2	Ar	Kr	Xe
λ	4.31	14.72	10.45	5.09	5.4	3.34	4.06	2.98
λ_i	10.32	20.9	14.8	7.22	7.67	4.75	5.76	4.22
λ_e	53	84	59.2	28.8	30.2	18.9	23	16.8

对离子推力器，性能试验离子推力器工作真空度 $p \leqslant 6.7 \times 10^{-3}$ Pa，试验设备内氙离子的自由程为

$$\lambda_i = 4.22 \times 10^{-5} \times \frac{133.32}{6.7 \times 10^{-3}} = 0.84 \, (\text{m}) \qquad (9-2)$$

即性能试验时，试验设备内推力器出口平面距测量探针端面的距离 $L > 0.84$ m。

寿命试验推力器工作真空度 $p \leqslant 5.0 \times 10^{-4}$ Pa。试验设备内氙离子的自由程为

$$\lambda_i = 4.22 \times 10^{-5} \times \frac{133.32}{5 \times 10^{-4}} = 11.2 \, (\text{m}) \tag{9-3}$$

即寿命试验时，试验设备内推力器出口平面距离子束靶的距离 $L > 11.2$ m。

离子束靶的外径要大于推力器束流发散角所覆盖的范围，即

$$D_i > \left(d + 2 \times L \times \frac{\tan \theta}{2} \right) \tag{9-4}$$

式中　D_i——离子束靶直径，单位为 m；

d——推力器口径，单位为 m；

L——推力器出口平面至离子束靶距离，单位为 m；

θ——推力器束流发散角，单位为（°）。

以 30 cm 口径离子推力器为例，取离子推力器束流发散角 θ 为 30°。

对于性能试验设备：

$$D_i > \left(0.3 + 2 \times 0.84 \times \tan \frac{30}{2} \right) = 0.75 \, (\text{m}) \tag{9-5}$$

对于寿命试验设备：

$$D_i > \left(0.3 + 2 \times 11.2 \times \tan \frac{30}{2} \right) = 6.3 \, (\text{m}) \tag{9-6}$$

离子束靶直径确定后，离子束靶直径再加上防溅射屏的高度即可算得设备内径：

$$D = D_i + 2\delta \tag{9-7}$$

式中　D——设备内径，单位为 m；

D_i——离子束靶直径，单位为 m；

δ——防溅射屏高度，单位为 m。

2）设计原则 2

试验设备内推力器性能诊断装置，如朗缪尔探针、法拉第筒等要同时满足推力器羽流近场和远场测量的需要，近场测量时推力器出口平面距探针端部的距离为 100 mm，远场测量时推力器出口平面距探针端部的距离为 1 m。

从上述计算可知，寿命试验设备结构尺寸要远大于性能试验设备。离子推力器试验设备可兼顾霍尔推力器试验设备，寿命试验设备可兼顾性能试验设备。性能试验设备要综合考虑测量因素等需求，实际选取的结构尺寸都大于

计算尺寸。

通过上述计算，即可确定设备的关键尺寸。实际尺寸的选取，应考虑推力器等室体内部件的方便安装、结构工艺性等综合因素。

只要确定了设备的关键尺寸，也就确定了设备的布局、外形尺寸等其他结构尺寸。

2. 真空舱材料选取

1）真空舱舱体材料

电推进设备材料一般选取不锈钢材质，如果不做离子束诊断测试，可以选取 SUS304 材质；如果要继续离子束诊断测试，为排除杂散磁场的干扰，采用 SUS316 材质。

2）防溅射屏材料

为减少离子束对室体表面的溅射腐蚀，要在室体表面加装防溅射屏，防溅射屏建议选用钛材。表 9-2 所示为氩离子溅射产额和刻蚀速率。从表 9-2 可以看出，金属材料中 Ti 的溅射率最小，为 20 nm/min。所以选取 Ti 作为防溅射屏材料较为合适。

表 9-2　氩离子溅射产额和刻蚀速率

靶材		C	Ti	Si	W	Mo	Fe	Al	Cr	Cu
溅射产额，原子/离子	500 eV	0.1	0.5	0.5	0.6	0.7	1.0	1.1	1.2	2.0
	1 000 eV	0.2	1.0	0.9	0.9	1.2	1.7	2.0	1.5	3.1
刻蚀速率/（nm · min^{-1}）	500 eV	—	15	22	18	23	—	27	—	45
	1 000 eV	12	20	42	—	40	32	56	20	120

3）防溅射靶材料

对寿命试验设备，为减少束流对室体表面的长期溅射腐蚀，需要在离子束溅射面加装防石墨靶。表 9-2 所示为氩离子溅射产额和刻蚀速率，从表 9-2 可以看出，非金属材料中 C 的溅射率最小，为 12 nm/min。所以选取 C 作为石墨靶材料。

为了简化结构，可以将石墨板直接贴在设备门的封头上做成离子束靶，以同时解决石墨板的加热和冷却问题。

3. 真空舱结构布局

电推进试验设备一般采用卧室布局，由主、副舱组成。主舱用于推力器测试试验，要求推力器束流尽可能展开。副舱便于推力器安装，并提供推力器供气、供电接口等。真空舱前后端面均要开门。真空舱内壁抛光，以减少出气，便于抽高真空。

考虑到推力器工作时束流及等离子体的影响，真空舱布局设计时要注意如下两个问题：

① 低温泵布置要尽可能避开推力器束流的直射。根据室体内推力器的安装位置，按推力器口径及羽流发散角 30°（90%的束流），计算得到推力器束流直射范围。低温泵特别是内置式低温泵的安装位置要避开推力器束流直射范围，否则低温泵冷板的局部表面会受到推力器离子束的溅射，低温泵抽气效率受影响而降低。同时溅射腐蚀使低温泵冷板受到损伤。

② 室体上测量真空度的规管布置要尽可能避开推力器束流。根据室体内推力器的安装位置，按推力器口径及羽流发散角 30°（90%的束流），计算得到推力器束流直射范围。否则推力器工作时的束流会干扰真空规管的正常使用，使测得的真空度失真，建议将测量室体真空度的规管布置在推力器的后面，以避开束流及等离子体的影响。

9.3.3 抽气系统设计

1. 推力器工作真空度要求

推力器在轨工作真空度都很高，如低地球轨道卫星（LEO）的环境真空度小于 10^{-6} Pa，地球同步轨道卫星（GEO）的环境真空度小于 10^{-8} Pa。因此，地面试验时，要尽可能模拟空间环境，但地面试验设备要实现这样高的推力器的工作真空度可行性不足，经济性欠佳。因此地面试验设备推力器工作真空度选择原则如下：

① 尽可能模拟推力器空间实际工作环境。

② 能够准确获得推力器工作性能参数，且获得的工作参数是准确的，可接受的。

③ 推力器工作正常，避免真空度的影响使推力器频繁打火而无法正常工作。

④ 推力器工作羽流能够充分展开。

⑤ 推力器束流测量诊断系统获得的数据真实有效。

⑥ 可行性，能够在现有技术条件下充分实现。

⑦ 经济性，设备成本在可接受的范围内。

综合考虑上述因素，地面试验设备内推力器的工作真空度选择如下：

① 离子推力器：性能试验工作真空度 $p \leqslant 6.7 \times 10^{-3}$ Pa；寿命试验工作真空

度 $p \leqslant 5.0 \times 10^{-4}$ Pa。

　　② 霍尔推力器：性能试验工作真空度 $p \leqslant 2.67 \times 10^{-2}$ Pa；寿命试验工作真空度 $p \leqslant 6.7 \times 10^{-3}$ Pa。

　　兰州空间技术物理研究所研制的 LIPS-200 离子推力器，性能指标要求推力为（ 40 ± 4 ）mN，采用 TS-6 试验设备测试时，推力器工作真空度 $p \leqslant 5.0 \times 10^{-3}$ Pa，测得的推力为（ 40 ± 2 ）mN，在轨实测推力为 38.6 mN。兰州空间技术物理研究所研制的 LHT-100 霍尔推力器，性能指标要求推力为 80 mN，采用 TS-6 A 试验设备测试时，推力器工作真空度 $\leqslant 6.2 \times 10^{-3}$ Pa，测得的推力为 83 mN，在轨实测推力为 83 mN。由此可见，TS-6 和 TS-6 A 试验设备选取的推力器工作真空度是真实有效的。

　　只要确定了设备运行时推力器的工作真空度，也就确定了设备的其他真空技术指标，从而确定了设备抽空系统的配置。

2. 工作介质的影响

　　电推进地面试验设备设计时要特别关注工作介质不同所带来的影响，否则会导致设计偏差及失误。电推进推力器工作时使用的推进剂为氙气等惰性气体，而试验系统使用的真空泵的抽速、测量工作真空度的规管、供给推进剂的质量流量控制器等多为氮气标定，因此要考虑氙气对电推进地面试验设备设计的影响。

3. 真空泵抽速

　　电推进地面试验设备抽气系统使用的主泵主要为低温泵和油扩散泵，其对氙气的实际抽速为氮气抽速的 46%。即

$$S = 0.46 S_{e} \tag{9-8}$$

式中　S——主泵对氙气的实际抽速，单位为 m^3/s；

　　　　S_{e}——主泵对氮气的名义抽速，单位为 m^3/s。

4. 真空度测量

　　电推进地面试验设备抽气系统使用的高真空规管为电离规，一般是用氮气标定的，对于氙气要对其进行转换，转换系数为 2.87，即

$$P = P_{e} / 2.87 \tag{9-9}$$

式中　P——真空舱实际真空度，单位为 Pa；

　　　　P_{e}——电离规显示真空度，单位为 Pa。

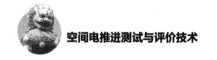
5. 流率矫正

电推进地面试验设备抽气系统使用的质量流量控制器一般是用氮气标定的，对于氙气要对其进行转换，转换系数为 1.415，即

$$m = m_e \times 1.415 \tag{9-10}$$

式中　m——质量流量控制器实际氙气流率，单位为 mg/s；

　　　　m_e——质量流量控制器显示流率，单位为 mg/s。

6. 真空抽气系统计算

气体负荷

$$Q = Q_1 + Q_2 + Q_3 + Q_4 + Q_5 + Q_6 + Q_7 + Q_8 + Q_9 + Q_{10} \tag{9-11}$$

式中　Q_1——主舱内表面出气量，单位为 Pa·m³/s；

　　　　Q_2——副舱内表面出气量，单位为 Pa·m³/s；

　　　　Q_3——防辐射屏表面出气量，单位为 Pa·m³/s；

　　　　Q_4——离子束靶靶体出气量，单位为 Pa·m³/s；

　　　　Q_5——离子束靶石墨靶面出气量，单位为 Pa·m³/s；

　　　　Q_6——各种密封圈出气量，单位为 Pa·m³/s；

　　　　Q_7——主、副舱中各种构件出气量，单位为 Pa·m³/s；

　　　　Q_8——电源及线缆出气量，单位为 Pa·m³/s；

　　　　Q_9——氙气流量，单位为 Pa·m³/s；

　　　　Q_{10}——主、副舱漏率，单位为 Pa·m³/s。

7. 主泵有效抽速计算

当气体负载为 Q 时，推力器工作真空度为 P 时，主泵有效抽速为

$$S_e = \frac{Q}{P} \tag{9-12}$$

式中　S_e——有效抽速，单位为 m³/s；

　　　　P——工作真空度，单位为 Pa；

　　　　Q——总出气量，单位为 Pa·m³/s。

根据式（9-12）可以算出设备主泵抽速。

9.3.4　供气系统设计

供气系统由氙气瓶、减压装置和两套气体供给单元组成。其中氙气瓶和减压装置放在设备的外部，两套气体供给单元放在设备的内部。

供气系统具有闭环调节和控制能力，供气低压部分布置在真空副舱内且为备份系统；供气系统和储供产品供电具有方便的切换接口，供气系统具备方便的自检测功能。供气系统的控制通过穿舱法兰实现。供气系统上的与储供单元的接口要匹配，储供单元不工作时封堵，储供单元工作时通过连接管道与储供单元连接。

供气系统装在副舱内，同时要保证互换到主真空舱上。为保证氙气纯度，所有连接管道均用不锈钢管制作，供气系统安装好后要进行检漏，应满足漏率≤1×10⁻⁶ Pa·m³/s。

供气系统设计采用成熟技术，方案如图 9-5 所示。该方案排除了外漏影响，采用了节流器等相关技术。供气系统采用三通结构实现氙气瓶之间的切换。供气系统管路配备加热带，加热温度≥150 ℃，以便于管路表面吸附气体快速解吸，保证氙气纯度要求。

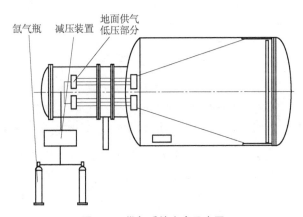

图 9-5　供气系统方案示意图

9.3.5　温控装置设计

电推进热真空试验设备实际上是在性能试验设备的基础上加装推力器温控装置。推力器温控装置一般装在设备副舱内，为推力器提供高低温，并带走舱内推力器工作时产生的热量，包括热沉、热笼、推力器冷套、散热底板等，结构如图 9-6 所示。

1. 热沉

热沉由大门热沉、筒体热沉和活动热沉三部分构成。大门热沉支管采用竖排管形式，安装在热真空副舱大门上，随大门一起移动。筒体热沉选用鱼骨式

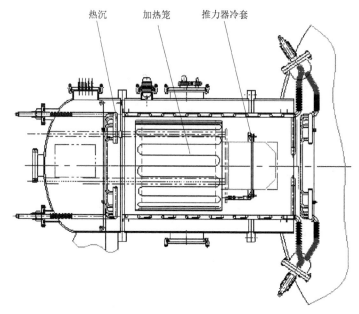

热沉　　　加热笼　　　推力器冷套

图 9-6　推力器温控装置

结构，液体由下汇集管进来，通过肋管汇入上汇集管流出。活动热沉支管采用
竖排管形式，与筒体热沉通过铰链形式相连接，铰链轴上安装有真空步进电动
机，在推力器点火及热真空试验时将活动热沉打开。热沉采用整体式不锈钢管、
铜翅片复合结构。热沉下端安装有自润滑的聚四氟乙烯支撑块，可以方便地活
动。整个热沉安装在罐体的导轨上。热沉内表面涂航天用黑漆，液氮模式热沉
最低温度小于 100 K。

2. 推力器冷套

为了达到推力器降温速率的要求，考虑到辐射无法满足要求，采用增加冷
套与推力器接触的方式，通过热传导给推力器降温。推力器冷套的结构如图 9-7
所示。

由于推力器的结构为不规则形状，可利用的面积有限，必须保证冷套与推
力器有良好的接触。因此在冷套焊接完成之后，通过精密加工，保证接触面有
一定的平面度。在冷套固定环与推力器之间装有聚四氟乙烯垫圈，以免划伤推
力器表面。冷套采用 304 不锈钢制造。

3. 加热笼

依据使用要求，加热笼选择电加热管加热，加热笼安装在热沉内侧。为减少热损失，电加热管外侧设置反射屏。加热笼的结构如图 9-8 所示。

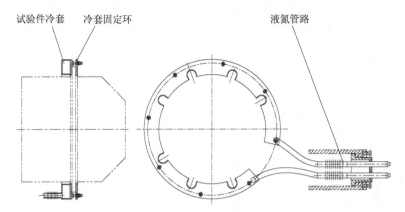

图 9-7 推力器冷套结构

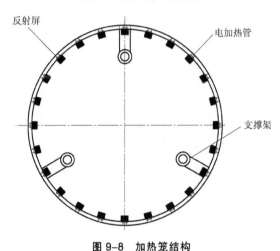

图 9-8 加热笼结构

9.3.6 测量控制系统设计

1. 测量控制对象

试验设备控制系统由两套独立的控制系统组成。控制台 1 的控制对象为电推进寿命试验开关机控制，实现推力器寿命考核试验、性能试验中供电电源的上电时序、工作点功率调节、供气流量的控制；对地面供电单元、供气单元的工作参数进行采样，并在上位机及控制台面板上显示，对工作参数进行自动记录；实时监测推力器工作参数，对试验中出现的供电、供气故障进行自动处理，并给出声光报警提示；具备手动、自动两种控制方式。

控制台 2 则主要用于真空系统，以及对其他测量设施的控制。

控制台 1 包括手动控制箱、自控工控机和公用接口盒，如图 9-9 所示。

1）手动控制箱

通过面板手动操作实现对电路及气路的开关、功率调节、气量调节，并在面板上显示供电、供气工作参数，内置监控模块，可对推力器工作状态进行监测，对故障自动处理，并给出声光报警提示。手动控制箱与自控工控机间预留通信接口，一般为 CAN 总线方式。

2）自控工控机

含推力器控制软件一套，硬件包括工控主机、AD 板卡、DA 板卡、DO 板卡、通信接口等。通过软、硬件的配合实现推力器试验全过程的启动、停止、监控、故障处理及数据记录等功能。

3）公用接口盒

公用接口盒实现手动控制箱、自控工控机与地面供气、供电单元的测控信号接口。在公用接口盒上实现手动/自动控制的切换操作。

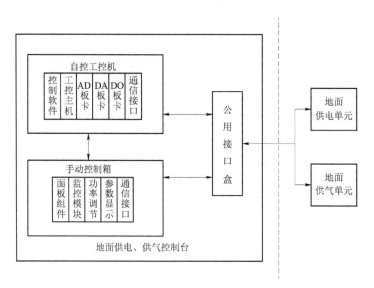

图 9-9　地面供电、供气控制台 1 示意图

2. 测量控制要求

控制方式为两种，当电推进使用星上电源时，控制系统只提供开关机指令，控制过程由星上电源自行完成。当使用地面电源时，按图 9-10 工作时序进行。控制接口要在实现目前控制的基础上留一定余量，以便进行设备功能扩展。

地面供电、供气控制台参与的推力器寿命试验的工作时序如图 9-10 所示。

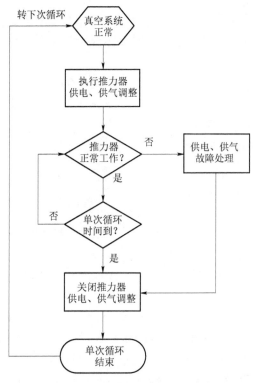

图 9-10　地面供电、供气控制台 1 工作时序图

图 9-10 中给出控制台 500 h 单次循环寿命试验的工作时序，在控制执行供电、供气调整过程中同步进行推力器工作状态监测、数据记录及故障处理等工作。

控制台 1 与供电、供气单元的测量和控制要求如下：

① 自控工控机优于 3.0%FS，手动控制箱优于 5.0%FS。

② 供电电源电压、电流采样输入信号为 0～5 V DC，输出信号精度要求 1.0%FS。

③ 供气流量采样输入信号为 0～5 V DC，输出信号精度要求 1.0%FS。

④ 供电电源控制信号要求为 TTL 电平，低有效。

⑤ 供电电源功率调节信号要求为 0～5 V DC，纹波电压小于 20 mV。

⑥ 供气流量调节信号要求为 0～5 V DC，纹波电压小于 20 mV。

控制台 2 实现机械泵、罗茨泵、低温泵等抽气机组的电气控制、运行状态记录及数据输出。通过计算机实现抽气机组开关控制，具有真空系统运行状态显示界面，通过鼠标点击完成。

控制系统分为手控和电控两个单元，能够相互切换。各测量仪器的数据采集可通过接线柱或电缆接头与真空舱相连；真空舱内的测量传感器应做好屏蔽及防护，以确保测量精度。各元器件间应实现互锁关系且应正确无误。

1）手控系统

手控系统完成真空系统及测量装置的控制，包括计算机对测量仪器的数据采集、记录。控制台上布置有系统流程图及操作面板，并能报警及自动保护。

2）计算机自动控制系统

① 具备 24 h 无人值守功能。

② 具备一键开关机功能。

③ 具备电推进推力器自动寿命试验功能。

④ 具备设备运行和试验状态实施显示功能。

⑤ 具备设备运行和试验故障报警并按故障预案自动处理功能。

⑥ 具备设备运行和试验数据自动采集、存储、处理（实时处理成图表）功能。

⑦ 按预先设置的判据对数据偏差进行处理，超差时自动报警，并显示偏差项及偏差值。

⑧ 具备设备运行和试验数据自动存储及内网定时发送功能。

⑨ 显示真空系统模拟图及工作状态、显示及保存试验过程的工作真空度量值，发生故障时及时报警并给出报警原因，系统自动保护。

⑩ 精确控制并显示和存储束流发散角测量装置对应的测量数据，绘出测量数据的对应曲线。

⑪ 计算机系统对所控制单元可进行自动控制、检测、显示、存储，具备测试信号及监控信号采集、储存和处理系统功能。

⑫ 各测量仪器的数据采集可通过接线柱或电缆接头与真空舱插座相连，放在真空舱内的测量探头应做好屏蔽及防护。

⑬ 各元器件间应实现互锁。

⑭ 具有故障诊断和保护功能。

⑮ 计算机数据采集和处理系统具有耐高压和抗等离子体干扰的能力。

⑯ 具有显示、报警、控制功能。

⑰ 试验过程实时跟踪监控系统，配彩色摄像头，跟踪和记录、存储电推进试验状态。

⑱ 存储电推进试验时间（以推力器引出束流为计时点）和开关机次数自动累积和显示。

9.3.7 等离子体影响防护设计

等离子体不同于固体、液体与气体，属物质的第四态。它由带正电的离子和带负电的电子以及一些中性原子和分子所组成，宏观上是中性的，正负电荷相等。等离子体是可以扩散与运输的，沿磁场方向的运输基本上不受磁场影响，但横跨磁场的运输却受到磁场的阻挡。通常用磁流体方法讨论运输问题，包括连续方程、运动方程和能量方程。宏观方面，当电子与离子之间有平均相对速度（电流）时，电子与离子之间碰撞引起动量交换损失产生电阻率，电阻率随电子温度升高而变小，而且与等离子体电子数密度无关。在 T_e=100 eV 时，电阻率为 η_R=5×10^{-3} Ω·m（而不锈钢的 η_R=7×10^{-3} Ω·m）。仍属导体范畴。

以离子推力器为例，其工作时放电室内的等离子体密度约 10^{16}/m^3，按 30°发散角计算，束流到达试验设备器壁平面时的等离子体密度约 10^{13}/m^3，同时，推力器束流兼有很大的能量，30 km/s 的离子速度会对碰撞面材料造成很大的溅射腐蚀。

推力器工作时束流等离子体环境既导电，又溅射，试验设备内离子推力器束流扫到的地方"体无完肤"。

为了保证试验设备的正常运行，设备设计时要尽量避开离子推力器束流等离子体的影响，如内置低温泵尽可能装在主副舱连接的封头上，且离离子推力器越远越好。真空计安装在副舱上，置于离子推力器的尾部，同样离离子推力器越远越好。

设备设计时，如果由于结构等其他原因无法避开离子推力器束流等离子体的影响，则要采取等离子体防护措施，主要就是加装等离子体隔离网，由于电子的质量远远小于离子的质量，电子更容易对舱体内的接线柱等造成影响，因此隔离网的孔径由等离子体内电子的拉莫半径确定，要求隔离网的孔径要小于一个电子旋转的拉莫半径。同时要考虑隔离网的透气性，以避免气体释放不充分造成接线柱之间低气压放电的危害。

9.4　电推进试验设备实例

9.4.1　美国电推进试验设备

美国从事电推进研究的单位较多，其中配置最为完善，处于领先地位的是 NASA 的 Glenn 电推进研究中心。

1）VF-5 设备

（1）尺寸

主舱：直径 4.6 m，长 18.3 m。

副舱：直径 4 m，长 9 m。

（2）真空系统

极限真空：1×10^{-5} Pa。

低温泵：

40 m² 的氦气板。

20 K 时制冷量 750 W。

1×10^{-4} Pa 时对空气抽速 3.5 m³/s。

温度范围：6～20 K。

扩散泵：

20 台 0.8 m 扩散泵。

1×10^{-4} Pa 时对空气抽速 0.25 m³/s。

–45 ℃ freon 冷阱

（3）测试接口

直径 1.8 m，长 4 m。

两个直径 0.9 m，长 0.9 m。

直径 0.3 m，长 0.3 m。

全自动化无人值守控制系统

2）VF–6 设备

（1）尺寸

主舱：直径 7.6 m，长 21 m。

副舱：直径 6.7 m，长 18.3 m。

（2）真空系统

极限真空：6.5×10^{-5} Pa。

1.3×10^{-4} Pa 时对空气抽速 0.9 m³/s。

配 12 台 1.4 m 裸低温泵。

4 台 0.85 m³/s 罗茨泵。

3 台 0.25 m³/s 机械泵。

直径 3 m、长 3 m 测量通道。

（3）太阳模拟器

地球轨道（5 m 靶）。

水星轨道（30 cm 靶）。

角度弦角。

9 台 30 kW 氙灯。

均匀度 10%。

（4）热模拟

LN_2 冷却（77 K）热沉。

240 kW 隔热屏。

300 m 经向封闭间。

直径 6.6 m、长 18 m 副舱。

分成 3 个独立的径向空间。

全自动化无人值守控制系统。

Glenn 电推进研究中心 VF-6 试验设备如图 9-11 所示。

图 9-11　Glenn 电推进研究中心 VF-6 试验设备

3）VF-8 设备

（1）尺寸

主舱：直径 1.5 m，长 4.5 m。

副舱：直径 1.3 m，长 4.3 m。

（2）真空系统

极限真空：5.2×10^{-5} Pa。

1.3×10^{-3} Pa 时对空气抽速 0.12 m³/s。

配 4 台 0.9 m 油扩泵。

0.85 m³/s 罗茨泵。

2 台 0.08 m³/s 机械泵。

（3）测量口

端面：直径 0.9 m，长 0.9 m。

侧面：直径 0.6 m，长 0.6 m。

送气系统：氢、氮、氨。

全自动化无人值守控制系统。

4）VF-12 设备

（1）尺寸

主舱：直径 3 m，长 9 m。

副舱：直径 2.5 m，长 5 m。

（2）真空系统

极限真空：1×10^{-5} Pa。

1.3×10^{-3} Pa 时对空气抽速 1 m^3/s。

20 K 时低温冷板制冷量 350 W。

全自动化无人值守控制系统。

5）VF-13 设备

（1）尺寸

主舱：直径 1.5 m，长 3.5 m。

顶部 2.75 m 可动。

（2）真空系统

低温泵系统。

极限真空：5.2×10^{-5} Pa。

1.3×10^{-4} Pa 时对空气抽速 0.010 5 m^3/s。

20 K 时低温冷板制冷量 350 W。

高真空快速隔断系统。

全自动化无人值守控制系统。

9.4.2 我国典型电推进试验设备

1. TS-4 推力器气路绝缘器筛选设备

TS-4 推力器气路绝缘器筛选设备主要用于推力器气路绝缘器性能测试及筛选试验。

（1）尺寸

主舱：直径 1.0 m，长 1.0 m。

（2）真空系统

分子泵抽气系统。

极限真空：1.6×10^{-5} Pa。

6.7×10^{-3} Pa 时对空气抽速 7×10^{-3} m³/s。

高真空快速隔断系统。

2. TS–5 系列推力器空心阴极筛选及寿命试验设备

TS–5 系列推力器空心阴极筛选及寿命试验设备包括 TS–5 A 和 TS–5 B 两个系列，TS–5 A 共 10 台设备，主要用于 10 A 以下空心阴极性能测试、筛选及寿命试验；TS–5 B 共 8 台设备，主要用于 30 A 以下空心阴极性能测试、筛选及寿命试验。

1）TS–5A 设备

（1）尺寸

主舱：直径 0.35 m，长 0.5 m。

（2）真空系统

分子泵抽气系统。

极限真空：1.6×10^{-5} Pa。

6.7×10^{-3} Pa 时对空气抽速 2.5×10^{-3} m³/s。

2）TS–5B 设备

（1）尺寸

主舱：直径 0.5 m，长 0.5 m。

（2）真空系统

分子泵抽气系统。

极限真空：1.6×10^{-5} Pa。

6.7×10^{-3} Pa 时对空气抽速 3.5×10^{-3} m³/s。

3. TS–6 系列推力器性能试验设备

TS–6 系列推力器性能试验设备包括 TS–6、TS–6 A、TS–6 B 及 TS–6 C 四个系列，这些设备亦可称为推力器生产设备，可以进行推力器性能测试、热真空及 EMC 试验工作，是兰州空间技术物理研究所推力器型号研制的主力设备。

1）TS–6 设备

（1）尺寸

主舱：直径 2.0 m，长 5.0 m。

（2）真空系统

扩散泵抽气系统。

极限真空：1.6×10^{-4} Pa。

对空气抽速 3.200 l/s。

2）TS-6A 设备

（1）尺寸

主舱：直径 2.0 m，长 5.0 m。

（2）真空系统

低温泵抽气系统。

极限真空：1.6×10^{-5} Pa。

空气抽速 0.1 m^3/s。

3）TS-6B 设备

（1）尺寸

主舱：直径 2.0 m，长 5.0 m。

（2）真空系统

低温泵抽气系统。

极限真空：1.6×10^{-5} Pa。

空气抽速 150×10^{-3} m^3/s。

4）TS-6C 设备

（1）尺寸

主舱：直径 4.5 m，长 8.0 m。

（2）真空系统

低温泵抽气系统。

极限真空：1.6×10^{-5} Pa。

空气抽速 0.25 m^3/s。

4. TS-7 系列电推进寿命考核及可靠性验证试验设备

TS-7 系列电推进寿命考核及可靠性验证试验设备包括 TS-7、TS-7A 及 TS-7B 三个系列，这些设备同时可以开展电推进系统的联试工作，是兰州空间技术物理研究所推力器型号研制的关键设备。

1）TS-7 设备

（1）尺寸

主舱：直径 3.8 m，长 10.0 m。

（2）真空系统

低温泵抽气系统。

极限真空：1.6×10^{-5} Pa。

对空气抽速 0.3 m^3/s。

2）TS-7A/B 设备

（1）尺寸

主舱：直径 4.5 m，长 10.0 m。

（2）真空系统

低温泵抽气系统。

极限真空：1.6×10^{-5} Pa。

空气抽速 0.45 m³/s。

TS-6 推力器性能测试试验设备如图 9-12 所示。

图 9-12　TS-6 推力器性能测试试验设备

TS-7 电推进寿命考核及可靠性验证试验设备如图 9-13 和图 9-14 所示。

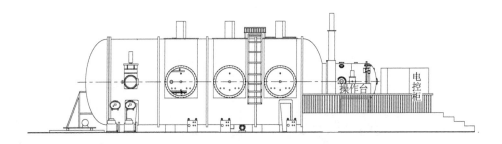

图 9-13　TS-7 电推进寿命考核及可靠性验证试验设备示意图

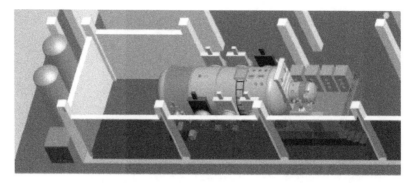

图 9-14   TS-7 电推进寿命考核及可靠性验证试验设备布局图

我国利用 TS-7 电推进寿命考核及可靠性验证试验设备完成了 LIPS-200 离子电推进系统离子推力器 12 000 h 寿命及 6 000 次开关机试验工作，验证了我国 LIPS-200 离子电推进系统离子推力器完全具备在轨工作 15 年的能力。

参 考 文 献

[1] 达道安. 真空设计手册[M]. 北京：国防工业出版社，2004.

[2] 刘玉魁. 真空工程设计[M]. 北京：化学工业出版社，2016.

[3] 达道安. 空间真空技术[M]. 北京：中国宇航出版社，2009.

[4] 胡其正. 宇航概论[M]. 北京：中国科学技术出版社，2010.

[5] Leiter，Hans J； Kukies，Ralf. RIT-22 Ion Engine Development – Endurance Test and Life Prediction[R]. AIAA 2006-4667.

[6] Walker，Mitchell.Pressure Map of a Facility as a Function of Flow Rate to Study Facility Effects[R]. AIAA-2002-3815.

索　引

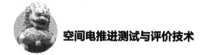

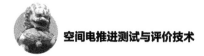

专家委员会委员（按姓氏笔画排列）：

于　全　　中国工程院院士

王　越　　中国科学院院士、中国工程院院士

王小谟　　中国工程院院士

王少萍　　"长江学者奖励计划"特聘教授

王建民　　清华大学软件学院院长

王哲荣　　中国工程院院士

尤肖虎　　"长江学者奖励计划"特聘教授

邓玉林　　国际宇航科学院院士

邓宗全　　中国工程院院士

甘晓华　　中国工程院院士

叶培建　　人民科学家、中国科学院院士

朱英富　　中国工程院院士

朵英贤　　中国工程院院士

邬贺铨　　中国工程院院士

刘大响　　中国工程院院士

刘辛军　　"长江学者奖励计划"特聘教授

刘怡昕　　中国工程院院士

刘韵洁　　中国工程院院士

孙逢春　　中国工程院院士

苏东林　　中国工程院院士

苏彦庆　　"长江学者奖励计划"特聘教授

苏哲子　　中国工程院院士

李寿平　　国际宇航科学院院士

李伯虎	中国工程院院士
李应红	中国科学院院士
李春明	中国兵器工业集团首席专家
李莹辉	国际宇航科学院院士
李得天	国际宇航科学院院士
李新亚	国家制造强国建设战略咨询委员会委员、 中国机械工业联合会副会长
杨绍卿	中国工程院院士
杨德森	中国工程院院士
吴伟仁	中国工程院院士
宋爱国	国家杰出青年科学基金获得者
张　彦	电气电子工程师学会会士、英国工程技术 学会会士
张宏科	北京交通大学下一代互联网互联设备国家 工程实验室主任
陆　军	中国工程院院士
陆建勋	中国工程院院士
陆燕荪	国家制造强国建设战略咨询委员会委员、 原机械工业部副部长
陈　谋	国家杰出青年科学基金获得者
陈一坚	中国工程院院士
陈懋章	中国工程院院士
金东寒	中国工程院院士
周立伟	中国工程院院士

郑纬民　中国工程院院士

郑建华　中国科学院院士

屈贤明　国家制造强国建设战略咨询委员会委员、工业和信息化部智能制造专家咨询委员会副主任

项昌乐　中国工程院院士

赵沁平　中国工程院院士

郝　跃　中国科学院院士

柳百成　中国工程院院士

段海滨　"长江学者奖励计划"特聘教授

侯增广　国家杰出青年科学基金获得者

闻雪友　中国工程院院士

姜会林　中国工程院院士

徐德民　中国工程院院士

唐长红　中国工程院院士

黄　维　中国科学院院士

黄卫东　"长江学者奖励计划"特聘教授

黄先祥　中国工程院院士

康　锐　"长江学者奖励计划"特聘教授

董景辰　工业和信息化部智能制造专家咨询委员会委员

焦宗夏　"长江学者奖励计划"特聘教授

谭春林　航天系统开发总师

内 容 简 介

电推进是先进的空间推进技术，航天器应用电推进可以大幅节约推进剂使用量，显著提高航天器有效载荷比，是否应用电推进正成为衡量航天器先进性和竞争力的重要标志。对电推进进行系统、准确的测试与评价是应用电推进的前提。根据上述需求，作者在总结国外电推进测试与评价技术的基础上，根据自身实践完成本书撰写，重点介绍了空间电推进测试与评价相关技术。全书分为 9 章，第 1 章介绍了空间电推进基础知识；第 2～4 章介绍了电推力器性能、寿命的试验与评估技术以及力、热特性分析与测试评价技术；第 5 章介绍了电推力器关键部组件测试与评价技术；第 6～7 章介绍了电推进羽流特性及其效应测试与评价技术、电推进电磁兼容性试验技术；第 8 章介绍了推进剂流量控制与校准技术；第 9 章介绍了电推进试验设备系统。

本书偏重于工程技术内容介绍，实用性强，适合从事与电推进技术工作相关的工程技术人员、科研人员使用，亦可供大专院校相关专业的师生阅读。

图书在版编目（CIP）数据

空间电推进测试与评价技术 / 李得天等编著. —北京：北京理工大学出版社，2018.9（2024.12重印）

（国家出版基金项目、"十三五"国家重点出版物出版规划项目、国之重器出版工程、空间科学与技术研究丛书）

ISBN 978-7-5682-6283-5

Ⅰ. ①空…　Ⅱ. ①李…　Ⅲ. ①空间定向－电推进　Ⅳ. ①V514

中国版本图书馆 CIP 数据核字（2018）第 204444 号

出　　版 / 北京理工大学出版社有限责任公司		
社　　址 / 北京市海淀区中关村南大街 5 号		
邮　　编 / 100081		
电　　话 / （010）68914775（总编室）		
（010）82562903（教材售后服务热线）		
（010）68948351（其他图书服务热线）		
网　　址 / http://www.bitpress.com.cn		
经　　销 / 全国各地新华书店		
印　　刷 / 北京虎彩文化传播有限公司		
开　　本 / 710*1000mm　1/16		
印　　张 / 25.75		
彩　　插 / 6		责任编辑 / 杜春英
字　　数 / 458 千字		文案编辑 / 杜春英
版　　次 / 2018 年 9 月第 1 版　2024 年 12 月第 3 次印刷		责任校对 / 周瑞红
定　　价 / 96.00 元		责任印制 / 王美丽

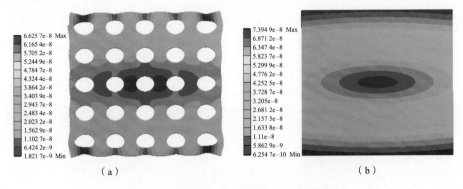

（a）　　　　　　　　　　　　　　　（b）

图 4-3　栅极结构等效处理前后的形变对比

（a）真实有孔结构的形变量（m）；（b）无孔结构的形变量（m）

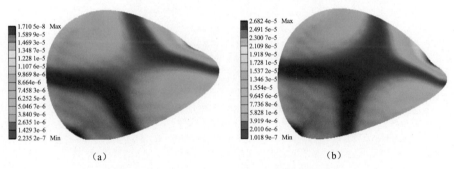

（a）　　　　　　　　　　　　　　　（b）

图 4-4　不同拱高下的栅极结构的形变对比

（a）8 mm 拱高下的形变量（m）；（b）12 mm 拱高下的形变量（m）

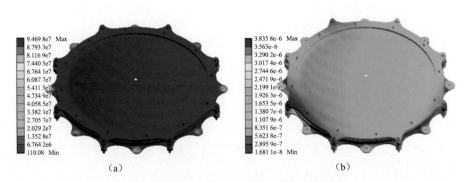

（a）　　　　　　　　　　　　　　　（b）

图 4-7　栅极组件预应力和形变量分析结果

（a）栅极组件预应力分析结果（Pa）；（b）栅极组件预应力引起的形变量结果（m）

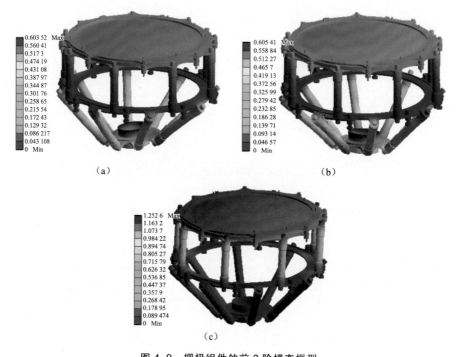

图 4-9　栅极组件的前 3 阶模态振型

（a）1 阶模态振型（m）；（b）2 阶模态振型（m）；（c）3 阶模态振型（m）

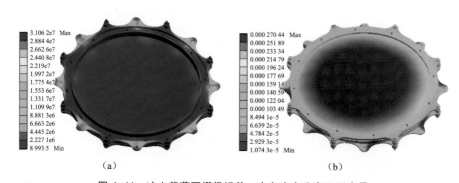

图 4-11　冲击载荷下栅极组件 z 方向应力分布及形变量

（a）栅极冲击应力分布（Pa）；（b）冲击组件的冲击变形（m）

2

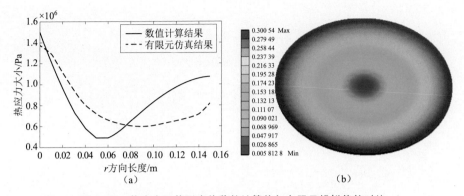

图 4-13　热应力及热形变位移的计算值与有限元模拟值的对比

（a）计算结果与仿真结果比较；（b）热形变位移有限元分析结果

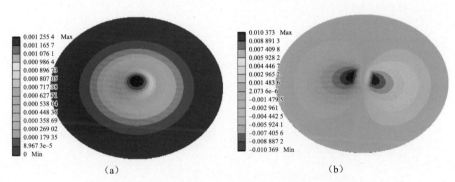

图 4-15　栅极组件在 z 方向与 x 方向的热形变量

（a）z 方向热形变位移（m）；（b）x 方向热形变位移（m）

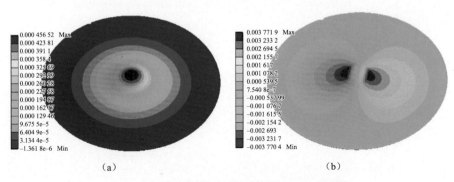

图 4-16　采用石墨材料后的栅极组件热形变位移

（a）z 方向热形变位移；（b）x 方向热形变位移

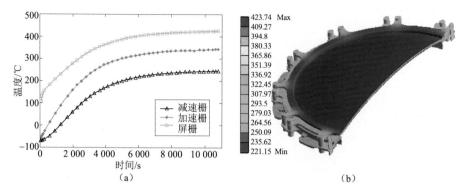

图4-20 不同栅极温度变化曲线及10 800 s后的栅极温度分布

（a）不同栅极的温度变化曲线；（b）10 800 s后的栅极温度分布

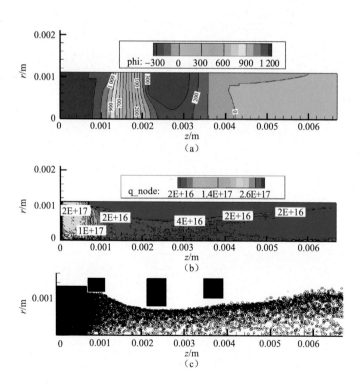

图4-24 热形变前栅极组件电势分布及离子束流特性（PIC-MCC方法）

（a）电势分布（V）；（b）离子密度分布（1/m³）（c）离子位置分布（m）

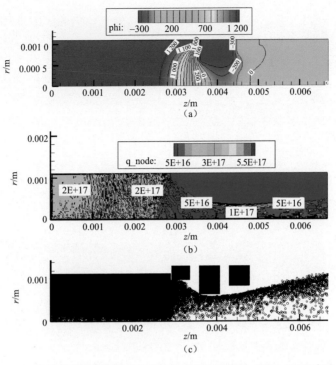

图 4-25　热形变后栅极组件电势分布及离子束流特性（PIC–MCC 方法）

（a）电势分布（V）;（b）离子密度分布（1/m³）;（c）离子位置分布（m）

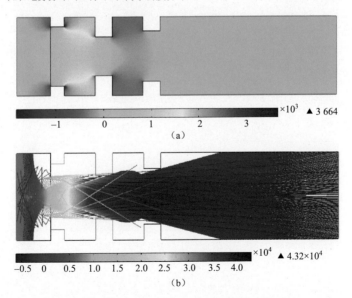

图 4-27　热形变前的栅极组件电场分布及离子束流特性（流体粒子追踪方法）

（a）电场强度（V/m）;（b）离子速度（m/s）

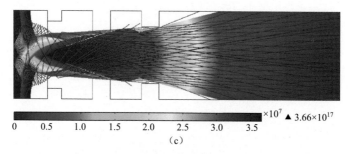

图 4-27　热形变前的栅极组件电场分布及离子束流特性（流体粒子追踪方法）（续）

（c）离子密度（1/m³）

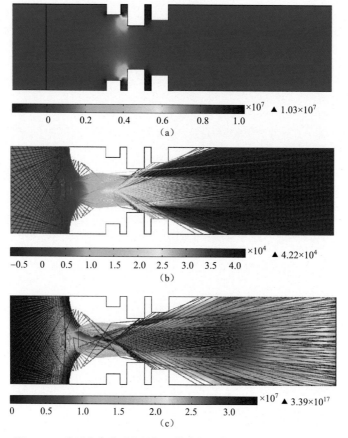

图 4-28　热形变位移后的栅极组件电场分布及离子束流引出情况

（a）电场强度（V/m）；（b）离子速度（m/s）；（c）离子密度（1/m³）

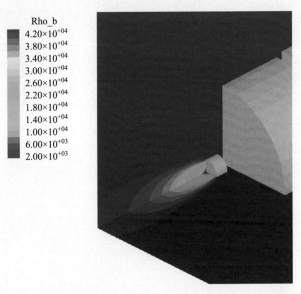

图 6-37　推进工质 Xe⁺离子的分布（以 n_{ref}=1×10¹⁰ m⁻³ 无量纲化）

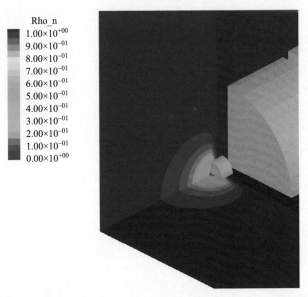

图 6-38　中性推进剂 Xe 的分布（以 n_{nref}=3.118 3×10¹⁷ m⁻³ 无量纲化）

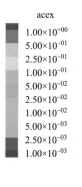

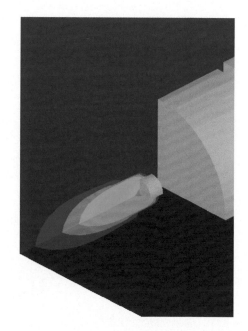

图 6-39 Xe⁺ CEX 离子产生率的空间分布

$$\left(\text{以} \frac{dn_{cex}}{dt} = 1.703\,0 \times 10^{19}\ \text{m}^{-3} \cdot \text{s}^{-1}\ \text{无量纲化}\right)$$

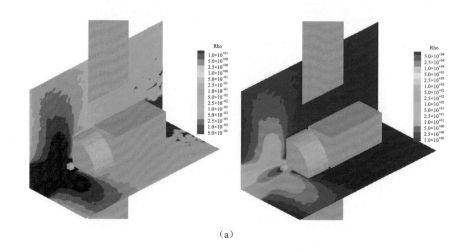

（a）

图 6-40　总离子电荷密度分布（以 $n_{ref}=1 \times 10^{10}$ m⁻³ 无量纲化）

（a）太阳帆板平行于主束流方向

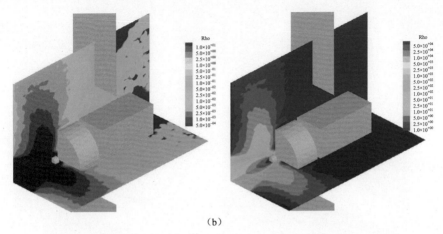

（b）

图 6-40　总离子电荷密度分布（以 $n_{ref}=1\times10^{10}$ m^{-3} 无量纲化）（续）

（b）太阳帆板垂直于主束流方向

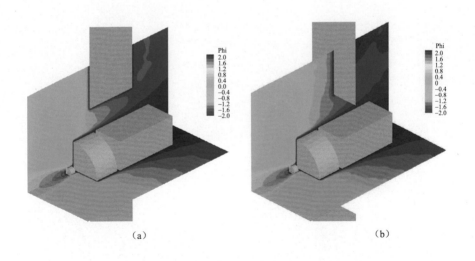

（a）　　　　　　　　　　　　　　　　（b）

图 6-41　电势分布（以 $\varPhi=5$ V 无量纲化）

（a）太阳帆板平行于主束流方向；（b）太阳帆板垂直于主束流方向

9

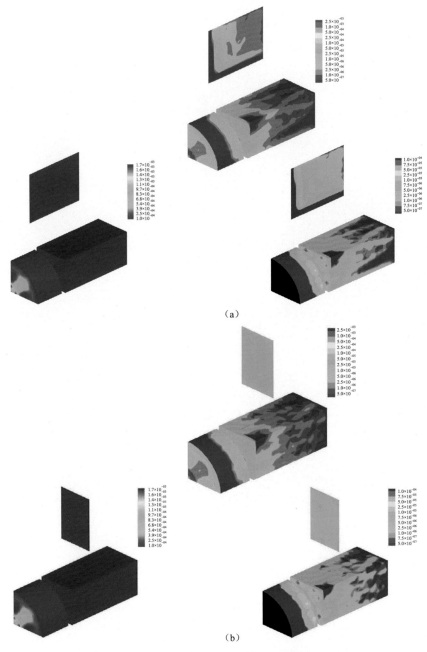

图 6-43 Mo⁺ CEX 离子在卫星表面的沉积率(nm/kh)

（a）太阳帆板平行于主束流方向；（b）太阳帆板垂直于主束流方向

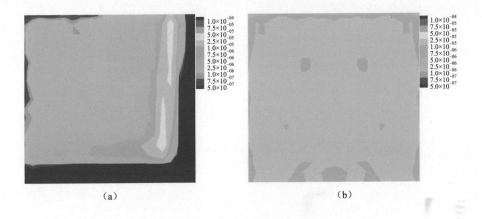

图 6-44　Mo⁺ CEX 离子在太阳帆板表面的沉积率(nm/kh)

（a）太阳帆板平行于主束流方；（b）太阳帆板垂直于主束流方向

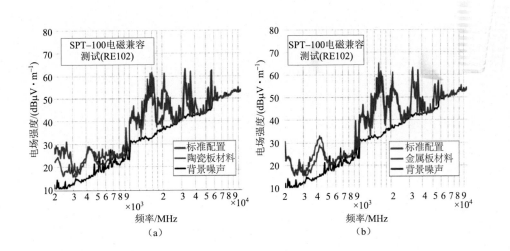

图 7-28　两种材料下的测试结果对比

（a）陶瓷材料；（b）金属材料